U0142818

通路管理

理論、實務與個案

戴國良 ———— 著

Channel
Management
&Marketing

五南圖書出版公司 印行

序

本書緣起

「通路管理」是「行銷學」教科書中的4P之一。不論是產品管理、定價管理、促銷管理或是本書的「通路管理」，這4P都同樣重要，它們是一個組合、一個連貫，唯有同步做好，公司才能在市場上持續領先，成為第一品牌。

作者逛了不少書局，也上網查過資料，有關於「通路管理」的教科書或一般商業書籍，確實少得可憐。進一步翻閱，大部分都是國外翻譯的書，連我閱讀起來都感到艱深難讀，不易消化理解，而且都是美國的狀況，與臺灣本土案例，差距甚遠。如果只唸些表面的名詞，而不懂其中的內涵及如何應用，那修了這門課又有何用呢？本學門在國內很多大學或技術學院的「行銷流通系」是必修課，在很多企管系裡也有選修課，過去由於這種本土中文書很少，因此，開課的老師可能也較少，如今，作者希望有更多行銷或流通專長的教授們，能夠盡量開這門課，讓更多的大學生，多認識及多瞭解通路管理方面的必備知識與常識。這是作者本人衷心的期待。

本書五點特色

一、以「本土通路品牌」為主軸

本書絕大部分內容、所舉的例子，以及個人所照的相片，都是本土企業或本土的外商企業，與我們日常消費生活高度相關，帶給同學們一份熟悉感與貼近感，如此可以提高學習的興趣。

二、以「企業實戰」與「實務面」為核心

本書的通路理論部分，只有在第二篇裡才讀到，頁數篇幅占全書約僅20%，其餘80%，作者的取材來源或撰寫，均從企業實戰與實務面向為核心點。通路理論固然重要，但如果只會背誦這些單調的理論名詞，卻不知如

何靈活、彈性及融會貫通的應用在每天變化的通路工作上，就是死讀書，此種僵化的理論，在企業界實務工作上，一點也不需要。

因此，作者個人認為應該從更多的實務精神與認知上，來學習這門課。

三、以「豐富案例」輔助說明

案例與前述的實務是相輔相成的。唯有看過、思考過、討論過及得到結論的多元化、多角化、多樣化的各種通路案例，才會使我們的應對、眼光、洞見及思考更加廣闊及更加深遠，唯有看得遠、看得長，及看得廣，才能融會貫通，舉一反三，大大提升自己正確抉擇與判斷的能力。這就是一種養成深厚能力的過程。

四、強化「通路管理」＋「通路行銷」的結合

過去此類型書籍只讀通路管理而已，其實，在企業真正的工作實務，哪一個階層的通路不需要「通路行銷」的工作呢？而且其占比愈來愈重了。因為通路管理到了某種發展程度之後，就不太需要管理，反而是如何有效協助行銷與促進銷售的工作，變得較為重要，符合企業界及通路界當前的實際狀況。

五、大量使用「圖文表格」

本書照片由作者本人親自到各處去拍攝相關圖片，也已取得相關授權。希望增強本書的可讀性及文字與圖片的對照性。

最後，希望以上五點特色，能夠對各位授課老師們及聽課的同學們帶來學習上的顯著助益，也希望將來對臺灣本土的通路策略、通路行銷及通路管理，帶來更大的升級助益。

祝福與感恩

衷心感謝各位讀者購買，並且閱讀本書。本書如果能使各位讀完後得到一些價值與思考，這是我感到最欣慰的。因為，我把所學轉化為知識訊息，傳達給各位後進有為的大學生們及上班族朋友。能為年輕大眾種下這一個福田，是我最大的快樂來源。

祝福各位讀者能走一趟快樂、幸福、成長、進步、滿足、平安、健

康、平凡但美麗的人生旅途。沒有各位的鼓勵支持，就沒有這本書的誕生。在這歡喜收割的日子，榮耀歸於大家的無私奉獻。再次，由衷感謝大家，深深感恩，再感恩。

作者 戴國良 敬上
taikuo@mail.shu.edu.tw

目　錄

Part 2　介紹篇：通路業發展現況及趨勢與整合型店頭行銷 191

Part 4　訓練篇：通路企劃案大綱撰寫　　341

reference　參考書目　　383

Part 1

綜述篇：通路理論與實務操作

Chapter 1

通路的定義、性質、功能、結構及與經營策略的配適性

學習重點

第 1 節　通路的戰略性與策略性議題（Channel Strategy）

一、通路的定義與價值產生

通路一般性的定義為：

「參與一個可以提供消費或使用的產品或服務之製造過程，同時為一群互相依賴與互蒙互利、互相合作的組織體」。這個過程包括：

1. 實體產品的移動及倉儲。

2. 產品所有權的移轉。

3. 售前、售中、交易及售後服務。

4. 訂單處理與收款。

5. 各種支援服務、技術服務或資金融通服務。

因此，行銷通路也被定義為：創造競爭優勢的垂直價值鏈（vertical value chains），如圖 1-1 所示：

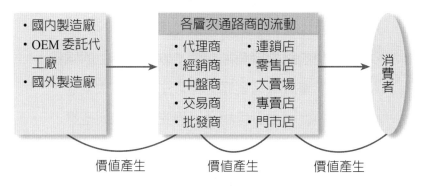

▶ 圖 1-1

註：
- 經銷商（distributor）
- 代理商（representative）
- 總代理商（master distributor）
- 批發商（wholesaler）
- OEM（Original Equipment Manufacture）
- 交易商（dealer）
- 零售商（retailer）
- 通路（channel）
- 垂直價值鏈（vertical value chain）
- 直營門市店（company-own-store）

二、「通路策略」應與總體企業策略相結合

公司最高的策略「企業策略」（business strategy），它的位階高於通路策略。可以圖 1-2 來表達這兩者策略位階有何不同：

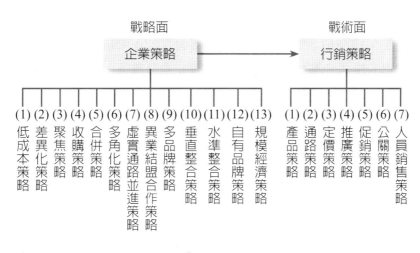

戰略面 ──→ 戰術面

企業策略 ──→ 行銷策略

(1) 低成本策略
(2) 差異化策略
(3) 聚焦策略
(4) 收購策略
(5) 合併策略
(6) 多角化策略
(7) 虛實通路並進策略
(8) 異業結盟合作策略
(9) 多品牌策略
(10) 垂直整合策略
(11) 水準整合策略
(12) 自有品牌策略
(13) 規模經濟策略

(1) 產品策略
(2) 通路策略
(3) 定價策略
(4) 推廣策略
(5) 促銷策略
(6) 公關策略
(7) 人員銷售策略

▶ 圖 1-2

如上圖顯示，舉例來說：

第一：當企業策略採取「向下游垂直整合策略」時，即代表該企業要建立自己的行銷通路策略。例如：統一企業的統一超商及家樂福量販店，台灣大哥大的手機直營門市店、遠傳電信公司的全虹通信連鎖店、光泉的萊爾富、遠東企業集團的 SOGO 百貨、遠東百貨、愛買量販店、中華電信手機直營門市店等。此時，這些企業的產品銷售，必須與其通路策略有所連結。例如：統一飲料及產品，有很大比例是透過統一超商 5,300 多家的通路銷售出去，此通路的助益很大。

第二：當企業採取「虛實通路並進」時，例如：雄獅旅遊網與燦星旅遊網亦開始旅遊實體店面的經營，此刻，雄獅與燦星公司的通路策略也必須做相應的改變。

從上述來看，通路策略必須配合、跟隨總公司經營策略的改變而改變，這樣有利的連貫，企業才會發揮競爭力。因此，二者間的配適（fit）是很重要的。

三、通路公司加速拓展通路據點數之原因

近幾年來，零售通路幾乎都在加速拓展通路據點，包括新光三越百貨、大遠百、微風、SOGO 百貨、家樂福、大潤發、愛買、屈臣氏、康是美、全聯福利中心、統一超商、全家、燦坤 3C、全國電子、美廉社、寶雅……均不斷加速拓

店，衝上新高點，其原因有以下幾點：

(一) 規模經濟效益化（Scale of economy）

為追求經濟規模效益化，然後在各項採購成本、管理成本及廣宣成本就可以得到有效的降低，進而提高競爭力。

舉例來說，統一超商的 5,300 家店與萊爾富的 1,300 家店相較之下，其商品採購進貨成本、廣告分攤成本、總公司管理成本分攤等，一定會比萊爾富更低，故會形成良性循環，取得領先地位。

(二) 超越損益平衡點（Break-even-point）

達到經濟規模的突破點（critical point）之後，公司才有可能轉虧為盈或損益平衡，如果通路店數一直太少，必然不太可能獲利賺錢。

(三) 搶好店面

好店的空間機會已愈來愈少，一旦沒有搶到簽約，那麼就不易再找到好店面，因此好地點的黃金店面有很多廠商在搶。必須先早一步下手。

(四) 保持領先地位與第一品牌通路

店數如果一直保持領先，並且一直保持市場龍頭，此種長期領先具有強大有利的象徵意義。

(五) 追求成長

為了配合公司營收額及獲利額的不斷成長，自然也需要通路據點數的成長來配合。一旦店數停止成長，那麼全年營業額也不可能會成長，故會面臨停滯狀態。

(六) 人事新陳代謝

店數的持續拓展，此對公司店長、店員及總公司、區經理人事的新陳代謝，及向上晉升或外派等成長的管道也都帶來助益。

(七) 競爭激烈，不加速展店就會落後

各行業競爭激烈，如果不加速展店，必然使得競爭者乘機坐大，進而威脅市場領先地位，而被取代。

四、多元化通路的趨勢與原因

(一) 多通路行銷系統的成長（Growth of multichannel marketing system）

1. 意義：「多通路行銷系統」，係指透過多種行銷通路在市場上運作。
這多種以上的行銷通路，可能包括了百貨公司、門市店、專賣店、批發倉庫、經銷系統、連鎖店、總代理等模式。藉著更多樣的通路系統，以期將更多樣的產品，更快銷售給消費者，並且提高市場占有率。此系統又可稱為「雙重配銷」，意指藉由不同配銷管道，服務不同層面的客戶。另外，「多重通路系統」是指生產者或批發商同時採用兩種或兩種以上的通路，以供應同一個市場或不同的市場，例如：桂格麥片公司就採取五重通路系統，如圖 1-3 所示。而美麗果產品也開拓了多元的通路管道，如圖 1-4 所示。

2. 桂格麥片公司一方面自行銷售產品給大型食品加工廠與餐廳，同時也直接對超級市場及量販店銷售。此外，為顧及多重通路，仍很重視小型購買者及零售商，所以會供應給小食品加工廠和一般家庭用戶，最後，它還設置許多經銷商，專門發貨給零售店。

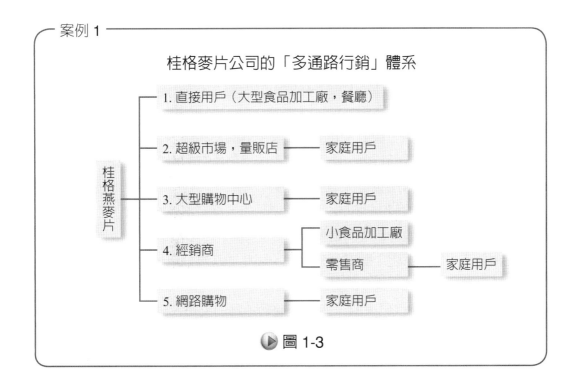

案例 1

桂格麥片公司的「多通路行銷」體系

桂格燕麥片
- 1. 直接用戶（大型食品加工廠，餐廳）
- 2. 超級市場，量販店 ── 家庭用戶
- 3. 大型購物中心 ── 家庭用戶
- 4. 經銷商 ── 小食品加工廠／零售商 ── 家庭用戶
- 5. 網路購物 ── 家庭用戶

▶ 圖 1-3

案例2

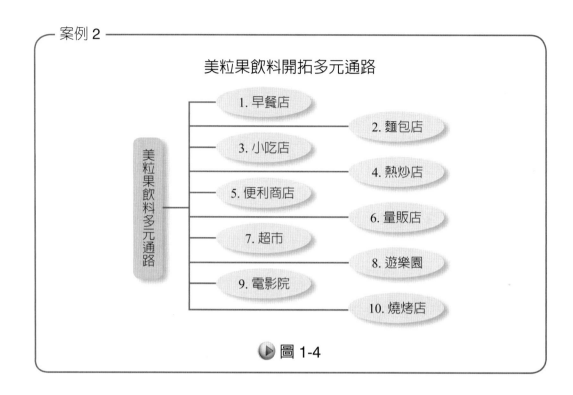

美粒果飲料開拓多元通路

美粒果飲料多元通路

1. 早餐店
2. 麵包店
3. 小吃店
4. 熱炒店
5. 便利商店
6. 量販店
7. 超市
8. 遊樂園
9. 電影院
10. 燒烤店

▶ 圖 1-4

(二) 通路策略多元化趨勢的原因

事實上，現今大部分公司及產品的通路策略已經朝向多元化的趨勢發展，除少數像名牌精品 LV、CHANEL、GUCCI 等堅持他們在各國的直營高級專賣店以外，大部分都走多元化的通路方向，其理由原因如下：

1. 希望創造更高的營業額。
2. 希望提供目標顧客群更大的接觸面及購買的便利性。
3. 每一種通路都有其特色、優點及缺點，而將所有的優點結合在一起，就是最大的優勢，因此必須打造通路優勢。
4. 通路本身之間的競爭也非常激烈，產品如果沒有掌握好機會，恐怕會失去某一種通路，也會影響到銷售成績。
5. 由於市場的分眾化，顧客也分眾化，因此通路也分眾化，但要抓住最多元的通路，才能集合最多的分眾化顧客。
6. 「通路為王」時代已來臨，產品若缺乏通路的支持及動力，再強的產品也無法發揮。
7. 通路多元化可以避免產品的銷售太集中於某一種通路，而面臨風險性的狀

況，因此必須藉由多元化的通路，分散風險。

8. 爭取年輕族群的市場

近年興盛起來的 B2C 網路購物，幾乎是 20～35 歲的年輕上班族及學生族群為主。這與家庭主婦型的傳統量販店及超市是很不一樣的族群。

9. 克服既有業績的限制

零售業績均有飽和或衰退，例如：在日本，目前在百貨公司及超市就面臨衰退的現象，而大型購物中心卻逆勢上揚受到歡迎。在臺灣，則不完全一樣，例如：便利商店很普及，量販店愈來愈多，大型購物中心及百貨公司也很多，發展都還算平順。

10. 提高荷包占有率（Share of wallet）

當廠商的產品全方位布滿在任何一個店鋪零售通路時，自然他們的顧客荷包（錢包）市占率就會跟著高一些。因為隨時隨地都能看到產品，自然在銷售占有率就會多一些，公司總業績也會有所成長。

11. 有利更多元化客層

不同的零售通路，自然有不同的客層存在。例如：將統一商品放在統一超商、全聯福利中心、家樂福量販店、SOGO 百貨地下一樓附設超市、頂好超市、網路購物、宅配業務等，可能都會有不同的客層。

12. 掌握顧客的資料及購買行為

透過網路購物、電視購物及型錄購物均會蒐集到顧客的基本資料，能取得一般傳統零售通路無法獲取的顧客資料庫及購買行為，進而做分析，是其優點所在。

五、影響通路策略決策及改變的因素

影響一個公司通路策略的改變或決定，大概可有以下幾項因素，包括：

1. 整體通路環境的改變與趨勢的變化，如某種通路型態的崛起或衰落。
2. 競爭對手強力的競爭壓力與逼迫力，如對手加速展店。
3. 總公司經營政策或經營策略的方針是否改變或調整，而有所對應。
4. 從滿足消費者的需求，及為消費者創造更多的附加價值面向來思考，如消費者要求快速、便利、安全、便宜。
5. 通路角色影響公司銷售業績的程度如何？是很重要或普通重要？
6. 異業（例如：電子商務、電視購物）加入與整合的狀況如何？對實體通路

的影響又如何？

7. 爲追求公司最大的財務效益而考量。

8. 外部通路科技加速進步與改良，使通路經營更加簡便。

9. 其他外部力量。

第 2 節　通路的階層、型態、趨勢及最新現況分析

一、通路階層的種類

通路階層的種類，可包括以下幾種：

(一) 零階通路（Zero-stage Channel）

又稱直接行銷通路，例如：安麗、克緹、雅芳、如新、美樂家等直銷公司，或是電視購物、型錄購物、網路購物、手機購物等均是。

▶ 圖 1-5

(二) 一階通路（One-stage Channel）

例如：統一速食麵、鮮奶，直接出貨到統一超商店面銷售。

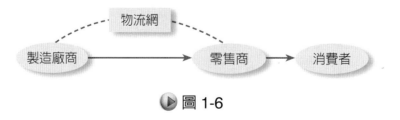

▶ 圖 1-6

(三) 二階通路（Two-stage Channel）

例如：金蘭醬油、多芬洗髮精、味丹泡麵、金車飲料、可口可樂等經過各地區經銷商，然後送到各縣市零售據點去銷售。

▶ 圖 1-7

(四) 三階通路（Three-stage Channel）

例如：大宗物資、雜糧品、麵粉、玉米、水果等特殊產品的通路階層最長。

▶ 圖 1-8

如下圖示：

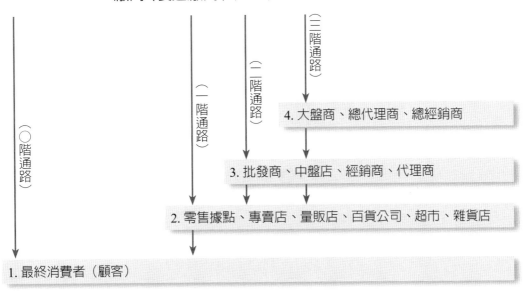

▶ 圖 1-9

11

(五) 通路結構實際案例

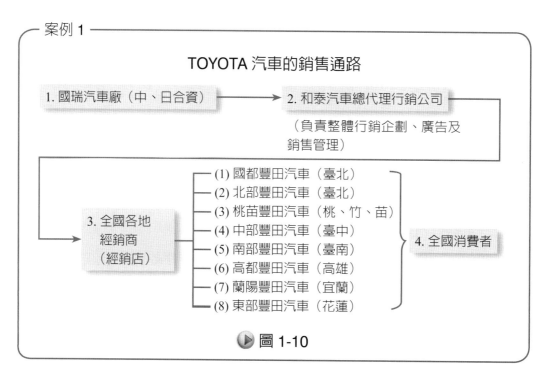

案例 1

TOYOTA 汽車的銷售通路

1. 國瑞汽車廠（中、日合資）　→　2. 和泰汽車總代理行銷公司

（負責整體行銷企劃、廣告及銷售管理）

3. 全國各地經銷商（經銷店）

(1) 國都豐田汽車（臺北）
(2) 北部豐田汽車（臺北）
(3) 桃苗豐田汽車（桃、竹、苗）
(4) 中部豐田汽車（臺中）
(5) 南部豐田汽車（臺南）
(6) 高都豐田汽車（高雄）
(7) 蘭陽豐田汽車（宜蘭）
(8) 東部豐田汽車（花蓮）

4. 全國消費者

▶ 圖 1-10

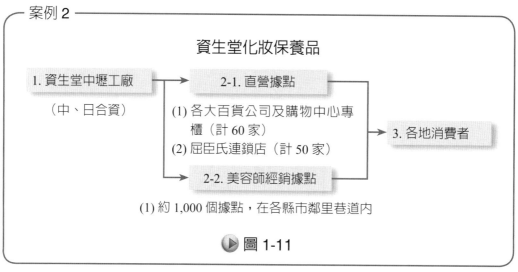

案例 2

資生堂化妝保養品

1. 資生堂中壢工廠（中、日合資）　→　2-1. 直營據點

(1) 各大百貨公司及購物中心專櫃（計 60 家）
(2) 屈臣氏連鎖店（計 50 家）

2-2. 美容師經銷據點

(1) 約 1,000 個據點，在各縣市鄉里巷道內

3. 各地消費者

▶ 圖 1-11

案例 3

Panasonic 家電產品（冷氣、電視機、電冰箱、洗衣機……）

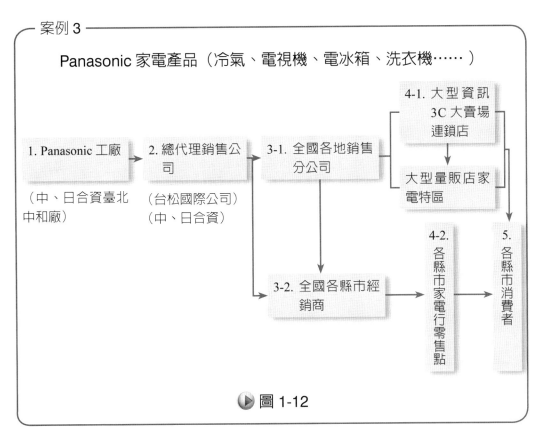

◉ 圖 1-12

案例 4

統一企業（食品）公司（鮮奶、茶飲料、咖啡、優酪乳、豆漿、礦泉水、泡麵、醬油）

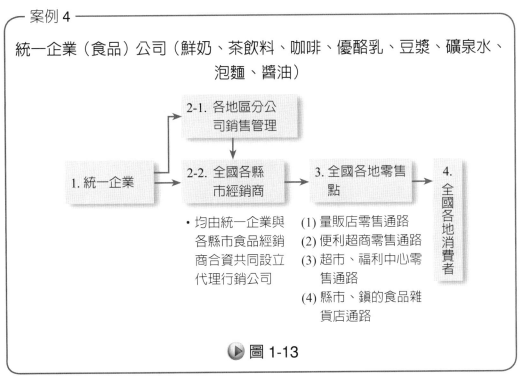

◉ 圖 1-13

案例 5

Big train 牛仔褲服飾

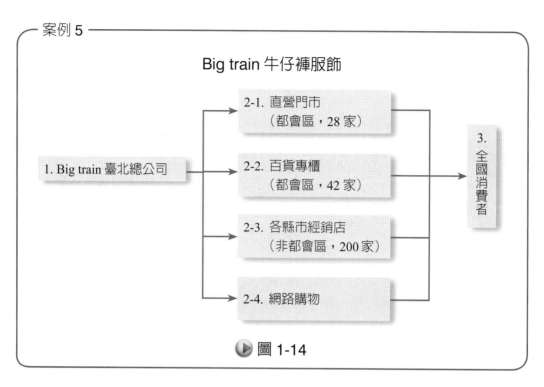

圖 1-14

案例 6

奧黛莉內衣

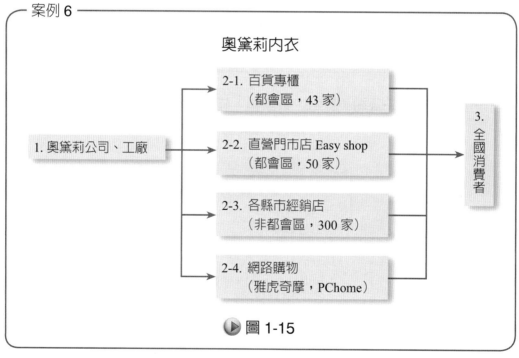

圖 1-15

案例 7

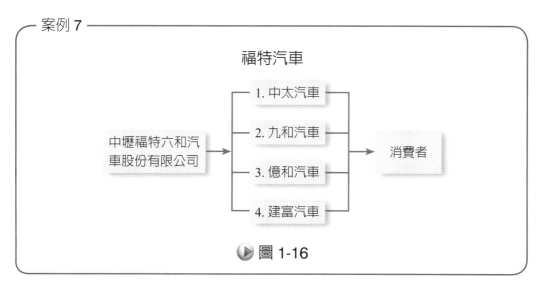

▶ 圖 1-16

案例 8

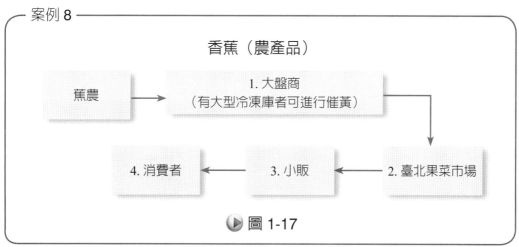

▶ 圖 1-17

案例 9

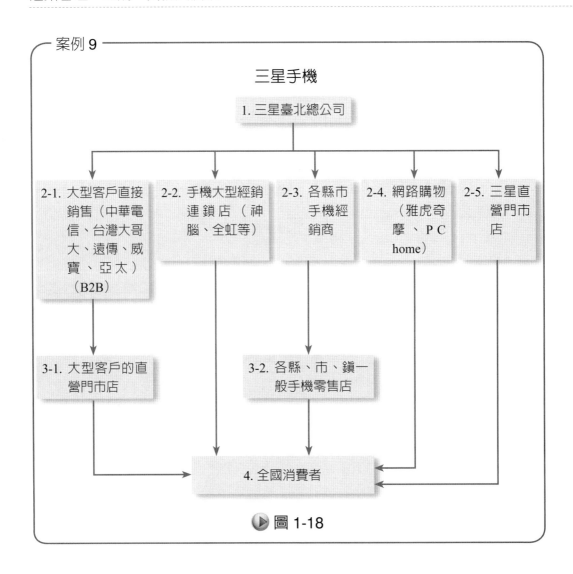

圖 1-18

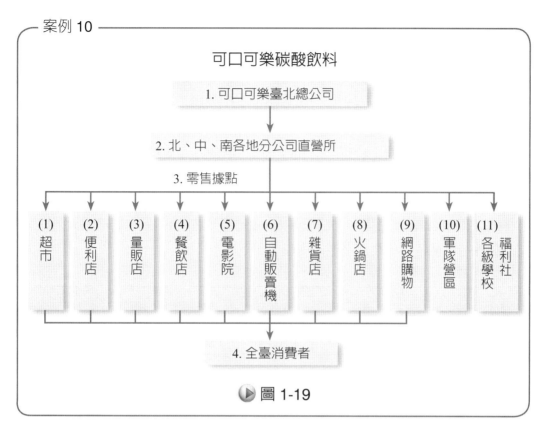

案例 10

可口可樂碳酸飲料

圖 1-19

案例 11

蘭蔻、迪奧、香奈兒，化妝保養品（進口品）

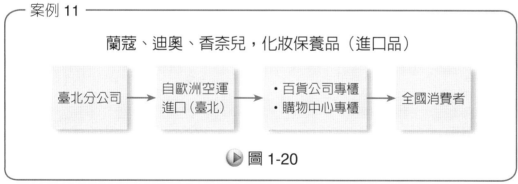

圖 1-20

二、目前零售實體通路主要的九大型態

如下圖所示，目前國內較具代表性與大型的實體零售連鎖公司，大致以下列公司及業態為主，包括：

(一) 百貨公司：新光三越，遠東 SOGO、遠東、微風，居前四大通路。

(二) 便利商店：7-ELEVEn、全家、萊爾富、OK，居前四大通路。

(三) 量販店：家樂福、大潤發、愛買、COSTCO，居前四大通路。

(四) 超市：全聯福利中心、美廉社、頂好，居前三大通路。

(五) 資訊 3C 賣場：燦坤 3C、全國電子、順發 3C，居前三大通路。

(六) 美妝、藥妝店：屈臣氏、康是美、寶雅、丁丁藥局，居前四大通路。

(七) 大型購物中心：新竹巨城、大遠百，居前二大通路。

(八) 書店及文具店連鎖：誠品、金石堂，居前二大通路。

(九) 眼鏡鐘錶店：寶島、小林，居前二大通路。

(十) 大型 outlet：禮客、林口三井 outlet、華泰名品 outlet，居前三大通路。

另外，目前各零售業別之產值規模，如下表：

業別	百貨公司及購物中心	便利商店	量販店	超市	藥妝店	資訊3C店
每年產值	3,100 億	3,000 億	1,800 億	1,800 億	800 億	600 億

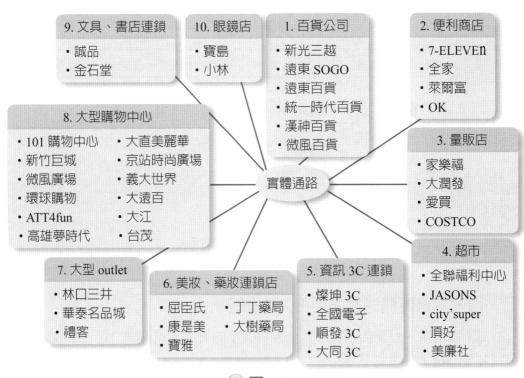

▶ 圖 1-21

三、實體零售通路圖片彙輯

(一) 百貨公司

▶ 圖 1-22 全臺第二大百貨公司遠東 SOGO 百貨，圖為在臺北市忠孝東路與復興南路捷運交叉路口的 SOGO 復興館。計有 10 個樓層，是全臺最大面積百貨公司，裝潢也是最新，其斜對面則為全臺單店業績最好的 SOGO 忠孝館。此區域形成一個消費力強的「忠孝商圈」。

資料來源：遠東 SOGO 百貨股份有限公司（臺北復興館）。

(二) 便利商店

▶ 圖 1-23 統一 7-ELEVEN為全臺最大便利商店連鎖店，擁有 5,300 店，市占率 50% 以上，且有強勢通路，是飲料、菸酒不可或缺之通路。

▶ 圖 1-24　全家便利商店為全臺第二大便利商店連鎖系統，擁有 3,300 店，也是重要便利性消費品通路。

(三) 購物中心

▶ 圖 1-25　臺北 ATT 4 fun 屬於中小型購物中心，裝潢也不如台北 101 及 微風廣場，但地點相當不錯，處在臺北信義區威秀電影廣場附 近，斜對面則為新光三越百貨公司。形成整個臺北市信義區購 物商圈，足以跟臺北忠孝商圈媲美。

▶ 圖 1-26　台北 101 購物中心為全臺最大面積購物中心，也是號稱精品百
　　　　　　貨公司。經常有中國旅客到此來眺望 101 層大樓並購買精品。

▶ 圖 1-27　全臺第一大百貨公司新光三越；計有 19 個分館，每年營收額
　　　　　　達800億元；尤其在臺北信義區有4個分館，占據最有利地點。

(四) 超市

▶ 圖 1-28 　全臺第二大超市來自香港的頂好超市，目前總店數約 220 家，
　　　　　　知名度亦高。

資料來源：惠康股份有限公司。

▶ 圖 1-29 　全聯福利中心為全臺最大超市，門市店約 1,000 店，年營收額
　　　　　　達 1,100 億元；全聯福利中心的早期廣告標語為「實在，真便
　　　　　　宜」為號召，店內商品真好，比量販店及便利店更便宜；但現
　　　　　　在已更改為「買進美好生活」，不再以低價為訴求。

(五) 資訊 3C 及家電連鎖賣場

▶ 圖 1-30 全國最大資訊 3C 連鎖賣場為燦坤 3C 店,其黃色的賣場代表色非常鮮明,商品高品質,價格亦屬便宜,主要以資訊 3C 及數位影音產品為主力產品來源。目前總店數約 250 家。

資料來源:燦坤實業股份有限公司。

(六) 美妝、藥妝連鎖店

▶ 圖 1-31 屈臣氏為全臺最大美妝、藥妝連鎖店,擁有 500 家店,是美容、化妝、保養品、藥品重要通路。

● 圖 1-32　統一康是美為全臺第二大美妝、藥妝連鎖店，擁有 400 店。

四、目前虛擬通路的六大型態

在虛擬零售通路，目前也有異軍突起之勢，主力公司如下圖所示，包括：

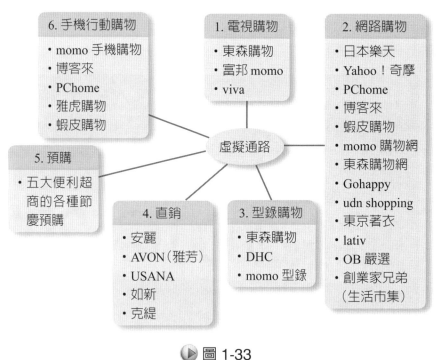

6. 手機行動購物
・momo 手機購物
・博客來
・PChome
・雅虎購物
・蝦皮購物

1. 電視購物
・東森購物
・富邦 momo
・viva

2. 網路購物
・日本樂天
・Yahoo！奇摩
・PChome
・博客來
・蝦皮購物
・momo 購物網
・東森購物網
・Gohappy
・udn shopping
・東京著衣
・lativ
・OB 嚴選
・創業家兄弟（生活市集）

5. 預購
・五大便利超商的各種節慶預購

4. 直銷
・安麗
・AVON（雅芳）
・USANA
・如新
・克緹

3. 型錄購物
・東森購物
・DHC
・momo 型錄

虛擬通路

● 圖 1-33

(一) 電視購物：東森、富邦 momo、viva，此三家爲主。

(二) 網路購物：Yahoo！奇摩購物中心、PChome 網路家庭、富邦 momo 網、蝦皮購物，居前四大。

(三) 型錄購物：東森、DHC、momo，此三家爲主。

(四) 直銷購物：安麗、雅芳、如新、USANA、克緹，此五家爲主。

(五) 預購：各大便利商店均有預購服務。

(六) 手機行動購物：富邦momo、雅虎、PChome、蝦皮，此四家均有此服務。

五、臺灣電視購物（TV-Shopping）介紹

(一) 國內電視購物崛起的行銷意義

電視購物在美國已有40年歷史，並且已成爲美國零售業的要角之一，例如：美國第一大電視購物公司QVC，2019年營收額及達80億美元（折合新臺幣2,400億）；而在韓國第一大電視購物公司GS（金星購物）年營收額亦達新臺幣600億元。

(二) 臺灣電視購物消費者輪廓

根據相關資料顯示，臺灣電視購物消費者基本輪廓，大致如下幾點：

1. 性別

女性居多，占 75%；男性約爲 25%。

2. 年齡

以 30～39 歲居多，占 43%，其次爲 40～49 歲，占 22%，再次爲 50～59 歲，占 21%。

3. 職業

以家庭主婦占最高比例，約占 35%，其次爲白領上班族，占約 23%，再次爲藍領階級，占約 18%。

4. 教育

以高中職占最多，約爲 47%，其次爲專科 17%，再次爲大學以上占 14%。

5. 婚姻

已婚者占絕大部分，占 84%；未婚者占 16%。

6. 小孩

有九歲以下小孩占 56%。沒有九歲以下小孩，占 44%。

7. 地區分布

以北部地區居最多，約占 53%，其次為中部地區占 25%，再次為南部地區占 16%，東部最少占 5%。

從以上目前電視購物消費者輪廓來看，大概可以歸納出二大族群：

第一大族群是指女性、已婚、家庭主婦、中等教育程度、中等收入、居北中部之族群。第二大族群則是指上班族、白領、藍領均有之族群。

(三) 電視購物的商品結構

根據美國、韓國及臺灣的數據資料，顯示電視購物較受歡迎的商品群，大致有下列：

1. 個人流行用品及服飾：占 25%。
2. 家居用品：占 30%。
3. 美容、保養品及保健用品：占 35%。
4. 珠寶飾品：占 5%。
5. 旅遊產品：占 3%。
6. 其他：占 2%。

(四) 通路狀況

在通路方面，最主要是透過有線電視臺（第四臺）租用專屬頻道播出為主，並以每戶多少錢支付租金。例如：美國 QVC 電視購物頻道，全美大約有 9,000 萬戶可以收看，韓國 GS 購物頻道則有 600 萬戶可以收看，臺灣的東森購物、富邦 momo、viva 頻道等大約有 500 萬戶以上可以收看。通路的普及率，是電視購物業者業績成長的一個重要基礎，當戶數愈多，其業務的成長空間就相對大，因此，對通路的掌握數成為此行業的要件之一。目前，頻道上架租金，每戶 5 元，則一個 20 萬戶的地方有線電視系統臺，每月就可以收到 100 萬元，1 年為 1,200 萬元的收入。

(五) 付款方式

在電視購物訂購付款方式上，臺灣大概均已採用信用卡分期結帳占大多數，估計已達 87% 以上，其他則採貨到收現金方式或匯款方式占 7%。目前，這些業者也多提供分期付款，大大促進更多中產階級購買者的訂購意願，這方面也是因為最近銀行轉而重視消費金融業務所致。

(六) 結語

臺灣電視購物，近年來有日趨老化的現象，營業呈現衰退，現在年產值只剩150 億元。

(七) 型錄購物（Mail-Order/Catalogue Selling）

型錄購物在這幾年，也不斷蓬勃發展。主要的業者包括：

1. 第一大的 momo 型錄事業，每月平均寄發 70 萬份給所屬會員，2019 年度的營收額為 16 億元。第二大為東森型錄，每月寄出 30 萬份會員，營收約 5 億元。

2. 第三大的日本 DHC 化妝品型錄在臺灣的事業，每月平均放在便利商區讓人免費取閱，同時臺灣 DHC 也有 50 萬會員直接寄送到家。2019 年該公司營收額約 8 億元。

3. 此外，尚有各大便利超商所推出的預購便型錄免費拿取，然後填寫下單付款，過幾天再到店裡面取貨。預購便利商品已涵蓋食、衣、住、行、育、樂，以及季節性、節慶性之商品在內，非常多元。這是便利商店的實體據點業務結合虛擬的型錄購物，以擴大營收成長。

六、其他流通通路的業態圖片彙輯

▶ 圖 1-34　為全臺最大的連鎖書店——誠品書店，在臺北信義區的旗艦店含括地下兩層、地上六層，總面積為 7,500 坪的空間，除近 3,000 坪的書店空間外，尚有藝文展演空間、食品街、精品商店等，為「複合式」書店商場，極有特色，也是全國最高級的書店地點，頗受好評。

資料來源：誠品股份有限公司。

▶ 圖 1-35　為 TOYOTA 汽車的和泰汽車總代理公司旗下經銷商（北都豐田）的汽車展示及銷售店面。目前國內各大汽車廠均是透過全臺各地區、各縣市的經銷體系通路，將車子銷售出去。

資料來源：和泰汽車股份有限公司。

七、國內行銷通路最新八大趨勢

目前,國內供貨廠商或現有的零售商,顯著性的最新趨勢如下:

1. 供貨廠商建立自主行銷零售通路趨勢。

2. 加盟連鎖化擴大趨勢,愈來愈熱烈。

3. 直營連鎖化擴大趨勢。

4. 大規模化趨勢。

5. 虛擬通路不斷快速成長趨勢(主要為 B2C 網路購物快速成長)。

6. 商品上市進入多元化、多角化通路策略趨勢。

7. 各大通路廠商均加速擴大展店,形成規模經濟性。

8. 虛擬與實體通路兩者並進。

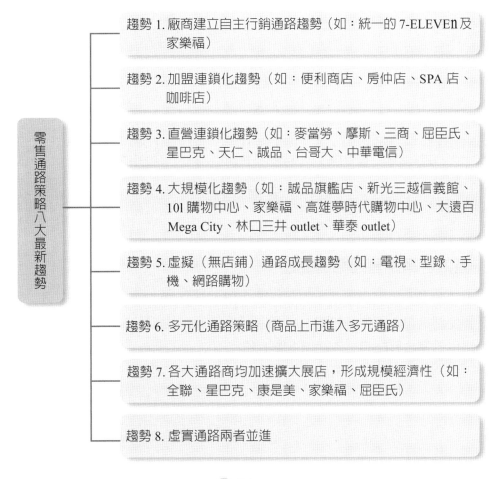

趨勢 1. 廠商建立自主行銷通路趨勢(如:統一的 7-ELEVEn 及家樂福)

趨勢 2. 加盟連鎖化趨勢(如:便利商店、房仲店、SPA 店、咖啡店)

趨勢 3. 直營連鎖化趨勢(如:麥當勞、摩斯、三商、屈臣氏、星巴克、天仁、誠品、台哥大、中華電信)

趨勢 4. 大規模化趨勢(如:誠品旗艦店、新光三越信義館、101 購物中心、家樂福、高雄夢時代購物中心、大遠百 Mega City、林口三井 outlet、華泰 outlet)

趨勢 5. 虛擬(無店鋪)通路成長趨勢(如:電視、型錄、手機、網路購物)

趨勢 6. 多元化通路策略(商品上市進入多元通路)

趨勢 7. 各大通路商均加速擴大展店,形成規模經濟性(如:全聯、星巴克、康是美、家樂福、屈臣氏)

趨勢 8. 虛實通路兩者並進

零售通路策略八大最新趨勢

▶ 圖 1-36

八、多元化、多樣化：十三種銷售通路全面上架趨勢

最近幾年來，由於通路重要性大增，產品要出售，就得上架，讓消費者看得到、摸得到或找得到，因此，供貨廠商的商品要盡可能布局在各種實體或虛擬通路，使其全面上架，才能創造出最高業績。另一方面，由於最近幾年的零售通路自身變化很大，也更多元化、多樣化，帶來各種不同地區及管道的上架機會。

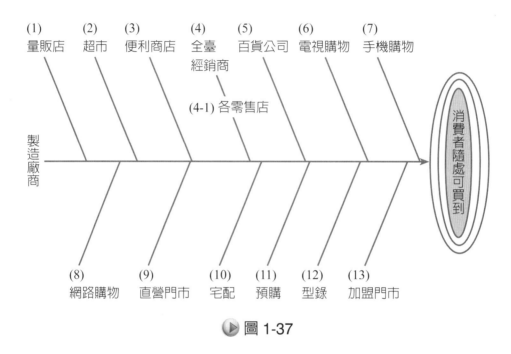

▶ 圖 1-37

九、直效行銷銷售通路的崛起

由於企業銷售競爭激烈、資訊科技突破，以及 CRM（顧客關係管理）與會員經營受到重視，因此，如圖 1-38 所示的直效行銷（direct marketing）銷售方式及通路也迅速發展崛起。包括如下圖七種：

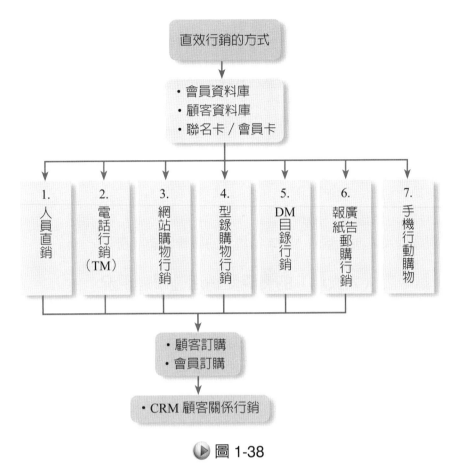

圖 1-38

註：TM，係指 Tele-Marketing；電話行銷之意。

十、國內量販店（大賣場）通路現況分析

(一) 通路密集現象

各種量販店（大賣場）、便利商店、百貨公司、購物中心等日漸在都會區呈現密集與普及現象。例如：在臺北市內湖區，即有大潤發、COSTCO、家樂福等量販店競爭者。在大直區的美麗華購物中心周邊 1,000 公尺，也群聚家樂福、愛買及大潤發等。量販店通路在都會區密集程度已愈來愈高。

(二) 品牌與通路相互依存

1. 商品必須透過大賣場通路，才能找到消費者，消費者才能方便購物。
2. 通路也必須依賴全國性知名品牌廠商的上架販售，產品才能更齊全。

(三) 廠商不能進入主流大賣場的後果

不能進主流賣場，將使廠商的銷售量不易成長，或原有的好業績直線下滑。因此品牌大廠商也不敢得罪或挑戰大賣場通路商。

(四) 廠商與通路賣場的相關事務，包括：

1. 進貨及零售價格的協調事務。
2. 陳列位置事務。
3. 促銷活動配合舉辦事務。
4. 新產品上架費談判事務。
5. 對賣場大檔期破盤價（賠本銷售）的影響協調事務。

十一、量販店（大賣場）的賣場促銷活動舉辦現況

(一) 舉辦的內容

如圖 1-39 所示，目前量販店幾乎每季、每月、每週都要舉辦大大小小的促銷活動，才能帶動買氣吸引人潮。目前各大量販店的賣場促銷活動大致上有：(1) 量販店自己主辦；(2) 由供貨廠商舉辦；(3) 雙方聯合舉辦也是常見的，即類似第 (1) 種方式的內涵。

至於各種促銷活動創意內容，請參閱圖 1-39 所示。

(二) 舉辦賣場活動的目的

1. 吸引人潮。
2. 促銷產品。

賣場行銷活動對廠商及量販店通路均有互利雙贏之效益，已被肯定。

(三) 量販店對賣場活動的要求

量販店均會在與廠商的年度採購合約上，要求品牌大廠商每年度應舉辦多少種不同型態及不同程度規模的賣場活動，而且最好是獨家活動，以創造與其他競爭賣場的差異性。

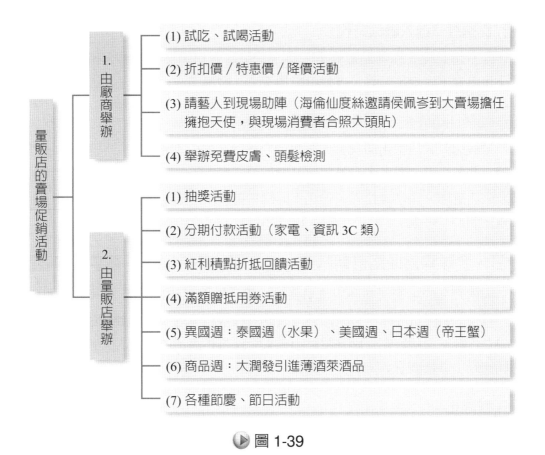

量販店的賣場促銷活動

1. 由廠商舉辦
- (1) 試吃、試喝活動
- (2) 折扣價／特惠價／降價活動
- (3) 請藝人到現場助陣（海倫仙度絲邀請侯佩岑到大賣場擔任擁抱天使，與現場消費者合照大頭貼）
- (4) 舉辦免費皮膚、頭髮檢測

2. 由量販店舉辦
- (1) 抽獎活動
- (2) 分期付款活動（家電、資訊 3C 類）
- (3) 紅利積點折抵回饋活動
- (4) 滿額贈抵用券活動
- (5) 異國週：泰國週（水果）、美國週、日本週（帝王蟹）
- (6) 商品週：大潤發引進薄酒萊酒品
- (7) 各種節慶、節日活動

▶ 圖 1-39

十二、未來臺灣零售業最新五大展望發展

(一) 網購服務、電子票券

網購不侷限買賣實體商品，也可訂購 O2O 相關服務，例如：電影票、餐券、旅館住宿、表演或展覽入場票券等電子票券，將會是高發展潛力商品。

(二) 行動購物邁向全齡化

智慧型手機、平板電腦操作容易，熟齡族成為新興行動購物族，顯示網購邁向全年齡時代。

(三) 超商複合店

超商除積極發展生鮮產品，與農場合作引進有機蔬菜外，持續跨界成立複合店，結合大店面座位經濟，彷彿置身超市、咖啡廳或餐廳，強化休閒功能及便利性。

(四) 點數經濟進入戰國時代

各家超商投入經營點數經濟，尋求跨平臺合作，業者除整合不同集點平臺外，也引進不同兌集平臺，百家爭鳴情況下，戰況邁入白熱化。

(五) 量販店用體驗、服務貼近消費者

量販店較大店型走向複合式購物中心經營，除引進不同運動品牌 outlet 外，開始以餐飲吸引消費者，引進主題餐廳如義式餐廳等，以美食促進消費者增加消費及來店意願。除了美食外，強化不同購物區體驗，滿足消費者購物需求，同時成爲休閒遊憩去處。

十三、全球零售通路最新趨勢：全家便利商店潘進丁董事長的觀點

國內知名的全家便利商店董事長潘進丁，以他在便利商店 20 多年的實戰經驗，以及赴美、日等國，考察國外最大的各種零售流通業態之經營發展及方向；他曾在《經濟日報》企管副刊歸納出未來全球零售流通的最新九大趨勢，潘董事長的觀點十分精闢有力，摘述重點如下：

(一) 國際化

零售業以內需市場爲主，美國國民生產毛額高達 12.5 兆美元，是全球單一國家最大市場，所以美國大型零售業國際化的壓力，不如歐洲零售業緊迫。早在 80 年代，法國家樂福爲了突破成長瓶頸，已跨出國門擴展歐洲市場，90 年代進而跨向亞洲，算是開啓零售業國際化浪潮的先鋒。

(二) 併購

併購則是國際零售集團追求成長的另一個重要策略，全球十大零售業排行榜，2005 年之前尚不見亞洲企業；2006 年開春後，日本 Seven & I 集團併購西武和 SOGO 百貨，一舉躋入排行榜，成爲全球第五大。

經濟發展和消費力快速崛起的中國，近來成爲國際零售好手追逐、擴張的戰場。中國本土零售業，早在這股浪潮推進之前，即在政府主導之下展開合併，如橫跨購物中心、百貨公司、超市、超商的百聯集團，企圖藉此壯大力量對抗外資。

臺灣企業如何在中國本土企業與國際好手的雙重競爭壓力下乘浪而起？人才和在地化 know-how，乃是打開金礦的兩把鑰匙。

(三) 創新

在各國零售業都聚焦在中國市場的同時，零售業本身面臨的創新挑戰也一波波展開。哈佛學者麥克南（M. P. McNair）最早提出「零售之輪」（wheel of retailing）理論，分析零售業業態興盛衰亡，並提出業態生命週期 30 年的警語。

每一種零售業態，必須隨著消費需求成長而創新，否則將被巨輪壓碾而過。Wal-Mart 在 1962 年成立第一家賣場後，即不斷演化，並依據需求創造會員制折扣店、購物中心型及社區型超市等業態，有趣的是，同樣是折扣店起家的 Target，卻以設計感及快速改裝翻新的賣場，在 Wal-Mart 等巨鯨身旁，以六分之一的規模創造更高的獲利率。

(四) 加盟

連鎖化、大型化，是全球主要零售市場的主流，加盟制度正是此一浪潮的推手。二次世界大戰後，美國政府為了輔導無一技之長且無資金的退伍軍人就業，而開創加盟商業模式；中國政府在 2005 年宣布實施「商業特許經營管理辦法」後，預料加盟連鎖浪潮將快速擴散，成為全球流通業的成長動力；在加盟發展十分成熟的日本市場，則演化出專以加盟為主的企業，稱為「法人加盟」，此種模式是否會帶動臺灣加盟市場的進化，值得關注。

(五) 供應鏈

連鎖店經營，有兩大基礎建設：供應鏈整合與資訊系統，堪稱任督二脈。

全球零售業現都面臨市場飽和、競爭激化、併購整合、全球化、極微利化的衝擊，也迫使流通業必須檢視傳統的供應鏈思維邏輯，轉向消費者需求導向。這一波由 SCM（供應鏈）到 DCM（需求鏈）的浪潮，正是此思維轉變下的產物。

(六) 自有品牌（PB 產品；Private-Brand）

在競爭激化及微利化下，自有品牌是零售業的重要策略，也是捍衛利潤的關鍵之一。事實上，自有品牌在店頭貨架上的勢力，正逐漸擴大。日本 2009 年的一項數據顯示，連鎖超商的新品中，全國性品牌不到 5%，倒是各通路的自有品牌品項，增加幅度高達七成以上。

自有品牌興起，除了改變全國性品牌獨大的局面，最大的衝擊是改變通路的角色和功能；讓通路從單純的銷售者，轉型為品牌商品的製造者，進而促使「零售製造業」興起。

(七) 樂活

近年，被廣泛討論的樂活（LOHAS），則顯示消費者對於身體心靈健康、環保的需求日升，甚至彙集成一股新的商機。

2019 年美國營養行銷機構（NMI）的研究指出，在美國 LOHAS 的市場規模高達 2,289 億美元，有樂活傾向的人口多達三成；日本市場也不遑多讓，樂活族占三成以上人口，樂活族人口及市場規模，反應出這不單是一時流行，而是一股生活趨勢的浪潮。日本三井建設在千葉縣設立一座 LOHAS 概念的購物中心，以回收能源、在地生產、在地消費，展現 LOHAS 的精神。

(八) 虛實整合（Online to Offline；O2O，線上到線下）

虛實整合與零售金融則是才剛要起浪、蓄勢待發的趨勢。過去涇渭分明的虛擬和實體通路，經過 2000 年網路泡沫化的淬煉，反而開始相互靠攏，朝多元通路發展。

專賣過季精品的網路業者 Bluefly，就在紐約蘇活區開設實體店鋪，提供退換貨、試穿服務，也打響知名度，網路商機不可忽視，實體通路自然不會放過，Wal-Mart 2000 年跨入網路購物，當年營業額就有 10 億美元，在全美 Top 400 網路零售商中排名 12。

虛實整合浪潮中，最值得觀察的是 4G 及 5G 通訊時代來臨，網路購物的接近方式已延伸到手機，由有線轉向無線，以日本為例，手機不僅是接近網路購物的入口，同時也整合小額付款機制。日本不少連鎖商店都已接受 NTT DoCoMo 的手機付款。

(九) 零售金融

零售金融的借力使力，將是主導下一波變革的重要推手。日本第二大流通集團永旺（AEON）2007 年春天籌設銀行，在旗下賣場設立專櫃銷售基金、債券等個人理財商品。

這個例子巧妙點出零售流通業介入金融服務，是大勢所趨，零售業通路綿密而廣，營業時間長，讓零售業在便利性與親近性上，大幅超越金融業。如果再加上貼心設計的個人金融服務，威力不容小覷。

小額支付工具，更是零售金融服務整合的關鍵。香港八達通卡，就是零售、金融整合小額支付工具的典型成功案例；這張卡不僅可以搭乘交通工具，亦可在

商店消費支付貨款，甚至當作住家個人識別卡。悠遊卡是目前臺灣發行量最大的預付儲值交通卡，目前亦與大型超商推動小額支付的功用，但若要再擴大使用，則必須結合更多的消費支付功能，以及法令鬆綁的配合。

十四、全球零售業六大趨勢：臺灣屈臣氏總經理的觀點

臺灣屈臣氏外籍總經理英國人古以安（Ian Cruddas）則提出全球零售業有六大趨勢，如下：

(一) 大者恆大

2005 年家樂福併購臺灣的特易購，在臺灣市場更壯大，如今家樂福已成為臺灣最大的量販店，在臺市占率超過 50%，家樂福最大的競爭力，來自其價格，這對屈臣氏而言，確實也造成某種程度的威脅，家樂福目前在全球也不斷透過併購的方式壯大，對此，屈臣氏在全球各地的併購動作，也會持續上演。

(二) 現代商店不斷壯大，傳統商店則不斷式微

包括便利超商、複合店等連鎖經營型態的商店持續成長，明顯壓縮傳統商店的經營空間。

(三) 自有品牌將是市場主力

臺灣在發展自有品牌部分，相對落後歐美等國家，未來還有發展空間。

(四) 產品功能的重要性崛起

以賣維他命商品來講，應該重新去定義思考，消費者是為了其成分去買，還是為了該品牌而買，這會影響整個產品定位與行銷策略手法，現在臺灣屈臣氏正把重心放在這裡，強化產品，以強化商品功能來行銷。

(五) 網路消費崛起

在臺灣市場，目前網路的消費比率僅 15%，看好未來這個趨勢，透過網路消費的比率將持續攀升，在歐美國家，近來透過網路消費的交易金額快速成長，臺灣屈臣氏將發展線上購物，列為重大發展策略。

(六) 科技提升效率

屈臣氏現在正積極運用科技資訊，不僅想辦法把對的商品，放在對的地方，

更要大舉強化與供應商之間的供應鏈關係，曾經屈臣氏某個供應商搬家，因為雙方使用的資訊系統不同，結果造成屈臣氏足足有六週，沒有該品牌的洗髮精可供應，營業額損失好幾百萬元。

古以安指出，現在屈臣氏正發展 CPFR（Collaborative Planning Forecasting Replacement），強化與供應商之間的協同促銷企劃管理、協同促銷銷售預測、協同促銷訂單預測、協同銷售回報管理等一系列與供應商更緊密的關係。古以安指出，以前這些是靠人力為主，現在的重心，要改變成以科技資訊為主，是個全新的挑戰。

古以安指出，運用科技資訊的結果，在提升臺灣屈臣氏營運效能的幾個指標上，成效非常明顯。例如：臺灣屈臣氏的存貨週期，可從原來的 13 週降至 11 週，商品及時送達率，從 95% 提升至 99%。缺貨率，從 5% 降為 1.7%；供應商因應客戶促銷活動的回應期，從 14 天明顯縮減至 3 天。

十五、統一7-ELEVEn 加盟辦法、條件及流程介紹

統一 7-ELEVEn 迄 2019 年，已有 5,300 家之多，同業市占率高達 52% 以上，居絕對優勢，該公司經營績效良好，企業形象也良好，是第一名的便利商店流通業者。茲介紹該公司加盟辦法、條件及流程分析如下：

(一) 特許加盟

1. 系統介紹
   (1) 店鋪、土地自有或取得租期至少五年以上。
   (2) 營業面積 25 坪以上。
   (3) 該地點須經由 7-ELEVEn 總部商圈評估合格。

2. 加盟期限
   契約期間十年。

3. 加盟申請資格
   (1) 年齡 55 歲以下，高中職（含）以上程度，免經驗。
   (2) 需專職經營，身體健康，信用良好。
   (3) 單身可。

4. 自備資金

(1) 加盟金：30 萬元（未稅），期滿續約免收加盟金。

(2) 保證金：現金 60 萬元或價值 150 萬不動產設定抵押。

(3) 裝潢費用：約 150 萬元（依坪數大小而定）。

(4) 營運初期周轉金。

5. 經營收益

(1) 利潤分配：當月毛利額 62%。

(2) 激勵辦法：經營管理達設定標準，可多分得毛利額 1～2.5%。

(3) 最低毛利保證：每年 240 萬。

(二) 委託加盟

1. 系統介紹

7-ELEVEn 將原本公司直營門市，委託給甄選合格加盟主來經營。

2. 加盟期限

契約期間五年。

3. 加盟申請資格

(1) 年齡 55 歲以下，高中職（含）以上程度。

(2) 身體健康，信用良好。

(3) 須夫妻二人專職經營或單身亦可。

(4) 開放北區（北市／新北市、基隆市、桃園、新竹）已婚個人加盟，但須搭配一位全職員工。

4. 自備資金

(1) 加盟金：依門市實際毛利額計算，約 30 萬元（未稅）以上。

(2) 保證金：現金 40 萬元或價值 150 萬元不動產設定抵押。

(3) 裝潢費用：由 7-ELEVEn 提供。

(4) 營運初期周轉金。

5. 經營收益

(1) 利潤分配：當月毛利額 35 萬元以下 45%，35 萬元以上部分 30%。

(2) 激勵辦法：經營管理達設定標準，可多分得毛利額 1%。

(3) 最低毛利保證：每年 200 萬元。

(三) 加盟作業流程

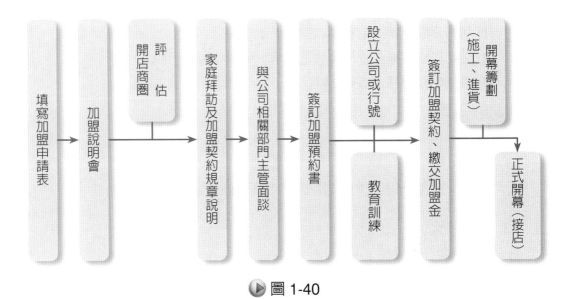

填寫加盟申請表 → 加盟說明會 → 評估開店商圈 → 家庭拜訪及加盟契約規章說明 → 與公司相關部門主管面談 → 簽訂加盟預約書 → 設立公司或行號／教育訓練 → 簽訂加盟契約、繳交加盟金 → 開幕籌劃（施工、進貨）→ 正式開幕（接店）

▶ 圖 1-40

(四) 統一超商甄選作業流程分析

有關統一超商甄選作業主資料，將以設立之流程圖為架構，圖表之流程分析，並參考開發人之實際作業程序，可將統一超商之設立，分成下列執行步驟：

1. 尋找　2. 調查　3. 審查　4. 審核　5. 說服　6. 約談　7. 簽約　8. 訓練
9. 裝潢　10. 開幕

1. 尋找潛在加盟者

透過下列二種途徑，尋找潛在加盟店主：

(1) 主動徵選

若某一地點其交通流量、人口動向，以及新社區發展情形，皆符合公司標準：即 Location 良好者，則公司便會主動寄 Direct mail 給對方，或由超商部之開店人員以三人一組為代表，負責與公司中意之「目標

地區」內居民進行交談溝通，以瞭解是否有符合公司條件者。若有恰當人選，即使其對加入統一超商並無高度興趣，公司的開店人員會耐心對其說明公司經營理念，且以其他業績良好之加盟店爲佐證，進行說服。

(2) 被動

所謂被動，即指公司利用媒體傳播或其他管道，將公司徵求加盟店之訊息傳達予社會大眾，接受有意者之申請。通常採用下列方式：

① 報章雜誌廣告。

② 鼓勵員工經營。

③ 由員工或經銷商介紹。

④ 零售業者自我推薦，或到店裡看後，覺得格調很好，便想在另一區亦設一家。

⑤ 開放參觀。

2. 調查階段

加盟店主自己申請而成功的比例相當低，若由公司主動尋找，可以其目標商圈優先考慮，開發人在預定商圈內尋找店面之方法如下：

(1) 熟記責任區域內之地形。

(2) 瞭解責任區域內之商店分布及分析競爭狀況。

(3) 找出責任區域內最佳、次佳之店面位置，並注意有無房屋出租或出售的張貼。

(4) 注意新工地之狀況，可針對未來區域內最佳之店面位置設立。

(5) 瞭解區域內之未來開發計畫。

開發人員於上述調查過程中，如有適當客戶，則應填寫「有望客戶卡」，並隨每日報表呈交主管核閱。此「有望客戶卡」有效期間爲 6 個月，其內容包括：

(1) 有望客戶之基本資料

負責人姓名、年齡、教育程度、性別、信用情況等。

(2) 商店之基本資料

店面坪數、詳細地址、房屋租金、押金、租期等。

(3) 調查要項

本階段調查要項所得之情報較為簡要，以作為進一步審查要項。

3. 審查階段

開發人員將前述「有望客戶卡」呈送中階主管，如認為此地區具有開發潛力，則開發人員便需要進行商圈資料之蒐集。

當決定進一步作調查時，開發人員應以調查階段所獲得之有望客戶卡為依據，對商圈及立地條件，進一步瞭解，並據以編製商圈調查表，此表包括下列內容：

(1) 開幕日期。

(2) 店面：自有或承租（租金多少）。

(3) 地點：商業區、半商業區、住宅區。

(4) 營業時間。

(5) 交通站牌之數量位置。

(6) 平均每日營業額、來客數、客單價。

(7) 來客分析：中小學生、青年男女、家庭主婦、職業婦女及其他。

4. 審核階段

開發人完成審查階段之商圈調查，及瞭解加盟者個人因素之後，便可填製統一超商申請調查書，上呈超商部經理，作為審核依據。此申請調查書乃依據有望客戶卡及商圈調查表之資料而編製。

5. 說服階段

經由調查、初審及部經理之審核作業，如果公司認定該預定店符合公司之標準，擬予吸收為加盟店，則必須向有望加盟者簡介 7-ELEVEn 加盟制度，並進行說服工作。前述之調查、審核作業，皆是公司一廂情願之作法，或許有望加盟者根本無法接受此制度之約定，此時便須請有望加盟者提出問題，並一一加以解釋，且告知其零售業連鎖化經營為目前趨勢，不加盟則無法生存。

6. 約談階段

經說服有望加盟者使其具有加盟意願，即可進一步約其至公司面談。

7. 簽約階段

加盟店經由初審、審核及公司同意後,便可進行簽約,以下為契約書內容
介紹:

(1) 設備使用權

簽約後,原屬於加盟者之設備,所有權仍為加盟者所有,但使用權則
歸公司。

(2) 經營所有權

一經簽約,則原自營商店之所有權及其他一切管理上之權利,全歸公
司所有。

(3) 商品及存貨管理

加盟店所選擇購買及貯存之商品,務必依照公司規定之模式配合,並
須事先通知公司。

(4) 提供廠商名冊

公司應提供廠商名冊、商品目錄及零售價格,以供加盟店作業之參考。

(5) 經營指導費

加盟店應遵守公司所規定之事項,接受公司有關超級商店之經營指
導,並支付公司經營指導費。

(6) 競爭之禁止

加盟店不可從事其他不合法之競爭。

(7) 指定之營業項目

非經公司同意,不得擅自進貨營業。

8. 訓練階段

加盟店與公司簽約後,公司便安排職前教育訓練課程,以研習 7-ELEVEn
之經營理念、商店實務操作,及存貨管理等課程。

9. 裝潢階段

加盟店所需之設備,由營繕(工務)組負責策劃其規格,其他各種設備亦
有一定規格,以求統一的格調。

10. 開幕

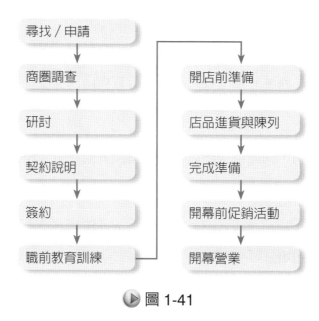

▶ 圖 1-41

11. 統一超商評估因素分析

如何選擇優良加盟者，所提出之看法及論點如下：

(1) 觀念溝通

首先，在經營的精神上，亦即觀念的溝通上，優良的加盟店與總公司必須有很好的配合及溝通。如果不能瞭解配合，則公司的政策便不能有效執行，在整個銷售體系上，如果總公司與加盟店的觀念不一致，在效果上一定會大打折扣。

(2) 敬業精神

加盟店主需要有敬業的精神。有些加盟店認爲：從總公司學了這套經營理念，如作帳方式及控制商品存貨的方法後，就認爲是自己的祕密，不願傳授給店員，並以爲自己就是老闆，常常不在店裡處理店內事務，做自己的事情，變成是兼職，如此一來，店裡的業務上不了軌道，更談不上業績。

(3) 行銷導向觀念

目前是消費傾向的時代，行銷觀念很重要，消費者、顧客才是第一，

所以提供優良的服務態度很重要。今天零售店主並非當老闆就好，而是需要將消費者請到店裡來，使其能滿足購物回家，才是最重要的。

(4) 商品管理觀念

過去在雜貨店時代，大部分經營者是退休人員、老先生、老太太，作為副業、打發閒暇的看店，屬於靜態銷售。現在零售業的經營已由靜態變成動態的銷售，所以商品管理也很重要。首先，必須瞭解所有商品的性質，如果不能瞭解各個商品品牌的特色，就不能對消費者有效說明和推銷，銷售業績必定會大打折扣。

(5) 地點

就零售業而言，良好的地點為經營良好之必要條件。有句俗語：「站到好地位，好過懂拳頭」，因為位置良好之地點，有人潮流動量高、廣告效果好、交通方便的優點，像西門町、車站前，都是人潮洶湧的地方。若零售業選擇這些地方為營業地點，必可收事半功倍之效。就零售而言，第一生命是地點，第二生命也是地點。

(五) 強而有力的支援系統

1. 行銷

強勢商品的開發研究，最符合顧客需求的商品結構、高投資的廣告企劃宣傳及促銷活動。

2. 教育訓練

教育訓練中心課程研修及門市體驗實地操作，開店後不定時安排各項加盟主進階課程及專業訓練。

3. 資訊物流

門市陳列約二、三千種商品，仰賴完善的物流配送系統，少量多樣且高頻率的配送，降低廠商的運輸成本而回饋門市，全面使用 POS 系統，分析各時段的銷售情況，有效提升商品訂貨效益。

4. 財務會計服務

提供各項財務報表，以利經營績效分析。定期的商品帳務盤點，適時提供

財務資訊及正確的門市庫存管理。

5. 營運支援

解決門市經營上的問題，包括交易行為、營業費用、商品配送 / 進貨 / 銷售、行銷企劃和促銷活動等。

6. POS系統

透過門市收銀機蒐集銷售資料，經由門市電腦主機處理，產出商品銷售情報，提供門市訂貨、庫存之重要參考依據。

十六、全家便利商店加盟辦法及條件介紹

全家為國內第二大便利商店連鎖店，目前有 3,300 家店，為對照於前述統一超商的加盟辦法及條件，茲列示如下：

	（一）特許加盟	（二）委託加盟
事業主體	1. 契約主體一人，店鋪需兩人專職經營 2. 擁有或自行承租建物及土地者，建物面積 25 坪以上且店寬 6 米以上為佳	1. 契約主體二人，需專職經營，非夫妻拍檔亦可加盟 2. 店鋪由總部提供 3. 年齡 55 歲以下
自備資金	1. 加盟金：30 萬（未稅） 2. 保證金：60 萬（期滿可退） 3. 店鋪裝潢費：約 120～150 萬元	1. 加盟金：30 萬（未稅） 2. 保證金：40 萬（期滿可退）
合作期間	七年	五年
總部費用補助	1. 水電費：60% 2. 發票紙卷費：40% 3. 不得扣抵之進項稅：40% 4. 店面租金專案補助	1. 水電費：50% 2. 發票紙卷費：50% 3. 不得扣抵之進項稅：50%
加盟者經營利益	1. 利潤分配：營業總利益 65% 2. 年度最低毛利保證：200 萬 + 年營業額 2% ※ 營業總利益 = 銷貨毛利 + 其他收入	1. 利潤分配：當月營業總利益 50 萬以內 40%；50 萬以上部分 30% 2. 營業激勵獎金：每月最高營業總利益 1% 3. 年度最低毛利保證：100 萬 + 年營業額 5%

	(一) 特許加盟	(二) 委託加盟
事業規劃	1. 複數加盟優惠 2. 期滿續約優惠	1. 複數加盟優惠 2. 期滿續約優惠 3. 經營期間可協助轉型

第 3 節　行銷通路存在價值、功能、性質與結構

一、行銷通路的存在價值（為何需要中間商）

廠商需要通路商的主要原因有以下五點：

(一) 缺乏財力

大部分的中小型廠商都缺乏巨大財力，以直接從事銷售據點之關建。

(二) 為達大量配銷之經濟效益

廠商如果是全國性或全球性的產銷企業，在面對數千數萬個銷售據點之需求時，必然須藉助中間商協助大量的配銷，若僅靠自己，在經濟效益上實屬不划算。例如：像中國及美國幅員廣大，不可能完全靠自己的直營通路，必然在某些地區、某些偏遠省份，必須借助當地通路商的協助。

(三) 資金運用報酬率之比較

即使廠商有能力在全國建立銷售網路，也應衡量資金若用在別處投資，其報酬率是否會較高。

(四) 便利服務客戶

藉助中間商之專業能力，可讓廠商產品更快出現在客戶面前，便利服務客戶，而此點是廠商自己不易做到的。

(五) 專業分工的功能（產銷分工）

雖然中間商的角色有日益降低的趨勢，也不至於完全消失，因為仍有藉助中間商專業分工的必要性存在。

二、行銷通路功能：Kotler的觀點

(一) 資訊情報（Information）

指行銷研究資訊的蒐集與傳播，而這些資訊乃有關於行銷環境中潛在與目前顧客，競爭者以及其他成員等的資訊蒐集與來源管道。這些資訊對廠商的因應策略仍十分具參考性。

(二) 促銷（Promotion）

零售通路商發展與傳播，爲吸引消費者而設計出具備說服性溝通的促銷方案與落實執行。在面對不景氣時期，零售商的促銷功能及作法已日益重要。

(三) 協商（Negotiation）

達成交易中有關價格及其他項目之協議，以促使所有權的移轉順利進行。

(四) 訂購（Ordering）

藉由行銷通路成員對製造商表示購買訂購意圖達成。

(五) 融資（Financing）

指資金之取得與分配，以支援行銷通路各階層中所負擔的存貨持有成本。

(六) 風險承擔（Risk Taking）

指承擔有關執行通路工作之風險，例如：有過多存貨銷不出去的風險存在。

(七) 實體持有（Physical Possession）

從原料到最終顧客之間，有關實體產品之儲存與運送。

(八) 付款（Payment）

購買者透過銀行等金融機構，以償付賣方帳款。經銷商要付款給製造商，零售商要付款給經銷商。

(九) 物權移轉（Title Transferation）

產品所有權由一組織移轉至另一組織。

三、行銷通路功能：其他學者的觀點

洪順慶（1999）則認為行銷通路的功能有三點，分別敘述如下：

(一) 洪順慶的觀點

1. 創造效用

通路中間商可以創造時間與擁有效用，作為製造商與消費者之間的橋梁。

2. 提升交換效率

減少製造商與消費者的交換次數，如下圖表示總交換次數從 16 次降為 8 次。

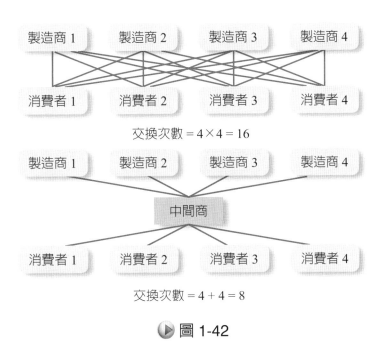

▶ 圖 1-42

3. 協調供需

下圖為行銷通路調節樣式和數量的示意圖，行銷體系對供應和需求在樣式和數量的特性，做總體調節。

資料來源：洪順慶（1999），《行銷管理》，初版，臺北：新陸。

ᐅ 圖 1-43

　　由上述學者的觀點整理出如下表 1-1。確知行銷通路的功能，乃是從最基本的扮演製造商和消費者間平衡供給和需求的協調角色，到能夠在體系間創造效用及提升交換效率。

(二) 綜合學者的觀點

ᐅ 表 1-1　行銷通路的功能

作者	提出的見解
(1) Stern and E1-ansary	行銷中介機構的功能在將財貨與勞務的流動予以平穩，彌補生產者所生產之財貨與勞務，和消費者所需之差距。
(2) Alderson	行銷通路的目的在於求取供給面與需求面之間的密合，密合程度愈好，行銷通路的功能就愈能發揮。
(3) 洪順慶	創造效用提升交換效率協調供需。

資料來源：整理自 Stern & El-ansary（1996）、Alderson（1985）與洪順慶（1999）。

四、行銷通路的性質

　　從行銷通路學者所提出的理論來看，大致可整理出國內、外學者專家對行銷通路性質，五個看法或定義：

1. 為了使商品或服務達到使用或消費，可以藉由一群互相依賴、相輔相成的組織之組合來輔助，這樣的集合體即是 Stern 與 El-ansary（1996）所稱的行銷通路。依此情況，製造者不一定需要直接和消費者接觸，就能完成消費行為。

2. 學者洪順慶（1999）也認為行銷通路是一組相互依賴的組織，他們互相合作使商品或服務供最終消費者購買或使用。

3. Kotler（2000）則認為當商品或服務從製造者移轉至消費者時，取得所有權，或幫助所有權移轉，以及協助完成促銷、談判、收款、承擔風險、訂貨、付款等行銷流程的公司或個人組合，都可稱為行銷通路。

4. Fisk（1967）則認為商品交易的發生至少包含實體分配、所有權移轉、交易付款、訊息溝通及風險負擔等五種流程，這五種單一行為要藉由製造者、消費者或是中間機構來完成。在交易過程中，會有許多機構參與其中，以利於這五種流程完成，這些使商品由製造者移轉至使用者的機構，即稱為行銷通路。

5. Cox 與 Shutte（1969）則認為行銷通路是由一組機構所形成的一個組織化網路，共同執行因連結製造者與執行者所必須的所有活動，以完成行銷任務。

綜合上述各位學者的見解，整理如下表。行銷通路乃是一種介於提供商品者及最終消費者間的中介組織之集合——中介機構。它們之間相互依賴、相互合作，將商品或服務提供給消費者，完成商品或服務的實體分配、所有權移轉、交易付款、訊息溝通及風險負擔。

▶ 表 1-2　行銷通路的性質

作者	提出的見解
(1) Stern 與 E1-ansary	一群互相依賴、相輔相成的組織之組合，使商品或服務達到使用或消費。
(2) Kotler	協助商品或服務從製造者轉移至消費者時取得所有權，並完成促銷、談判、收款、承擔風險、訂貨、付款等的公司或個人組合。
(3) Fisk	使商品由製造者移轉至使用者的機構。
(4) Cox 與 Shutte	共同執行因連結製造者與執行者所必須的所有活動，以完成行銷任務的一組機構所形成的一個組織化網路。
(5) 洪順慶	互相合作使商品或服務可供最終消費者購買或使用的一組組織。

資料來源：整理自 Stern & E1-ansary（1996）、Kotler（2000）、Fisk、Cox & Shutte（1969）與洪順慶（1999）。

五、行銷通路結構

(一) 余朝權（1991）與 Jain（1990）的看法

通路結構可以依照通路長度的數目、通路密度與中間商的選擇來描述其特性。余朝權（1991）認爲由長度策略、密度策略及成員任務三者來組成通路結構。

1. 通路長度，是指執行某些通路功能的每一個中間商，使商品或所有權更接近最終購買者。這些中間商的階層數目就是通路長度。
2. 通路密度，又稱爲市場涵蓋度。
3. 成員任務，就是所謂的交易關係組合。

依照 Jain（1990）的看法，認爲通路密度的策略就是配銷範圍策略，依照商品生命週期來區分，可以分爲下列三種形式：密度配銷、選擇配銷、獨家配銷來進行。而余朝權（1991）認爲製造商必須決定通路成員相互的條件與責任，在價格政策、銷售條件、地區配銷範圍及每一成員應履行的特定服務上達成協議。

(二) Han 與 Dae R. Chang（1992）的看法

學者 Han 及 Dae R. Chang（1992）則將行銷通路區分爲商業通路及消費通路，如下圖，兩者間的差別在於：商業通路包括製造商及中間商；消費通路則包括中間商及最終消費者。

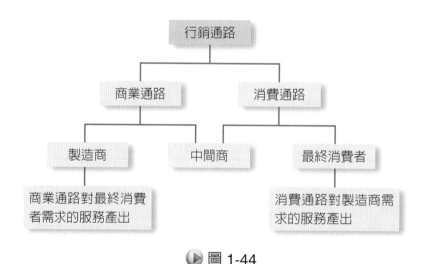

▶ 圖 1-44

資料來源：Mini Han and Dae R. Chang(1992), "An Extended Framework for Adjusting Channel Strategies in Industrial Market", Joural of Bussiness & Industrial Marketing, vol. 7, No.2, Spring 1992, pp.31-43.

六、影響通路結構的七項變數

(一) 企業因素

分別為公司本身的規模、財務能力、管理經驗與能力、通路控制意願。

(二) 商品組合因素

賣方提供給買方的商品線，及商品項目的集合。

(三) 行銷組合因素

一組企業可以控制的行銷變數，企業運用搭配這些變數，整合成協調一致的方案，以達成企業的行銷目標。此等變數，即為通稱的 4P：商品（Pro-duct）、價格（Price）、推廣（Promotion）、通路（Place）。

(四) 市場因素

目標市場、規模大小、顧客數及集中程度、購買型態、商品偏好、購買次數，及平均購買金額。

(五) 中間商因素

包括可利用的中間商數目、提供的服務品質、配合意願，及相對成本。

(六) 環境因素

包括經濟景氣、法令限制、社會文化，及新興通路（如網站）。

(七) 競爭因素

競爭者所使用的通路型式、通路密度，及交易條件。

▶ 表 1-3　影響通路結構的變數

作者	提出的見解
Kotler	1. 商品特性：易腐壞性、體積及重量、運送距離及處理次數、標準化程度、安裝與維修服務、價位 2. 中間商特性：中間商的性質、處理促銷、協商、儲存、聯繫、信用條件的能力 3. 競爭特性：競爭者的行銷策略、通路型態、銷售據點、獎勵措施 4. 企業特性：長期目標、資源配置、商品組合、行銷策略組合 5. 環境特性：經濟景氣、法律與限制、技術變動程度

作者	提出的見解
陳學怡	1. 商品因素：商品內容、商品種類數、運輸方便程度、單價 2. 中間商因素：控制難易度、取得難易度 3. 顧客因素：顧客的購買特性、市場分布狀況 4. 企業因素：員工數、資本額、設計商品能力、應收帳款信用期間
林雄川	1. 企業因素：內外銷比例、產能規模、其他部門對通路策略的影響、財力、銷售績效的控制、區域環境、高級主管的影響 2. 商品因素：商品內容與種類數、商品標準化程度與使用複雜度、售後服務需要、商品生命週期、商品保存 3. 配銷成本：銷售及促銷、訂單處理、運輸倉儲、賒銷及融資、佣金 4. 顧客行為：顧客分布、銷售的可預測性、購買頻率、每次購買量 5. 環境與競爭：經濟景氣、法律與限制、技術變動程度、競爭者的通路策略、替代品的影響、同業的競爭程度
張錫元	1. 企業因素：員工數、資本額、營業額、獲利率 2. 商品因素：商品種類數、商品生命週期、價格 3. 行銷組合因素：售後服務需要、推廣活動 4. 經銷商因素：控制難易、取得難易、配合意願、佣金、通路衝突 5. 市場因素：市場分布、銷售季節、購買頻率、潛在顧客數、每次交易額、經濟景氣

資料來源：整理自 Kotler（2000）、陳學怡（1991）、林雄川（1993）與張錫元（1994）。

第4節　通路商（零售商）自有品牌（PB 產品）概論

一、意義

　　通路商自有品牌，係指由通路商自己開發設計，然後委外代工；或是從研發設計至委外代工全交外部工廠或設計公司執行，然後掛上自己的品牌名稱。此即通路商自有品牌的意義。

　　此處的通路商，主要指「大型零售通路商」為主，包括：便利商店（7-ELEVEn、全家）、超市（頂好、全聯）、量販店（家樂福、大潤發、愛買）、美妝藥妝店（屈臣氏、康是美）；此外也包括百貨公司自行引進的代理產品（新光三越百貨、遠百，SOGO 百貨）。

二、製造商（全國性）（NB）與通路商品牌（PB）品牌的區別

(一) 製造商品牌（全國性品牌）

早期的品牌，大致上都以製造商品牌（Manufacture Brand, MB）或稱全國性品牌（National Brand, NB）為主。包括像統一企業、味全、金車、可口可樂、P & G、聯合利華、花王、味丹、維力、雀巢、桂格、TOYOTA、東元、大同、歌林、松下，SONY、NOKIA、裕隆、龍鳳、大成長城、舒潔、黑人牙膏等，均有全國性或製造商公司品牌，都擁有在臺灣或海外的工廠，自己生產並且命名產品品牌。

(二) 零售商品牌（自有品牌）

時至今日，通路商自有品牌出現了英文名稱，可稱為零售商品牌（Retail Brand）或自有、私有品牌（Private Brand 或 Private Label）。係指零售商也開始想要有自己的品牌與產品。因此委託外部的設計公司與製造工廠，然後掛上自己所訂出的品牌名稱，放在貨架上出售，此即通路商自有品牌。目前，包括統一超商、全家便利商店、家樂福、大潤發、愛買、屈臣氏、康是美等，均已推出自有品牌（註：Private Brand，簡稱 PB 或 Private Label，簡稱 PL）。

三、通路商自有品牌的利益點

為什麼零售通路商要大舉發展自有品牌，放在貨架上與全國性品牌競爭呢？主要有以下幾項利益點：

(一) 自有品牌產品的毛利率比較高，通常高出全國性製造商品牌的獲利率

換言之，如果同樣賣出一瓶洗髮精，家樂福自有品牌的獲利，會比潘婷洗髮精製造商品牌的獲利更高一些。

(二) 微利時代來臨

由於國內近幾年來的國民所得增加緩慢，貧富兩極化日益明顯，M 型社會來臨，物價上漲，廠商加入競爭者多，每個行銷推出都是供過於求，再加上少子化及老年化，以及兩岸關係停滯，使臺灣內需市場並無成長空間及條件，總體來說，就是微利時代來臨了，而對微利時代，大型零售商自然不能坐以待斃，因此就會尋求自行發展且有較高毛利率的自有品牌產品。

(三) 發展差異化的導向（差異化、特色化）

以便利商店而言，小小 30 坪空間，能上貨架的產品並不多，因此，不能太過同質化，否則會失去競爭力及比價空間。故便利超商也紛紛發展自有品牌產品。例如：統一超商有關東煮、各型各式的鮮食便當、OPEN 小將產品、7-ELEVEn 茶飲料、嚴選素材咖啡、CITY CAFE 現煮咖啡等產品達上百種之多。

(四) 滿足消費者的低價或平價需求

最後一個原因，在通膨、薪資所得停滯及 M 型社會成形下，有愈來愈多的中低所得者，對於低價品或平價品需求愈來愈高。

所以到了各種賣場的週年慶、年中慶、尾牙祭，以及各種促銷活動時，就可以看到很多消費人潮湧入，包括百貨公司、大型購物中心、量販店、超市、美妝店或各種速食、餐飲、服飾等連鎖店均是如此現象。

四、零售通路商積極開發自有品牌商品的三大原因

國內家樂福、大潤發、愛買、統一超商、屈臣氏等積極投入開發及銷售自有品牌商品，主要基於下列三大原因：

(一) 自有品牌具有較高的利潤率

大型連鎖零售商挾著現有通路的優勢，全面發動自有品牌產品，主要理由及著眼點在於自有品牌商品具有高利潤。

過去，傳統製造商成本中，品牌廣告費用及通路促銷費用占比頗高，幾乎達到 40% 左右，但零售商自有品牌在這二個部分所投入的 40% 成本，幾乎可以省下來，最多只支出 10% 而已，因此利潤自然高出三至四成，既然如此，何必全部跟製造商進貨，自己也可以委託生產來賣，這樣賺得更多。當然，零售商也不會完全進大廠商的貨，只是想減少一部分，以自己的產品替代上去。

案例

某洗髮精大廠，一瓶洗髮精假設製造成本 100 元，加上廣告宣傳費 20 元與通路促銷費及上架費 20 元，再加上廠商利潤 20 元，則在通路以 160 元賣到家樂福大賣場去，家樂福自己假設也要賺 16 元（10%），故最後零售價定價為 176 元。但如果現在家樂福自己委外代工生產洗髮精，假設製造成本仍為 100 元，

再分攤少許廣宣費 10 元，並決定要多賺些利潤，每瓶想賺 32 元（比過去的每瓶 16 元，增高一倍），故最後零售價定價為：100 元＋10 元＋32 元＝142 元。此價格比跟大廠採購進貨的 176 元定價仍低很多。因此，家樂福自己提高了獲利率、獲利額，也同時降低了該產品的零售價，消費者也樂得來買。

(二) 低價可以帶動業績成長，又無斷貨風險

在不景氣市場、M 型社會及 M 型消費下，零售商或量販店打得就是價格戰（price war）。因此，零售通路業者可以透過低價自有品牌產品，吸引消費者上門，帶動整體銷貨業績的成長。

另外，更重要的是，此舉也可以避免全國性製造商品業者不願配合量販店促銷時的斷貨風險。

(三) 創造差異化、非同質化並與同業區隔化

零售通路業者以 OEM 代工生產自有品牌，創造產品差異化，提供獨一無二的產品選擇，也較能建立量販店的品牌忠誠度與辨識度，達到與同業區隔的目的。

五、何類自有品牌產品最好賣

並不是每一樣自有品牌產品都會賣得很好，必須掌握幾項原則：

1. 與人體健康、品質並無太大想像關聯的一般日用產品之簡單性產品。例如：家樂福的衛生紙、牙線、棉花棒等，市占率即達 70%；大潤發的衛生紙在店內市占率第一，其次是燈泡。
2. 與知名全國性品牌形象的產品類別，能有所避開者。例如：自有品牌的沐浴乳、化妝品、保養品等就不會賣得太好。
3. 自有品牌產品若能具有設計、功能、包裝、成分、效益等獨特性與差異化，在銷售時較為利多，更能提升銷售量。

六、製造廠從抗拒代工，到變成合作夥伴

從最早期的製造商採取抵制、抗拒、不接單的態度，如今，已有部分大廠商改變態度，同意接零售商的 OEM 訂單，成為製販同盟（製造與銷售同盟）的合作夥伴。包括永豐餘紙廠也為量販店代工生產衛生紙或紙品；黑松公司、味丹公司等也代工生產飲料產品。

主要的原因，有以下幾點：

1. 製造商體會到低價自有品牌產品，已是全球各地的零售趨勢，這是大勢所趨，不可違逆。

2. A 製造商如果不接，那麼 B 製造商或 C 製造商也可能會接，最後，還是會有競爭性。既然如此，為何自己不接單生產，多賺一些利潤呢？

3. 製造商如抗拒不接單生產配合，處在通路為主的時代中，將會被通路商列入黑名單，對往後的通路上架及有效陳列點的要求，將會被通路商拒絕。

七、國內三大量販店自有品牌操作概況列表

茲列示國內三大量販店目前在自有品牌的操作狀況，如下表：

▶ 表 1-4　國內三大量販店自有品牌操作概況列表

公司	自有品牌商品數量	總店數	自有品牌名稱	自有品牌的營收佔比
家樂福	3,100 支	120 家	1. 超值（低價） 2. 家樂福（平價） 3. 精選（中高價） 4. Home Deco（家飾用品）	700 億 ×15% = 150 億
大潤發	2,000 支	25 家	1. FP（First Price） 2. RT 大潤發	250 億 ×10% = 25 億
愛買	1,000 支	15 家	1. 最划算 2. 衛得（保健食品）	200 億 ×10% = 20 億

八、國內各大零售通路商發展自有品牌現況

(一) 統一超商經營自有品牌現況（包括 iseLect 及 7-ELEVEn 二種品牌）

• 自有品牌占總營收二成，約200億，是管利主要來源

7-ELEVEn 自有品牌產品以鮮食食品、飲料及一般用品為主，目前已有 300 種品項，2016 年度約占總營收占比的二成，約 250 億元。7-ELEVEn 希望從高價值感來切入，發展自有品牌，以獨特性及與消費者情感的連結度，以創意設計、安心、歡樂感為主軸，滿足消費者平價奢華的需求，破除一般消費大眾認為自有品牌即是量多價低的觀念。

2007 年，7-ELEVEn 以低於一般商品售價的包裝茶飲料切入市場，並邀請日本知名設計師為產品包裝設計操刀，一上市即拿下銷售第一，包括瓶裝水、咖啡及奶茶等較不受季節性影響的飲料，也將陸續上市，通路自有品牌，對於既有的市場將出現洗牌作用，已經讓所有的製造業者備感壓力。

依照過去統一超商上市公司的財務年報來看，其毛利率約 30%，而稅前獲利率約在 5%～6% 之間。未來，如果自有品牌營收的占比提高到三成、四成或五成時，其毛利率及稅前獲利率也可能會跟著拉高。故自有品牌產品在統一超商內部也被稱為創造利潤（make profit）的重要來源。

• 統一超商自有品牌名稱與品項

1. CITY CAFE（現煮咖啡）。
2. 思樂冰。
3. 鮮食商品：御便當、御飯糰、關東煮、飲料、光合農場（沙拉）、速食小館（米食風港點、餃類、麵食、湯羹）、麵店（涼麵）、巧克力屋（黑巧克力、有機巧克力）。
4. OPEN 小將：經典文具收藏品、生活日用品、美味食品、飲品、零嘴。
5. 嚴選素材冷藏咖啡。
6. iseLect 茶飲料。
7. 其他（洗髮精、沐浴乳）。

(二) 家樂福自有品牌經營現況

家樂福的自有品牌涵蓋類別很廣，從飲料、食品、橫跨到文具、家庭清潔用品、大小家電，應有盡有，品項約有 3,000 多種，占總營收的 15%。提供自有品牌的三大保證：

保證 1：傾聽心聲，確保新品開發符合需求
　　　　傾聽消費者的期待，經專業的市場分析後，進行開發新產品。

保證 2：嚴格品選，確保品質合乎期待
　　　　與市場領導品牌比較後，品牌同等或優於領導品牌，但售價低於市價 10%～30%。

保證 3：精選製造廠，確保製程嚴格控管
　　　　家樂福委託 SGS 台灣檢驗科技股份有限公司專業人員進行評核及

定期抽檢，以控管其作業符合標準。

註：SGS 集團服務於檢驗、測試、鑑定與驗證領域中，遍布全球 1,000 多個辦公室及實驗室，提供全球性網狀服務，品質及驗證服務。

(三) 屈臣氏自有品牌經營現況

屈臣氏自有品牌的品項大約占店內商品的 10% 左右，營業額占總營收的一成以上，包括藥物、健康副食品、化妝品和個人護理用品，一直到時尚精品、糖果、心意卡、文具用品、飾品和玩具等，自有品牌類幾乎橫跨 17 個品類，單是今年就增加 52 個新品項，總計也有 400 個品項，平均每 10 位來店的顧客就有 1 位選購屈臣氏的自有品牌商品，以銷售業績來看，自有品牌商品過去 3 年營業額，每年都以 2 位數字成長。

- **屈臣氏自有品牌名稱與品項**

1. watsons：吸油面紙、濕紙巾、衛生紙、袖珍面紙、紙手帕、廚房紙巾、盒裝面紙、衛生棉、舒適棉免洗褲、舒適棉免洗襪、輕便刮鬍刀、輕便除毛刀、嬰兒用品系列、電池。
2. miine：沐浴用具、美妝用具、髮梳用具、棉織品。
3. 小澤家族：洗髮精、沐浴乳、護髮霜、造型系列、染髮系列。
4. 蒂芬妮亞：護膚系列～洗面乳、化妝水、乳液、面膜、吸油面紙、護手霜等。
5. 歐芮坦：家用品系列～洗衣粉、洗衣精、室內芳香劑、衣物芳香劑、除塵紙。
6. 男人類：洗面乳、洗髮精、沐浴乳。
7. 吉百利食品：甘百世食品。
8. okido：凡士林。
9. 優倍多：保健食品。

(四) 大潤發

大潤發的自有品牌「FP 及 RT 大潤發」，目前有 1,500 多項，衛生紙、家庭清潔用品、個人清潔用品、燈泡、礦泉水、包裝米、飲料沖調食品、休閒零食、罐頭、泡麵、調味料、內衣襪帕等，應有盡有，滿足顧客生活需求。以食品類最多，其中，業績最好的寵物類商品，其次是照明與家具類。其他商品以抽取式衛

生紙賣得最好。

(五) 愛買

愛買「最划算」的品牌，以平均低於領導品牌 10% 到 20% 的價格，有食品雜貨、文具、五金、麵條、醬油等日常用品，其中衛生紙銷售量居所有自營品牌商品之冠。商品總數約 400 支，平日「最划算」系列業績可達整體的 2% 左右，每週二會員日則可飆高至 5%。主推酒類的自有品牌，還將衛生紙、飲用水等產品占比提高至 30% 至 35%。

九、日本通路商發展自有品牌概況：有助廠商提升成本競爭力

日本零售流通業發展自有品牌歷史比臺灣要早一點。目前日本 7-ELEVEn 公司的自有品牌營收占比已達到近 50%，遠比臺灣統一超商的 20% 還要高出很多，顯示臺灣未來成長空間仍很大。

另外，日本大型購物中心永旺零售集團旗下的超市及量販店，在最近幾年也紛紛加速成長推展自有品牌計畫，從食品、飲料到日用品，超過了 3,000 多個品項，目前占比雖僅 5%，但未來預測會到 20%。

日本零售流通業普遍認為 PB 自有品牌的加速發展，對 OEM 代工工廠而言，很明顯帶來的好處之一，就是它可以有效帶動代工工廠的成本競爭力之提升，各廠之間有切磋琢磨的好機會與代工競爭壓力。

十、日本PB（零售商自有品牌）領航時代來臨

(一)「製販同盟」由零售商主導

擁有 1 萬 8,000 家的日本 7-ELEVEn 公司，自 2007 年起，即推動 7-ELEVEn PREMIUM 高價值自有品牌計畫。此項計畫到 2016 年時，已經獲得大部分大型製造廠的同意代工生產。包括有：日清泡麵公司、日本火腿公司、愛之味公司、龜甲萬醬油公司、三洋食品公司，UCC 上島咖啡公司等數十家廠商之多。

此時，通路為王現象已完全浮現出來了。而以製造商品牌（National Brand, NB）婉拒不為零售商代工生產的狀況，已完全反轉過來了。

(二) 一線製造廠為何同意代工生產

日本一線 NB 品牌大廠為何願意代工生產呢？主要理由有幾個：

1. 零售商 PB 產品的出現，確實使全國性製造廠的營收額受到不少的衝擊而下降，其降幅達到一成到三成之間，令生產廠商受不了。

2. 一線廠商即使不願代工，但二線廠商或三線廠商也極願意代工，這些廠商的品質及設計在做一些調整改善之後，其狀況也不輸一線大廠。

3. 一線大廠若堅不配合，最終可能惹火零售大公司，而使他們在零售店的進貨安排及銷售區塊位置安排等，都會受到一些不好的對待。最終還是會影響到他們的銷售利益。

4. NB 大廠最後也發現，即使代工的利潤微薄，但總有一些賺頭，總比機器設備閒置在那邊還要好一些。

　　基於上述理由，使得近一、兩年來，零售商主導的 PB 自有品牌商品大幅崛起，並且受到消費者的歡迎。不管在便利商店、大賣場、超市、折扣店、藥妝店等，都可以看到 PB 產品所引起的廣泛衝擊。

(三) PB 產品便宜，得到消費者支持

　　在面臨油價上漲及原料上漲的通膨壓力下，PB 產品訴求比一般 NB 產品的價格要低二成到三成左右，的確引起消費者的注意及青睞，我們舉例日本泡麵（杯麵）的兩個價格對照表，就可以看出來：

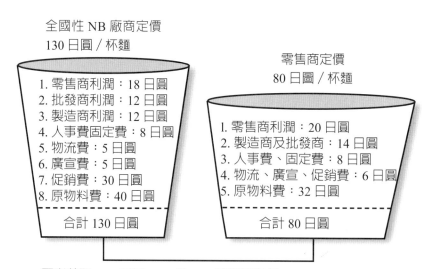

全國性 NB 廠商定價
130 日圓／杯麵

1. 零售商利潤：18 日圓
2. 批發商利潤：12 日圓
3. 製造商利潤：12 日圓
4. 人事費固定費：8 日圓
5. 物流費：5 日圓
6. 廣宣費：5 日圓
7. 促銷費：30 日圓
8. 原物料費：40 日圓

合計 130 日圓

零售商定價
80 日圓／杯麵

1. 零售商利潤：20 日圓
2. 製造商及批發商：14 日圓
3. 人事費、固定費：8 日圓
4. 物流、廣宣、促銷費：6 日圓
5. 原物料費：32 日圓

合計 80 日圓

兩者差距：50 日圓，PB 比 NB 杯麵便宜約 20%～30%

▶ 圖 1-46

　　總之，零售商 PB 產品比 NB 全國性廠商在廣宣費、促銷費、物流費，及批發通路費用等，均較便宜，亦即成本較低，故有能力降低價格以銷售給消費者，PB 產品強化了製販雙方的成本競爭力。

　　其實，PB 產品的崛起，不只對零售商有利，對一線製造大廠也有利。根據日本實證顯示，一線製造大廠在接下零售商 PB 產品代工之後，也不斷思考如何降低整個製造成本。在雙方切磋琢磨下，無形中大大提升了一線製造大廠成本競爭力的強化。

　　日本最大零售集團永旺（AEON）公司的 PB 產品年銷售額已達到 2,500 億日圓，到 2016 年成長四倍到 1 兆日圓，占整體營收額的 25% 之多。

　　永旺零售集團以精緻價值（top value）為 PB 的總品牌名稱，目前在永旺超市及永旺量販店均已如火如荼全面推出，品項至少在 7,000 項以上。

(四) PB 零售新時代來臨

　　永旺公司 PB 商品本部長掘井健治表示：「PB 產品要當成一個新興事業版圖來看待，並且透過製販雙方的不斷研究、企劃及開發，一定可以全面降低成本，並且大幅擴增 PB 的全方位商品線，因而得到消費者的肯定與購買。我預測今後十年，將會是 PB 躍上舞臺與開啟零售新時代的關鍵時刻。」

十一、零售通路PB時代來臨（Private-Brand）

(一) PB 時代環境日益成熟

　　從日本與臺灣近期的發展來看，我們似乎可以總結出臺灣零售通路自有品牌（PB）時代確已來臨。而此種現象正是外部行銷大環境加速所造成的結果，包括 M 型社會、M 型消費、微利時代、消費兩極端、新貧族增加、貧富差距拉大、薪資所得停滯不前、臺灣內需市場規模偏小不夠大，以及跨業界限模糊與跨業相互競爭的態勢出現等，均是造成 PB 環境日益成熟的因素。

　　而消費者要的是「便宜」、「平價」，而且「品質又不能太差」的好產品條件；此為平價奢華風之意涵。

(二) 全國性廠商也面臨 PB 的相互競爭壓力

　　PB 環境愈成熟，全國性商品的現有品牌也就跟著面臨很大的競爭壓力。全國性商品的品牌市占率必然會被零售通路商分食掉一部分。

十二、全國性廠商的因應對策

到底會分食多少比例呢？這要看未來的各種條件狀況而定，包括：不同產業及行業、不同公司競爭力及不同的產品類別等三個主要因素。但一般來說，PB所侵蝕到的有可能是末段班的公司或品牌，前三大績優全國性廠商品牌所受影響，理論上應不會太大，因此廠商一定要努力做到下列三點事項：

1. 提升產品的附加價值，以價值取勝。

2. 提升成本競爭力，以低成本為優勢點。

3. 強化品牌行銷傳播作為，打造出令人可依賴且忠誠的品牌知名度與品牌喜愛度。

此外，中小型廠商可能必須轉型為替大型零售商 OEM 代工工廠的型態，賺取更為微薄與辛苦的代工利潤，而行銷利潤將與他們絕緣。

十三、自有品牌案例

案例 1

通路自有品品牌策略：量販店自有品牌商品熱銷

(一) 自有品牌（自營商品）銷售量成長三成

量販店搭上抗漲風潮，上半年自營商品銷售量成長三成。看好自營商品的潛力，量販業者持續擴大自營商品比重，除民生用品外，生鮮蔬果、魚肉等將採與產地契作方式，提供價量均優的農漁畜產品。

國內三大量販店上半年因物價上漲，使得以低價訴求的自營商品大行其道，營業額都成長。家樂福成長幅度最高，超過三成；大潤發在發展自有品牌後，業績也成長一成：愛買則微幅成長。

(二) 知名製造廠均為量販店代工生產

量販店自營商品的價格，較市場領導品牌的價格便宜一到三成，許多商品都找知名品牌代工生產。家樂福衛生紙就由正隆代工、醬油與醬油膏則由金蘭製造；大潤發的米果委託旺旺生產，蛋捲則是由可口代工廠；愛買的港式蘿蔔糕則找禎祥食品製造。

家樂福自有品牌處長裴雪鴻說，家樂福自營商品數量超過 3,000 種，日用品、食品等雜貨類就委託超過 200 家工廠代工，目前更將自營商品範圍擴

大，例如：國產的金鑽鳳梨就與農民契作，銷售品質好、價格又有競爭力的鳳梨。

(三) 自營商品已占營收一成

家樂福今年持續投資自營品牌，目前以平價的家樂福商品，訴求品質更好的家樂福優質品牌為兩大主力。自營商品目前占總營收一成，希望藉著提升品質，擴大營業額，希望兩到三年內自營商品營收呈倍數成長。

大潤發行銷副理何默眞說，上半年自營商品成長超過一成，大潤發品牌項數約 50 種，最低價的大拇指系列則有 1,500 個品項，雞蛋、飲用水、衛生紙、燈泡，米的銷售，都高於市售的第一品牌。

案例 2

零售商自有品牌策略：統一超商品牌營收拚 250 億，占 20%

(一) 自有品牌商品品項已超過 280 項，目標朝 400 項；有助提高毛利率

統一超商從發表自有品牌商品以來，自有品牌商品已突破 280 項，其中以定價僅有 20 元的茶飲料銷售成績最好，上市至今累計銷售量已有 3,200 萬瓶；近期統一超商新增抽取式衛生紙、香草杯冰及運動飲料等，持續強化自有品牌商品力。

統一超商行銷群總經理蔡篤昌表示，自有品牌商品包括鮮食在內，目標在年底前占營收比例要拉高到 20%，可望挑戰 250 億元，自有品牌商品項數要達到 500 項，未來幾年將持續增加自有品牌商品比重，將有利於跟同業做產品區隔，並有助於提高產品毛利率。

(二) 一年投入設計費達 3,000 萬元，委託 50 家廠商代工

蔡篤昌指出，以往業績好壞除靠天吃飯外，就要看廠商是否有推出新產品，若有好的新產品，都會帶動一波銷售熱潮，但近年來景氣不佳，廠商不敢大量投資開發新產品，統一超商只好自己設計開發新產品，一年投入的設計費用就高達 3,000 萬元，並委託 50 家廠商代工。

第 5 節　建立「直營門市店」通路已成趨勢

一、前言

　　過去長期以來，大部分廠商都是透過全臺經銷商或零售店銷售他們的產品，但此種借助他人行銷通路管道的傳統模式，至今已有了很大的改變，那就是有愈來愈多廠商已經建立起自己的直營門市店的自主式行銷通路。

二、廠商為何要建立直營門市店通路

　　那麼，廠商為什麼要試圖建立起自己的直營門市店通路呢？最主要有以下幾點原因：

　　1. 掌握行銷通路的自主性，而不仰賴別人的通路。

　　2. 通路是廠商銷售業績來源的命脈，必須掌握在自己手裡。

　　3. 可以有效提升業績（營收）。

　　4. 可以附帶提升品牌形象度與品牌知名度。

　　5. 可以附帶做好顧客的售後服務。

　　6. 可以使公司的整體行銷策略及操作，一貫化與一致性。

　　7. 有助於公司、企業朝向規模化、大型化的良好形象與氣勢塑造。

　　8. 長期來說，最終的獲利結果，反而比放給經銷商或零售店更好。

　　9. 具有體驗行銷之效果。

三、哪些廠商開始建立直營門市店通路體系

(一) 電信業

　　1. 中華電信。　　　　　　2. 台灣大哥大。

　　3. 遠傳電信。　　　　　　4. 亞太電信。

(二) 手機業

　　1. 美國蘋果公司（Apple Studio A）。　2. hTC。

　　3. SONY。　　　　　　4. 三星。

(三) 内衣業

1. 華歌爾。
2. 黛安芬。
3. 曼黛瑪蓮。
4. 奧黛莉。

(四) 健身器材

1. OSIM。
2. tokuyo。
3. 高島。
4. 喬山。

(五) 服飾業

1. UNIQLO。
2. ZARA。
3. Hang Ten。
4. SO NICE。
5. Esprit。
6. MANGO。
7. G2000。
8. NET。
9. GAP。
10. GU。

(六) 鞋業

1. 阿瘦。
2. LA NEW。
3. 達芙妮。

(七) 此外，還有鐘錶業、保養品業、精品業、餐飲業、有機產品業、家電業等數十種行業

四、建立直營門市店應注意事項

(一) 資金準備

直營門市店的建立，須要一筆不小的財務資金準備。包括：可能買下好地點店面的資金、裝潢租金、押金等。

(二) 人才準備

包括優秀的店長、儲備幹部等。

(三) 資訊準備

包括門市店與總公司連結的資訊系統建立等。

(四) 行銷準備

包括店面廣告宣傳及促銷活動等安排。

(五) SOP 準備

門市店 SOP（標準操作手冊，Standard-Operation-Process）的建立，以使門市店營業及服務水準都能夠有一致性。

(六) 業績獎金制度準備

門市店店長及店員的薪資制度，就是「底薪 + 獎金」的制度，因此，有獎金的誘因，才能提升門市店的業績。

(七) 培訓準備

門市店店長及店員對於公司的產品知識、門市店管理知識、服務知識、資訊操作知識、維修知識、進銷存知識、經營分析知識、損益分析知識、店頭行銷知識等，都有必要加以培訓，提升為優良店長水準的必要性。

五、直營門市店店址選擇評估要點

門市店位址的選擇，非常重要。位址（location）選得對，就可以獲利賺錢，創造好業績；位址選得不對，就會虧錢，而且業績會很差。茲列示門市店位址選擇，應考量及評估以下幾點：

1. 商圈現在及未來的發展性及成長性？
2. 商圈內人口數及消費潛力是否足夠？
3. 附近是否有知名連鎖門市店可做參考？
4. 店面租金是否合理？是否偏高？
5. 商圈人潮流動性是否足夠？
6. 附近交通路線的便利性？
7. 商圈內同業的競爭性程度？
8. 店面坪數大小是否合宜？

六、直營門市店是多元通路的一環

廠商建立直營門市店，未必就是代表要放棄既有通路結構，有時候是並存的，是多元通路的一環，也是強化通路的自主性。

像下列案例，這些廠商雖建立直營門市店，但仍保留既有通路：

1. 內衣業：百貨公司專櫃 + 直營門市店 + 一般經銷店。
2. 電信業：直營門市店 + 一般手機經銷店。
3. 鞋業：直營門市店 + 百貨公司專櫃。

七、直營門市店圖片彙輯

▶ 圖 1-47　中華電信直營門市店。

▶ 圖 1-48　台灣大哥大直營門市店。

▶ 圖 1-49　遠傳電信直營門市店。

▶ 圖 1-50　Apple 蘋果直營門市店。

▶ 圖 1-51　SONY 直營門市店。

▶ 圖 1-52　三星手機直營門市店。

▶ 圖 1-53　hTC 手機直營門市店。

▶ 圖 1-54　西班牙品牌 ZARA 服飾直營門市店。

▶ 圖 1-55　G2000 服飾直營門市店。

▶ 圖 1-56　NET 服飾直營門市店。

▶ 圖 1-57　阿瘦皮鞋直營門市店。

▶ 圖 1-58　達芙妮女鞋直營門市店。

▶ 圖 1-59 黛安芬內衣直營門市店。

▶ 圖 1-60 高島健康器材門市店。

第6節　旗艦店行銷通路

旗艦店（flagship-store）行銷趨勢，已經愈來愈明顯，旗艦店是廠商在行銷通路布局策略上重要的舉措，以下做這方面的簡單概述。

一、旗艦店的意義

係指廠商為彰顯其企業形象或品牌形象的高級感、奢華感、體驗感與豪華氣派感，以大坪數空間與頂級裝潢，打造出直營龍頭大店，以作為該頂級品牌之象徵代表。

二、旗艦店適合的行業別

基本上，設立旗艦店並沒有一定限制在哪些行業，但從國內外旗艦店設立的案例來看，已設立旗艦店的較常見行業別，包括如下：

1. 名牌精品業（如：包包、珠寶、鑽石、鐘錶等）。
2. 名牌服飾業（如：UNIQLO、ZARA、GU、H&M、GAP）。
3. 名牌手機業（如：Apple、三星、SONY、NOKIA、hTC 等）。
4. 電信服務業（如：中華電信、台灣大哥大、遠傳電信）。
5. 名牌運動用品（如：NIKE、adidas）。
6. 其他名牌商品等。

三、設立旗艦店的目的及功能

設立旗艦店或概念店，可為企業及品牌帶來如下之功能或效益：

1. 彰顯品牌的市場領導地位。
2. 提供顧客體驗行銷之感受。
3. 增強顧客對此品牌之尊榮感、虛榮心與地位感。
4. 提供最完整之產品線與產品組合，供顧客挑選。
5. 輸人不輸陣之精神，競爭對手已設立，我們也不能不設立。
6. 可供作最新產品展示、全球限量品展示與銷售之用。
7. 旗艦店經常是一座大樓，裡面還附設供高級 VIP 會員活動與休息之用。

四、旗艦店經營管理

旗艦店既然是求高級品牌之象徵與呈現，就一定要管理好這家店，包括：

1. 最高級與奢華的設計裝潢與材質。

2. 最大的坪數空間之可能。

3. 聘用最優秀與最高素質的店長，副店長及店員等人力。

4. 要求最頂級的服飾禮儀培訓與應對 VIP 高級會員之應有常識。

5. 擺設每季最新款之新產品及全球限量品。

6. 為 VIP 顧客量身打造客製化產品之洽商室。

7. 設有獨立、隱密的試用房間，供 VIP 會員試穿、試戴之用。

五、旗艦店圖片參考

▶ 圖 1-61　全球第一名知名名牌精品路易威登（LV），在台北 101 購物中心的旗艦店。

▶ 圖 1-62　台北 Cartier（卡地亞）珠寶鑽石旗艦店。

▶ 圖 1-63　Dior（迪奧）精品旗艦店。

▶ 圖 1-64　PRADA 名牌皮包精品旗艦店。

第 7 節　通路定價介紹

各級通路怎麼定價，這是實務上的一個好問題，也是重要的問題，本節略為簡單介紹。

一、先認識損益表

廠商的賺或賠，基本上都是看每月的「損益表」而來的。而損益表的制式結構，如下表：

科目	金額	百分比
① 營業收入		100%
②－營業成本		％
③ 營業毛利		％
④－營業費用		％
⑤ 營業損益		％
⑥ ± 營業外收入與支出		％

科目	金額	百分比
⑦　稅前損益		%
⑧－營利事業所得稅（17%）		%
⑨　稅後損益		%

說明

　　營業收入減掉營業成本，即得到營業毛利額，營業毛利額減掉營業費用，即得到營業損益，如果為正數即為營業淨利；若為負數，即為營業虧損；營業損益再加減營業外收入與支出，即得到稅前損益，若為正數，即為稅前獲利（淨利）；若為負數，即為稅前虧損（淨損）。

二、先決定加成率為多少成數：一般為50%～70%

　　企業的定價，都是先看加成率要定多少成。一般而言，加成率平均合理平均水準是在五成至七成之間（即 50%～70%）。但是像名牌精品、化妝保養品、保健品則會更高些，大概會在 70%～150% 之間；另外，有些 3C 產品的加成率則較低，大約在二成左右；或是像鴻海公司等代工製造業，其加成率則更低，大約僅在 4%～10% 之間。

　　1. 加成率：一般水準在 50%～70% 之間。

　　2. 毛利率 $= \dfrac{\text{毛利額}}{\text{營業收入額}}$　（毛利率：一般水準為 30%～45%）

　　　例如：$\dfrac{3,000\ \text{萬}}{1\ \text{億}} = 30\%$

　　　　　　$\dfrac{4,000\ \text{萬}}{1\ \text{億}} = 40\%$

三、定價 = 製造成本價 + 加成額

　　例如：某液晶電視機出廠的製造成本為 1 萬元，若假設要賺五成加成率，則其定價，即為：

　　出廠成本 1 萬元 + 5,000 元加成額 = 15,000 元

　　再如：某名牌精品包包，出產成本價為 1 萬元，預計要賺十成加成率，則定價為 1 萬元 + 1 萬元 = 2 萬元

又如：出廠成本 1 萬元，加成 5,000 元，售價為 1.5 萬元。

則：毛利率為 $= \dfrac{5,000 \text{元}}{1.5 \text{萬元}} = \dfrac{1}{3} = 33.3\%$

四、案例：各階層通路的定價

一個產品從工廠出來，必然會經過各層次通路，然後，再銷售到消費者手上，茲舉例如下：

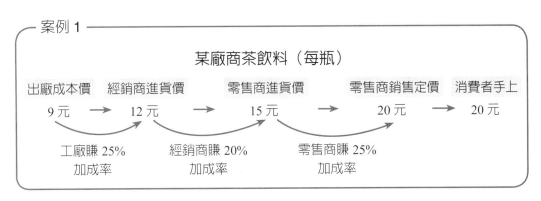

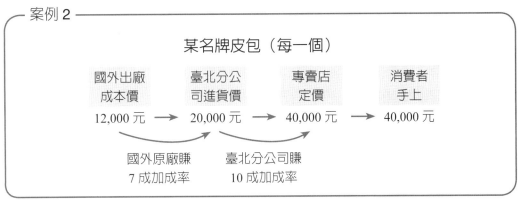

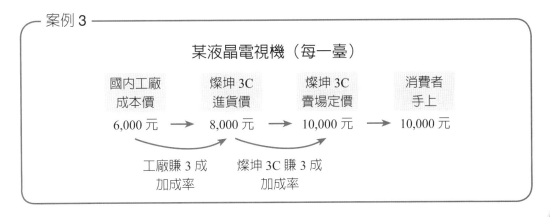

案例 4

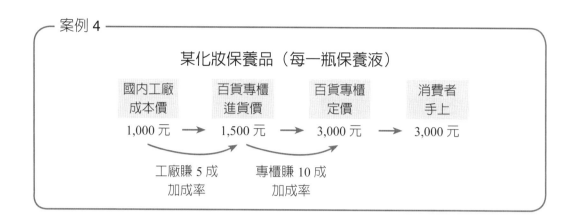

某化妝保養品（每一瓶保養液）

國內工廠 成本價		百貨專櫃 進貨價		百貨專櫃 定價		消費者 手上
1,000 元	→	1,500 元	→	3,000 元	→	3,000 元

工廠賺 5 成　　　　專櫃賺 10 成
加成率　　　　　　加成率

五、通路商最後的獲利

(一) 通路商每月會賺到多少毛利額，再減掉當月份的營業費用，即管銷費用（例如：臺北總公司人事薪資、廣告費、業務人員獎金費、健保費、勞保費、辦公室租金費、水電費、董事長及總經理薪水、加班費、雜費等）；最後即會得到當月的營業淨利多少或虧損多少。

(二) 如果當月虧損，即可能為下列原因：

　　1.營業收入太少（業績下滑）。

　　2.毛利率偏低（毛利額太少）。

　　3.營業成本偏高（製造成本偏高）。

　　4.營業費用偏高（總公司費用偏高）。

　　因此，要針對上述四項原因，進行改革或改善對策。

(三) 如當月獲利衰退，較上個月或較去年同期也衰退，表示最大的原因：

　　1.營業收入下滑或未達預計目標。

　　2.成本及費用都上升所致，使利潤衰退。

　　此時，可能要考慮提高定價、做促銷活動，或控制成本與費用支出。

第 8 節　庫存數控制與處理問題

在通路管理上，對庫存數量的合理控制與處理問題，是非常重要的問題。

一、不當庫存數代表閒置現金量

說得白一些,各階層通路所面對的庫存數即代表現金,而不當的庫存數,即代表現金被閒置在倉庫,對廠商是非常不利的。

尤其,有些過期品、過季品、不能再賣的,例如:過期食品、飲料、鮮乳、過季服飾等,都可能必須打掉或低價處理掉,這對廠商及通路商都是很大的損失。

二、嚴肅管理「產、銷、存」

只要是買斷的產品,就必須重視「產、銷、存」環環相扣問題。

(一) 對工廠而言

必須注意生產製造不能過量,而變成銷售不完的不當庫存;但也不能過少,變成市場缺貨。

(二) 對各級通路商而言

如係買斷的產品,也必須注意時間問題及到期問題、過季問題,避免庫存太多,或造成低價虧本賣出。因此,各級通路商必須對手上各種商品,有精確的預估,以及判斷資訊的系統與經驗智慧,使不當庫存降到最低。

三、對不當庫存的處理方式

通路商對不當庫存的處理方式,最常使用的就是「低價」或「打折」出清過季品或快到期貨品:至少拿回本錢,或少虧一點拿回現金。

第9節　通路業務組織架構

在企業實務上,負責通路上架與業績銷售的通路業務組織,到底是何名稱與架構呢?大略簡析如下:

一、事業部的組織型態

在較大型的消費品公司裡,因其產品線眾多且規模大,故常以「事業部」（divisonal department）組織型態出現。亦即,將某類型產品的生產、銷售及行銷企劃三種功能集於一身。

例如：統一企業及味全公司，即採取此種組織架構。將其稱爲：乳品事業部、飲料事業部、食品事業部、冷凍食品事業部，如下圖。

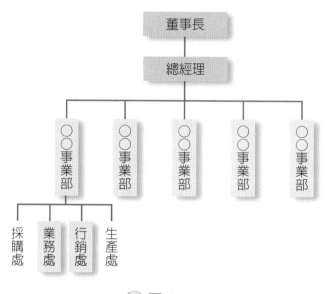

圖 1-65

二、功能性的組織型態

在一般中小企業或貿易商、代理商公司裡，其產品源及營運規模不是那麼大，故常以「功能性」（functional department）組織型態出現。如圖 1-66 所示，該組織常將生產、業務銷售、行銷企劃等功能加以區別開來，而成爲平行組織分工單位，如下圖。

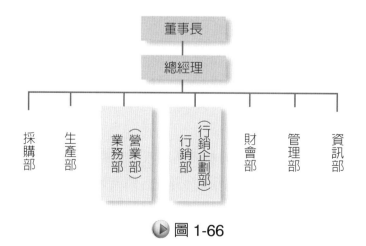

圖 1-66

三、通路業務組織的名稱

實務上，常因公司行業型態的不同，規模大小的不同或各公司習慣上的不同，因此業務單位有不同的組織名稱，包括下列多種可能：

1. 稱為「事業部」。

2. 稱為「營業部」（或營業本部）。

3. 稱為「業務部」。

4. 稱為「門市部」。

5. 稱為「加盟業務部」。

6. 或是其他類似名稱（例如：北、中、南分公司）。

另外，負責行銷企劃工作的單位名稱，也有多種不同的名稱，包括：

1. 稱為「行銷企劃部」。

2. 稱為「行銷部」。

3. 稱為「企劃部」。

4. 稱為「品牌部」。

5. 或是其他類似名稱。

第 10 節　營業單位與行銷企劃單位的不同分工與合作

在企業實務上，負責產品銷售、品牌打造、通路上架、年度業績與獲利的達成，主要是仰賴二個作戰單位，一個稱為營業（或業務）單位；另一個稱為行銷（或行銷企劃）單位；這二個單位既有專長分工，又必須密切相互團隊合作，才能創造出好的業績及好的利潤。茲簡述如下：

一、職掌與功能的不同

(一) 營業部門職掌功能

營業部、業務部或門市部主要功能職掌如下：

1. 負責年度業績目標與獲利目標達成。

2. 負責新產品順利上架到各通路商。

3. 負責維繫與全臺各級通路商、重要連鎖大型零售商之良好互助關係。

4. 負責產品上架的定價，以及後續的漲價或降價事宜。

5. 負責產品在零售店陳列位置、陳列空間及陳列狀況之事宜。

6. 負責與大型零售商搭配各種節慶促銷活動事宜。

7. 負責出貨、接訂單、收款、退貨、運送之相關事宜。

8. 負責蒐集同業主力競爭對手情報狀況。

(二) 行銷部門職掌功能

比較偏幕僚性質的行銷部門，其職掌功能如下：

1. 負責既有產品及新產品之品牌形象、品牌知名度、品牌喜愛度、品牌忠誠度之塑造、打造。

2. 負責新產品不斷推陳出新，以及既有產品之進階改良品之研究推出。

3. 負責各種媒體廣宣操作；包括電視、平面媒體、網路媒體、行動媒體等有效操作及刊播、刊登。

4. 負責媒體公共關係及媒體發稿之處理。

5. 負責消費者分析及洞察。

6. 負責各種目的之科學化市場調查。

7. 負責產業、市場、競爭對手之最新動態、趨勢與變化之研究分析。

8. 負責每年度品牌行銷策略主軸之制訂，以及每年行銷重大計畫之制訂。

9. 負責每年度行銷支出預算之合理與有效之支用。

二、營業與行銷之角色區分

就外商公司或本土大型消費品公司而言，營業與行銷二者之角色區分如下：

1. 行銷（marketing）是頭腦，而營業（sales）則是手腳。

2. 行銷主導市場行銷與品牌行銷之大戰略，營業則是負責戰術之執行力。

3. 行銷與營業是分工，但又合作的團隊，唯有合成一體，公司才能成功，成為市場的領導者。

4. 行銷適合高階文人負責，而營業則適合武將去做，唯有「文武合一」才最強大。

第 11 節　通路業務與行銷人員應共同蒐集哪些外部資訊情報

一、蒐集情報的重要性

企業經營要致勝並取得市場領導地位，除了行銷 4P 組合策略要很強之外，另外一個就是要經常性的、定期性的、及時性的蒐集外部各種資訊情報，並發現未來潛藏問題與威脅何在，然後訂出及時與有效的因應對策。

一般人常誤以為通路業務人員，是較低學歷、行伍出身、比較沒有頭腦、只專注如何達成業績、整天在外面跑的人員。其實，近年來各行各業的通路業務已提高不少水準，而且他們扮演的角色與功能也愈來愈重要。特別在外部資訊情報的蒐集方面，他們每天在第一線奔波，自然能接觸打聽到的資訊情報就更多。

總之，外部市場的資訊情報，不僅對通路業務人員很重要，對公司高階主管下決策也很重要。若無正確、充分、及時的情報，公司就很難定下行銷決策。

二、應蒐集哪些資訊情報

對通路業務人員而言，到底公司應該要求他們蒐集哪些外部的資訊情報呢？就企業實務而言，應該包括如下：

(一) 競爭對手的資訊情報

競爭對手的一舉一動，都深刻影響著公司的業績變化，必須特別予以注意：

1. 對手的行銷策略變化情報。
2. 對手的新產品策略變化情報。
3. 對手的定價策略變化情報。
4. 對手的通路策略變化情報。
5. 對手的廣告、宣傳、預算投入策略變化情報。
6. 對手的賣場促銷活動變化情報。
7. 對手的產品研發策略變化情報。
8. 對手的代言人策略變化情報。
9. 對手的業績高低變化情報。
10. 對手的成本控制變化情報。

11. 對手的競爭優勢與差異化特色變化情報。

12. 對手各種創新作法變化情報。

(二) 整體市場環境的資訊情報

1. 整體市場景氣狀況與產值規模變化的情報。

2. 整體市場競爭態勢與市占率變化的情報。

3. 整體市場消費群與消費習性、消費力變化的情報。

4. 整體市場景產品類別結構與占比變化的情報。

5. 整體市場產品、定價、通路、推廣操作方式與作法變化的情報。

6. 整體市場面對國內外經濟大環境變化的情報。

7. 整體市場與產業鏈結構改變的情報。

8. 整體市場影響產品成本結構變化的情報。

9. 政府法令與政策對業者的變化影響情報。

10. 整體社會少子化與老年化所帶來變化影響的情報。

(三) 目標消費群（顧客群）的資訊情報

1. 顧客群消費變化的情報。

2. 顧客群購買通路地點購置量、購買頻率變化的情報。

3. 顧客群對品牌忠誠度變化的情報。

4. 顧客群對各種媒體收看閱讀、點閱變化的情報。

5. 顧客群對實體與虛擬通路購買習性改變影響的情報。

6. 顧客群對價格敏感性改變及對平價、低價產品需求變化的情報。

7. 顧客群對新產品需求變化的情報。

8. 顧客群受賣場促銷活動影響的情報。

9. 顧客受電視廣告及各種媒體廣告影響變化的情報。

10. 顧客對本品牌喜愛度、重購率、再購率與回頭率變化影響的情報。

第 12 節　通路業務人員應該具備的知識與能力

　　身為業務部或營業部的一員，企業必須給予定期的教育訓練或討論會，以培養做出好業績的傑出營業部成員必備的知識與能力。

一、面對六種不同的通路客戶

以一般實務來區分，通路業務人員大致上會因行業的不同，而需面對六種不同的通路客戶，包括：

1. 面對全臺各縣市經銷商或經銷店。
2. 面對大型零售連鎖店的採購進貨人員。
3. 面對直營門市店店長或店員。
4. 面對加盟門市店店長或店員。
5. 面對專櫃櫃長或櫃員。
6. 面對專業店（例如：眼鏡鐘錶行、藥局等）

二、應具備知識與能力

總體來說，一般性的通路業務員或業務經理人員等，應具備下列幾點重要的知識與能力：

1. 產品專業知識。
2. 銷售技能與知識。
3. 良好的人際關係接觸技能。
4. 謙虛、周到、有禮貌、主動、積極的人格特質。
5. 為通路商服務到底的精神與態度。
6. 完美且合理配合通路商的要求及需求。
7. 對行業／產業的專業知識與常識。
8. 能夠協助及支援通路商獲利賺錢。
9. 具有蒐集市場最新資訊情報的能力。
10. 建立私人的特殊友好關係。

自我評量

1. 試列示通路的定義為何？

2. 試圖示行銷通路的價值鏈為何？

3. 試圖示通路策略應與公司總體企業策略相結合之意義為何？

4. 試說明通路公司為何要加速拓展通路據點數之原因？

5. 試說明何謂多元化通路系統？為何要如此設置？

6. 試列示影響通路策略外部力量的因素有哪些？

7. 試列示行銷通路存在的價值？為何需要中間商？

8. 試說明行銷通路之性質為何？

9. 試說明影響通路結構的七點變數為何？

10. 何謂通路商自有品牌？

11. 試說明NB與PB有何區別？

12. 試說明零售商積極發展PB之三大原因何在。

13. 何種PB產業比較好賣？

14. 試簡述國內統一超商及家樂福發展PB之現況。

15. 試分析一線製造商為何同意為零售商代工。

16. 為何說零售通路PB時代來臨？

17. 試圖示證明通路階層的種類有幾種？

18. 試圖示目前國內零售實體通路有哪八大業態？

19. 試圖示目前國內虛擬通路有哪五大業態？

20. 試說明國內電視購物崛起的行銷意義何在？

21. 試列示當前國內行銷通路最新的七大趨勢為何？

22. 試圖示當前各供貨廠商朝多元化、多樣化的十三種銷售通路全面上架的趨勢為何？

23. 試圖示當前直效行銷銷售通路崛起之趨勢為何？

24. 試分析目前國內量販店通路現況為何？

25. 試圖示國內量販店的促銷方式有哪二大類內容？

26. 試列示全家潘進丁董事長所陳述的全球零售通路十大最新趨勢為何？

27. 試列示臺灣屈臣氏總經理所述全球零售業六大趨勢為何？

28. 試列示廠商爲何要建立直營門市店通路？

29. 建立直營門市店應注意哪些要項？

30. 直營門市店店址選擇評估要點爲何？

31. 試簡述旗艦店之意義？

32. 試列示設立旗艦店的功能與目的爲何？

33. 試列示損益表的要項爲何？

34. 一般毛利率平均在多少範圍是合理的？加成率在多少範圍？

35. 毛利率的公式爲何？

36. 廠商的定價公式大致爲何？

37. 廠商經營如果虧損，其原因會有哪些？（請從損益表上分析）

38. 廠商不當的庫存數，代表了什麼？

39. 廠商對不當庫存數的處理方式爲何？

40. 試列示營業部門的職掌功能有哪些？

41. 廠商的業務人員及行銷人員應共同蒐集哪三大類的資訊情報？

42. 試列示統一超商特許加盟的加盟資金多少？經營收益辦法又爲何？

43. 試圖示統一超商加盟作業流程爲何？

44. 試列示統一超商爲加盟主提供哪些強而有力的支援系統？

Chapter 2

行銷通路成員介紹

學習重點

1. 批發商、中盤商的意義、功能與趨勢
2. 經銷商的類型
3. 零售商的意義、功能及業態
4. 便利商店與量販店的特色
5. 無店面販賣（虛擬通路販賣）的類型及經營要點
6. 直營連鎖與加盟連鎖的意義及區別
7. 網路購物（電子商務）通路的定義、類型及經營模式
8. 網路購物崛起的原因及為何成為日益重要的行銷通路
9. 認識雅虎奇摩及 PChome 網購的經營模式

第1節　批發商與零售商概述

一、批發商（Wholesaler）、中盤商的意義、趨勢與功能

(一) 意義

根據美國行銷協會（America Marketing Association, AMA）對批發商之定義如下：「一個商業單位，其購買商品乃以再行銷售為目的；銷售對象為零售商或產業的、制度的或商業的使用者。但其並不以任何顯著之數額商品，售給最終消費者。」

(二) 特質與趨勢

1. 銷售對象並非最終消費者

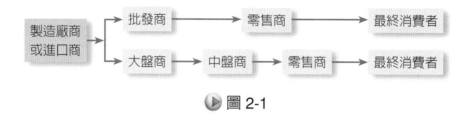

▶ 圖 2-1

2. 大量採購進貨

批發商為供應數十、數百家零售店之用，因此每次進貨數量頗大。

3. 營業地點非處商業區

由於批發商之顧客並非消費大眾，因此較不需有豪華門面，故其座落點多處在非商業區。

4. 功能與價值下降

由於受到大型連鎖大賣場、便利商店、超市、百貨公司、折扣店、專賣店等都是直接向廠商進貨，及廠商自己已投入零售據點經營，不再依賴批發商及中盤商的結果，使得批發商的功能及價值日益下降，但是在偏遠的鄉鎮地區，仍須仰賴當地的批發商。

(三) 功能

1. 運輸

批發商可提供快速便捷的運輸服務，以應零售商之需，使得零售商可降低庫存量。

2. 倉儲

批發商對零售商創造了時間效用，提供了倉儲替代功能。

3. 完整產品線供應

專業的批發商，對同一產品線的商品至少可提供數十種以上的商品，可滿足零售商之需求，如果沒有批發商，那麼零售店必須向十餘家廠商進貨，將增加採購工作負擔。

4. 分割

有時製造商的銷售係以整批為單位，但零售商又無這麼多進貨，因此，批發商此刻便發揮功能，因為它可以將這整批貨分割銷售給多家零售店。

5. 財務融通

批發商出貨給零售商，有些商品係屬於寄賣性質，如此等於給予零售商財務的融通。

6. 風險負擔

當商品寄在零售商那裡，一旦商品損壞、賣不掉或零售商倒閉等狀況，批發商都必須承擔損失風險。

7. 擴大商品流通力

由於批發商的功能發揮，使製造商的商品能在很短時間內，快速流通到全面性的零售出口上，讓消費者能方便購買。

(四) 製造商不願採用批發商原因

雖然批發商在行銷過程中，具有一定程度之功能，但是製造商有時卻出現不願採用批發商這個行銷通路，主要的原因有：

1. **批發商未積極推廣商品**

   通常批發商只對較暢銷的某公司商品，或是某公司獎金及利潤較高的產品，才有推廣意願。

2. **批發商未負起倉儲功能**

   有些批發商不願配合廠商要求而積存大量存貨，因為缺乏大的空間以及不願資金積壓。

3. **迅速運送需要**

   當產品的特性必須快速送達客戶手中時，也不須透過批發商這一關。

4. **製造商希望接近市場**

   透過批發商行銷產品，對廠商而言，多少總感覺生存的根基控制在別人手裡，希望能改變狀況，加強自主行銷力量。此外，接近市場後，對資訊情報之獲得，也會較快且正確。

5. **大型零售商喜歡直接購買**

   大型零售商為了降低進貨成本，喜歡直接跟工廠進貨，去掉中間批發商。

6. **市場容量足以設立直營營業組織**

   由於產品線齊全且市場胃納量大，足以支撐廠商設立直營營業組織，展開業務發展。

   例如：統一企業投資下游通路統一超商、家樂福量販店及康是美等均為自己建立行銷通路。

(五) 製造商可採行之配銷通路的策略性選擇及方式

除了批發商管道外，尚包括以下幾種：

1. 直接批發給零售商。
2. 自己的分銷處或分公司、營業所。
3. 直接銷售給消費者，亦即設立門市店、郵購或網購公司。

(六) 若欲使用及建立自主的行銷網路（亦即不透過批發經銷系統）之條件

1. 零售的市場是否足夠大。

2. 市場的地理位置是否集中，而不會太分散。

3. 是否具有完整的產品線，而非僅是一、二種產品。

4. 廠商的財務資源是否足以支撐這些資金的投入。

5. 是否具有強勁的行銷與管理能力，來管理好自主行銷通路組織。

6. 應仔細評估自主通路與批發經銷通路之獲利比較。

7. 是否考慮二種模式同時存在，即直營與經銷體系並用。

二、經銷商類型

一般來說，經銷商可區分為二種類型：綜合型經銷商、專業型經銷商。

(一) 綜合型經銷商的意義及優缺點

1. 通常指的是較大型的規模且能提供多樣化、多角化的產品給各地區的零售商或連鎖零售店。

2. 綜合型經銷商的財力必然比較強大、組織人力比較多、倉儲空間比較多、各種不同產品線也比較複雜且多，在與上下游供應商及零售商也有著長期良好的關係，最後經營規模也比較大。以上是他們的優點。

3. 而他們也有一些缺點，例如：可能會面臨專業型或專門型經銷商在某類產品線專精且深入項目的攻擊下，失去某些的競爭力，亦即這是通才對專才之戰。

(二) 專門、專業型經銷商的意義及優缺點

1. **此係指成為某種產品線的專業型經銷商**

   例如：食品飲料總經銷商、汽車銷售北區總經銷商、葡萄酒品全臺總經銷商、電腦零組件進口總經銷商或是液晶電視機南區總經銷商等均屬之。

2. **專門、專業型經銷商的優點**

   他們靈活、機動，對某一產品線內的各品牌及各品項、各規格等都非常齊全，可說是非常專精於某一類產品。此即說明在某類專精產品內，他們應有盡有。

3. 專門、專業型經銷商的缺點

相對於綜合型經銷商的產品線及產品類別繁多，專業型經銷商比較不能提供「一站購足」的供貨服務。

(三) 實務上的狀況：專門、專業型經銷商居多

以臺灣現況來說，大概 90% 以上的經銷商部屬於專門型及專業型的經銷商。原因如下：

第一：臺灣 2,300 萬人口市場小，與 3 億人口的美國、13 億人口的中國及 1.3 億人口的日本，不能相比。市場規模小，自然就撐不起綜合型及大型經銷商。

第二：專門及專業型經銷商也是一種全球化的趨勢。因為現在各行各業都在走專業化、聚焦化（focus）、集中化、單一化、利基化的行銷策略，故能發揮專注的競爭優勢，避免分散力量與資源。

第三：專門型經銷商所投入的財力、人力、物力比較節省，容易執行。

三、零售商（Retailers）的意義與功能

(一) 意義

根據美國行銷協會之定義如下：「凡是直接銷售商品給最終消費者的交易行為，即屬零售（retailing），其主要業務為直接銷售予最終消費者的個人或代理商，皆屬零售業」。

(二) 功能

1. 對消費者的服務

盡可能使得消費者購買方便，到處、就近均可買到。

2. 提供分割的服務

零售商購進較大量貨物，而加以改裝成罐裝、瓶裝或盒裝，以符合消費者之用。

3. 提供運輸與貯藏功能

以隨時供應消費者的需要，因此，創造了時間與地點的效用。

4. 對生產者與批發商的功能

零售商使用廣告陳列人員推銷等方式，使商品由生產者、批發商而移轉到消費者手中。

四、美國及日本零售通路的類型

(一) 美國零售業簡介

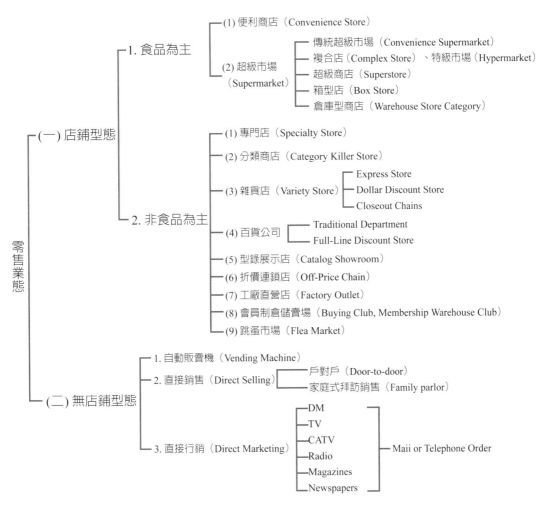

▶ 圖 2-2

美國零售業態可區分為店鋪型態及無店鋪型態二大類。店鋪型態又可分為食品與非食品二種。而無店鋪型態又可分為自動販賣機、直接銷售及直接行銷三種，如上圖所示。

(二) 日本零售業簡介

表 2-1 日本零售業業態簡介

業態分類	主要商品組合
1. 百貨店 • 大型百貨店 • 其他百貨店	有關衣、食、住相關的商品組合，占銷售構成比 10% 到 70% 之間
2. 總合商店 • 大型總合商店 • 中型總合商店	
3. 其他總合商店	有關衣、食、住相關的商品組合，占銷售構成比 50% 以下
4. 專門超市 • 衣服類超市 • 食品超市 • 住關連超市	衣服類商品組合，占銷售構成比 70% 以上
	食品類商品組合，占銷售構成比 70% 以上
	居住類商品組合，占銷售構成比 70% 以上
5. 便利商店	—
6. 其他超市	—
7. 專門店 • 衣服類專門店 • 食品專門店 • 住關連商品專門店	衣服類、寢具、鞋襪、皮包、紡織品等商品組合，占銷售構成比 90% 以上
	酒、調味品、生鮮食品、牛奶、麵包、飲料、糖果、餅乾、米穀類、豆類、煉製品等商品組合，占銷售構成比 90% 以上

五、便利商店

便利商店已成為國內重要的零售通路，全國大約有 1.1 萬家左右，已成為飲料、食品、菸酒、書報、麵包、便當、鮮食、咖啡等商品最有力的銷售通路。

(一) 意義（特色）

便利商店（Convenience Store, CVS）係指營業面積在 20 至 50 坪之間，商品項目在 2,000 種以上，單店投資在 300 萬元內之商店。

便利商店之特色，乃係供消費者以下之便利：

1. 時間上的便利

24 小時營業，全年無休。

2. 距離上的便利

徒步購買時間不超過 3～10 分鐘。

3. 商品上的便利

所提供之商品，均係日常生活必須常用之物品。

4. 服務上的便利

人潮不群聚，不必久候購物或付款。

(二) 類別

目前國內的超商體系，依其來源區分，可分為以下二類：

1. 日本系統

如統一超商（7-ELEVEn）〔註：美國 7-ELEVEn 總公司的大多數股權已被日本伊藤榮堂（伊藤洋華堂）零售控股公司所收購，故日本人是幕後老闆〕、全家超商（FamilyMart）。

2. 國產系統

萊爾富超商（Hi-Life）及 OK 便利商店。

▶ 表 2-2　國內大超商連鎖店表

2020年國內便利商店	
超商名稱	總店數
統一超商	5,300
全家便利商店	3,300
萊爾富便利商店	1,200
OK 便利商店	900

(三) 未來便利商店發展三大趨勢

1. 品牌複合趨勢

超商競爭愈來愈激烈，業者積極「跨界」擴大異業結盟，藉此創造差異化吸客，像是全家便利商店陸續與大樹藥局、吉野家合作開設複合店；7-ELEVEn結合關係企業星巴克開設「店中店」、博客來「未來書店」。7-ELEVEn表示，開設店中店門市，最高可帶動單店該類別業績倍數成長。

2.「黑金」帶動「黃金」業績開紅盤

黑金（咖啡）持續發燒，超商端出特調飲品，像是 CITY CAFE 北海道特調咖啡，八女風味抹茶奶綠，帶動該類飲品業績成長二成。全家便利商店 OREO 拿鐵咖啡冰沙，3 週內銷量高達 50 萬杯，成功吸引消費者青睞。看準民眾對咖啡品質要求提高，針對偏好「原味」的熟男熟女，引進日本 UCC 咖啡豆以及手沖咖啡相關設備搶市。此外，超商咖啡帶動麵包、三明治等烘焙產品於 2019 年業績成長約二成，看好民眾「併買」商機，全家便利商店與日本沖繩全家生產麵包的 Okiko 合作，自建麵包廠、成立麵包公司；7-ELEVEn 導入「貝洛邦」店中店，以接近手工麵包口感的高價產品試水溫；OK 超商則販售自行開發的甜甜圈、提拉米蘇櫃，提供消費者更多新選擇。

3. 點數經濟發燒跨通路兌換

掌握行動裝置商機，7-ELEVEn除了不斷優化 ibon APP，並與 PChome 旗下拍付國際合作「Pi 行動錢包支付」，創行動錢包於便利商店消費首例；開發「i 禮贈」，各業品牌可指定 7-ELEVEn 為商品、現金抵用券或紅利點數兌換平臺。

點數經濟持續發燒，全家除 HAPPYGO 外，導入悠遊卡 UUPON；7-ELEVEn則不再只推 OPENPOINT，首度與 HAPPYGO 合作規劃 ibon 兌點服務；OK 超商聯手得易 Ponta 卡、一卡通，推出 OK 好利聯名卡；萊爾富的環保集點 APP，與悠遊卡、一卡通，陸續推出集點換現金或商品活動，增加顧客上門率。

(四) 便利商店行業：年紀愈老愈少去，遇上中年客層危機

1. 便利商店的中年客層危機

(1) 國內便利商店破萬家，卻遇上了「中年危機」，四、五年級生愈來愈不愛光顧。根據全家便利商店市調，35 歲以上的消費者，每週走進便利商店從五次陸續遞減；尤其 50 歲以上的消費者，每週進便利商店僅三次，為全年齡層中最低。

(2) 以消費人口結構觀察，便利商店消費主力為 20 到 34 歲區間，每週進去便利商店達五次，但 35 歲過後便走下坡，從四次逐步降至三次。

(3) 不過，國內消費人口主力走向熟齡化，口袋夠深的消費者落在 40 歲以後，隨著進入便利商店的頻次逐漸減少，近 5 年趨勢更明顯，40 歲過後愈來愈不進門光顧，且沒有回顧的跡象，讓便利商店業者大冒冷汗。

(4) 全家便利商店董事長葉榮廷表示憂心，國內便利商店市況不僅遇上「中年危機」，而且還「後繼無力」。葉榮廷坦言，應消費人口改變，近 1 年來，全家內部早已尋求解套方案，想辦法讓超過 40 歲的消費者願意上門光顧。

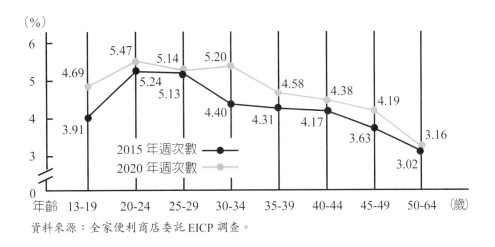

資料來源：全家便利商店委託 EICP 調查。

2. 40～65 歲客層，轉到超市去消費

國內便利商店 4～50 歲消費客層減少，大多數轉至超市消費。根據國內超市龍頭全聯福利中心分析，超市的消費客層中，30 歲以下的年輕客層僅

占 9%；反倒是 40～55 歲的菜籃族占比高達三成以上。

全聯表示，國內通路客層結構大不同，便利商店以「個人消費」為主訴求，以 30 歲左右的年輕客層居多數；超市則以家庭戶客層為主，由婆婆媽媽主宰家庭消費大權，這正是全聯消費主力年齡層。

(五) 統一 7-ELEVEn 賣「現煮茶」，搶 436 億茶飲料商機

超商龍頭 7-ELEVEn 宣布跨入「現煮茶」市場，要以「全國布點密度最高通路」的優勢，與現煮茶專賣店爭搶全臺 436 億元現煮茶飲市場。統一超商表示，根據過去超商販售現煮咖啡每年成長 10% 的趨勢，有信心讓現煮茶成為「第二條成長曲線」。

統一超商投入 3 年的研發與規劃，從海外選茶葉、制定煮茶到賣茶的標準流程，也考量到與現煮咖啡、包裝茶飲是否衝突等因素，在公司內部發表後，獲得好評，決定大舉投入，初期先在北、中、南共選 13 門市銷售，預計拓展至 200 家門市，2020 年現煮茶銷售目標是破 1 億元。

▶ 表 2-3　臺灣茶飲市場概況

規模	• 一年銷售 10 億杯、436 億元 • 市場潛力與現煮咖啡相當
現煮茶優勢	• 可調整甜度或冰度 • 新鮮現煮
最愛口味	綠茶第一、紅茶次之
購買時段	午餐居多，因可解膩，下午茶次之
客層分析	以 19～35 歲男女為主，女性略多且偏愛奶茶
銷售旺季	夏季

資料來源：統一超商市調、統計（2019）。

(六) 二大便利超商搶進麵包市場

超商咖啡帶動麵包、三明治、甜點等烘焙產品銷售同步成長，2019 年超商的麵包、點心類別業績成長約二成，其中三明治更成長約四成，麵包烘焙類別業績成長幅度優於整體鮮食，兩大超商競逐麵包市場。

據統計，全臺烘焙麵包店數量已超過 1 萬家，每年產值逾 600 億元，近 5 年

來市場規模每年以二至三成速度擴大中。統一董事長羅智先說，臺灣消費者吃麵包的習慣逐漸向高端靠攏，7-ELEVEn 配合母公司，開始測試超商最貴的 50 元高價麵包，比起超商麵包均價約 30 元，貴了六成。

看好麵包糕點三明治等長期銷售趨勢，全家已自建麵包廠、投資成立麵包公司。投資金額近 15 億元，與日本沖繩全家生產麵包的 Okiko 合作。

六、量販店（General Merchandise Store, GMS）

量販店也是國內主力的零售通路之一，連鎖店數日益擴張，與便利商店同為國內二大通路。

(一) 意義

係指大量進貨、大量銷售，並因為進貨量大，可以取得比較優惠的進貨價格，而得以平價供應消費者，藉以吸引顧客上門的零售店。

(二) 例示

主要以家樂福、大潤發、愛買、COSTCO，四家大型量販店為代表。

此外，量販店也有擴大場地規模及朝向綜合性購物中心的大型化傾向。

(三) 特色

1. 價格較一般超商、零售店、超市更便宜（即大眾化價格，尋求薄利多銷）。
2. 賣場規模化及現代化。
3. 商品豐富化及現代化。
4. 進貨量大（所以成本低），銷售量也大。
5. 採取開架自助選購方式。

(四) 未來發展

可能會朝購物結合娛樂、電影院及餐飲店等方向，擴大為大型購物中心（shopping mall），使購物成為滿足與快樂之事。

(五) 四大量販店年營收額比較圖

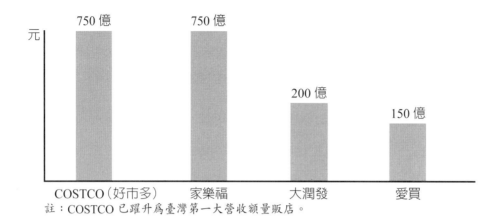

註：COSTCO 已躍升為臺灣第一大營收額量販店。

(六) COSTCO (好市多) 的四大經營數據

COSTCO 量販店為國內第一大量販店，是美國來臺灣的量販店代表，COST-CO 目前在臺灣的經營數據為：

1. 全臺 13 家大型量販店。
2. 全臺 240 萬付費會員人數。
3. 每位會員的年費為 1,350 元；若乘上 240 萬人會員，則 COSTCO 每年淨收入會員費即高達 32.4 億元以上的驚人數據。
4. 臺灣 COSTCO 在 2019 年的年營收已突破 750 億元。

(七) COSTCO 成功關鍵因素

1. 具特色化產品：有不少來自美國進口的差異化，特色化美國當地產品。
2. 真正低價：真正做到非常平價、低價目標，COSTCO 平均產品毛利率僅為 11%，遠比臺灣本土的量販店及超市都要便宜。
3. 大量在店內舉辦試吃，吸引顧客試吃後的購買。
4. 顧客口碑良好，形成顧客的高度忠誠度及回購率。

(八) 家樂福量販店發展中小型超市

1. 量販業者家樂福看好南高雄的市場潛力，及臨海工業區包括中鋼、台船、中油大林廠等逾 500 家廠商的廣大消費商機，在小港區設立的便利購超市店開幕，不僅成為小港最大超市，且因售價比照家樂福量販店，可吸引搶

購人潮。

2. 家樂福新型態的便利購超市積極布局高雄，在宏平路設立的小港店開幕，成爲左營自由店、岡山店之後的第 3 家超市。家樂福公關經理何默眞表示其日營業額逾百萬元，包括每顆售價 29 元的高麗菜一早就被搶購一空，共賣出上百顆；每瓶 32 元的大瓶裝可口可樂系列汽水也銷售逾 500 瓶；以及北海鱈魚香絲、強效無磷洗衣粉等多項，都是熱賣商品。

3. 何默眞指出，全臺便利購超市店的店數，包括小港店已達到 50 家，搶攻各地區中小型超市市場。至於售價不僅比照家樂福量販店，也較一般超市便宜近 30%。

七、超市（Super-Market）

超市是國內主力的零售通路之一，也是現今連鎖趨勢，與便利商店、量販店及百貨公司並列爲國內四大零售通路。

(一) 意義

係指規模介於量販店及便利商店之間，坪數空間在 100～500 坪之間，主要銷售以乾貨及生鮮品爲二大主力。

(二) 例示

目前國內第一大超市連鎖爲全聯福利中心，店數約 1,000 家；其他還有頂好超市、city's super 高檔超市，以及其他地方型超市。

(三) 特色

全聯超市 1,000 家平價商店，深入各住家巷弄之內，帶來購買便利性。

(四) 未來發展

朝不同定位方向與區隔市場發展，例如：city's super 就以屬於高檔、高價位的頂級超市爲定位，專做都會區有錢人的生意；全聯超市與頂好則爲平價。

(五) 全臺第一大超市：全聯福利中心的四人經營策略與挑戰 1,200 家連鎖超市目標

1.「不能只是『便宜就好』」，有臺灣流通業教父之稱的全聯福利中心前總裁徐重仁，從超商轉戰量販店近 2 年，透過小型化的店型，因應商圈調整

商品結構，讓全聯的「質」、「量」雙重提升，掀起下一波的流通革命。

2. 全聯 2019 年主打四大策略，分別是：(1) 調整商品結構、(2) 強化生鮮蔬果、(3) 檔期經營、(4) 關聯性購買，都不難嗅出超商的經營邏輯。以檔期經營為例，以往超市逢年過節才會有檔期，但徐重仁提升「戰備等級」，兩週就推出一個檔期，瞄準不同的客群進行宣傳，帶動整個超市產業更加活絡。此外，徐重仁也以消費者動線，規劃更順暢的購物體驗，強化購買物品的關聯性，進而刺激銷售量。

3. 全聯會員卡已經能夠儲值，亦推出手機 APP，未來將朝向與智慧手機、悠遊卡等其他行動支付工具結合。

4. 全聯預計展店 1,000 店，總營收將超過 1,200 億元，預估 2025 年店數可望挑戰 1,200 家，雖然一方面拓展實體通路，全聯高層認為，虛實互適才是最有效率的策略，未來希望透過網路接單，再交由實體店來執行。

八、百貨公司（Department Store）

百貨公司也屬於主力零售通路之一，很多化妝品、保養品、精品、珠寶、服飾、鞋子等仍是仰賴百貨公司的專櫃來銷售。

(一) 意義

係指坪數規模在 1 萬～2 萬坪之間，產品的價格稍高一些，也賣一些較高檔品牌的商場。

(二) 例示

目前國內四大百貨公司分別為：

第 1 大：新光三越（有 19 家店）（年營收額：800 億）

第 2 大：遠東 SOGO 百貨（有 10 家店）（年營收：460 億）

第 3 大：遠東百貨（有 10 家店）（年營收：420 億）

第 4 大：微風百貨（有 7 家店）（年營收：250 億）

其他還有地方性百貨公司，例如：高雄的漢神百貨、臺中的中友百貨等。

(三) 特色

1. 館內裝潢水準很高，是休假逛街、享受美食兼買高級品牌商品的地方。

2. 館內 1 樓最好的位置，都以銷售化妝品、保養品、女鞋、珠寶、名牌精品

等為主力，2 樓則賣女性服飾為主。

(四) 未來發展

1. 觀察日本百貨公司有漸趨衰退的跡象，主要被更大型的購物中心（shopping mall）所取代；臺灣未來也會有此趨勢。

2. 百貨公司服飾生意也被大型連鎖服飾店所瓜分，例如：日系 UNIQLO、西班牙的 ZARA 等，大大影響百貨公司 2 樓以上的生意。

3. 網購的快速成長，也瓜分了在百貨公司購物的空間，主要是百貨公司的定價都比較高所致。

4. 朝向餐飲樓層發展，餐飲已成為百貨公司第一大營運項目。

5. 多舉辦各種活動，以吸引人潮。

(五) 專櫃抽成

百貨公司對各品牌設專櫃的收費方式，都是採取依營收額抽取三成左右的費用。例如：SK-II 化妝品專櫃，本月營業額收入 2,000 萬，則新光三越百貨公司即可拿到 2,000 萬 ×30% = 600 萬元的抽成收入。

(六) 百貨零售業微利時代來臨，臺灣百貨賣場密度全球第一

1. 臺灣市場規模很小，零售業微利時代來臨

遠東 SOGO 百貨董事長黃晴雯表示，臺灣賣場密度堪稱全球第一，除有百貨、購物中心，也有不少地產開發商投入經營 Outlet。臺灣市場規模不大，各方競爭激烈，只能爭得微利。

觀察國內三大百貨 2019 年營收表現，新光三越營收 800 億元，年增不到 1%；SOGO 營收 460 億元，年增不到 2%；遠百全臺 10 店營收 427 億元，年增約 2%。三大百貨全數均微幅成長。

儘管內需消費景氣走緩，仍有不少企業興建賣場或 Outlet。黃晴雯說，百貨近年受到電子商務衝擊商品買氣，加上新興賣場瓜分市占，臺灣市場規模很小，預估零售業的大微利時代來臨。

2. 電子商務崛起，零售業已成「瞬時競爭」

黃晴雯說，電子商務崛起，零售業競爭不再是檔期作戰方式，變成「瞬時

競爭」。瞬時競爭是指零售業變化往往都在「瞬間」，很可能才規劃好的方案，下一刻已經不符合市場需求。

因此百貨業者必須在商品配搭、餐飲品牌等面向，抓緊百貨經營的核心價值，不斷帶給消費者新鮮感、營造逛百貨有趣的氣氛，才能在市場穩住陣腳。

(七) 四大百貨公司 2020 年營收目標及重點計畫

▶ 表 2-4　百貨四雄 2020 年目標及計畫

百　　貨	2020年營收目標	計　　畫
新光三越	810 億元，年增 1%	• 門店改裝迎首次落地櫃 • 首度跨入電子商務 • 發展會員卡連結支付功能
SOGO 百貨	470 億元，年增 2%	• 各店持續改裝對準商圈 • 繼續落實 CSR 作為
遠東百貨	435 億元，年增 2%	• 增加百貨活動帶進人潮 • A13 大遠百信義店營業
微風廣場	300 億元，年增 4%	• 新增信義、南山兩店 • 持續強化營運

資料來源：各百貨。

(八) 新光三越百貨公司朝向劇場發展，以吸客、集客

臺北市信義區是全世界百貨密度最高的地方，空間使用寸土寸金，但近期起，新光三越信義新天地砸下千萬元、獻出整整 400 坪空間，首創全臺首間百貨經營的「信義劇場」，順勢成為全臺百貨公司內最大的表演空間；劇場跨年演出舞臺劇「五斗米靠腰」開紅盤，在文青力挺下，3 天座位滿座，也帶動百貨美食與設計櫃位的業績成長。

果陀劇場的職場喜劇「五斗米靠腰」算是鳳還巢演出，因為該劇 2014 年 8 月在信義劇場首演，當時靠新光三越強力宣傳、集客，以及網路傳出好口碑，使得場場爆滿，最後短短半年間在兩岸巡迴上百場，讓人見識到百貨與劇場聯手後，一加一大於二的力量。

2015 年上半年，信義劇場就端出眾多話題演出，像 6～17 日有漫才喜劇團體「達康.come 笑現場」、「墊話說的好」，21～31 日則是果陀劇場「五斗米靠腰」二部曲「老闆不願透露的事」，兩劇票房已破八成；2 月 5 日～3 月 27 日則與「野獸國」合作「RODY 奇幻之旅」，預計吸引 11 萬人次觀賞；5 月 18 日～6 月 5 日另有法國三大歌舞秀之首「瘋馬秀」演出，預計吸引 1.4 萬人次入場。

(九) 四大百貨公司擴大餐飲面積，成功帶動人潮與業績

「食」在好賺！「吃」成為百貨業不敗選項，各大百貨擬拉高餐飲食品面積占比。新光三越信義新天地啓動改裝計畫，大舉迎接歐美義式新餐廳進駐；微風餐飲比重拉高至四成以上。

新光三越全臺 19 家百貨，2019 年總營收 800 億元，相較於 2018 年的 793 億元，成長 7 億元，在去年內需市場由盛轉衰下守住了平盤。餐飲食品類別營收 101.6 億元，成長近 9%，不僅創下歷年來新高，亦是新光三越成軍以來，首度餐飲食品營收突破百億大關。

新光三越商品部副理李明峰表示，新光三越的餐飲食品類別近 5 年連年成長，顯示唯有「吃飯」這檔事無法被電商取代。為此，新光三越啓動「迎食客」改裝計畫，由信義新天地 A11 館當先鋒，擴大餐廳面積占比，拉高食客總數量，於第二季引進全臺獨家的餐廳，並「捨日本就歐美」，做出差異化餐飲口味。

微風則大膽打破百貨常態，在新開幕的微風南山店 1 樓不擺化妝品，反而把彙集果昔、甜甜圈、巧克力的「甜點專賣區」擺在 1 樓入門處；推升餐飲櫃位占比超過 40%，為百貨之冠。

遠東 SOGO 百貨陸續啓動改裝，在符合消防法規，能夠容納餐飲進駐的空間內，盡量引進排隊餐廳攬客，例如：敦化館的漢來海港城、維多麗亞酒店牛排館，帶動人潮流量增五成。目前 SOGO 百貨整體餐飲業績占比占全館 20%，與新光三越相當。

遠東百貨在主力據點板橋大遠百和臺中大遠百，更以「食」為人潮上門的號召力，雙雙拉高餐飲樓面積占比達 25%。遠百在固定有櫃的餐廳外，增加「移動式」餐飲占比，像舉辦日本食品嘉年華、韓國食品展，甚至不定時的流動食品攤位，擺在人潮通過的樓梯附近，用新奇、話題的食品，滿足愛嚐鮮的市場。

(十) 新光三越拚改裝，力求每個樓層都有個性，挑戰最酷百貨

新光三越信義新天地 A11 是新光三越開拓信義商圈的首店，18 年後不見老態，反而蛻變成信義店四館中最有個性的百貨。其餘百貨也改頭換面，並做出櫃位調整或開設全新電影院，要給消費者全新印象。

A11 變身計畫以青春新世代為定位，不以生理年齡劃分，而以心態年輕為訴求，打破年齡界限，以風格為導向。全館改裝進度預計 2020 上半年全館完成改造，打掉重練大變身。

國內百貨之多，消費者不再需要大同小異的百貨，有破才有立，新光三越大刀闊斧從 2014 年 10 月起，分階段改造 A11，更強調視覺美學，透過風格與目標消費者對話，每一層樓都有專屬個性。

A11 年營收 50 億，在四館中業績排名第二，但每年 1 千萬的來客數在四館居冠。這歸功於體驗策略奏效，透過強化活動讓信義店 2015 年來客數多一成以上，四館來客數可望突破 4 千萬。

A11 改裝後，以 6 樓近 400 坪空間打造信義劇場；2 樓 Designers Avenue 打造女人的鞋履圖書館、The Lab 設計實驗室提供完整的展售平臺，扶持新銳設計師；3 樓 Stylish Block 屬男性與中性的型格空間，改裝後不乏有「時尚爺爺」逛街身影，證實時尚不是年輕人的專利。

2020 年 1 樓將打破過去以美妝為主的傳統百貨布局，B2 餐飲引進更多新品牌與店中店。A11 第一階段改裝後成長 15%，預計 2、3 樓改裝後帶動業績成長二成。

九、大型購物中心（Shopping-Mall）

大型購物中心是近幾年來，開始崛起的大型零售通路，其坪數面積大致在 3 萬～5 萬坪之大。

(一) 意義

購物中心是指兼具百貨公司、餐飲區、電影院、娛樂等多元化的購物大型場所而言。

(二) 例示

包括有：大遠百（Mega City）、環球購物中心、大直美麗華、京站廣場、

高雄義大世界、高雄夢時代，台北微風廣場等。

(三) 特色

1. 很多國外名牌精品、鐘錶、珠寶、鑽石等都進駐到高階購物中心裡，例如：台北 101 就是全臺名牌精品彙集最多的場所。
2. 內部裝潢極為奢華、高級。
3. 看電影、吃飯、逛街的人不少。

(四) 新竹遠東巨城購物中心年營收突破 100 億

2019 年新竹遠東巨城購物中心全年營收 101 億元，除首度突破 100 億元，穩坐桃、竹、苗最大百貨、購物中心，也躍居全臺第五大。

遠東巨城購物中心（Big City）表示，自 2012 年 4 月 28 日開幕，不到 4 年時間躋身營收百億元大店，整體業績占新竹市場 60%，603 家品牌也居桃、竹、苗地區之冠，其中 30% 品牌業績，更是全臺或桃、竹、苗前三名。

Big City 分析各項數據都穩定成長，包括 2015 年業績約 101 億元，開出 968 萬張統一發票及進場汽、機車各 250 萬、225 萬輛次，還有 145 萬人次搭乘接駁車。

Big City 強調，近 4 年不斷提升購物空間、品牌選擇來滿足各個客層需求，引進許多消費者趨之若鶩的獨家品牌，2015 年也大動作改裝，不但擴大新竹零售業版圖、提升新竹在地生活水準，已是一個集合吃、喝、玩、樂、購物，讓消費者一次滿足的購物中心。

十、精品暢貨中心，搶進市區大展店

(一) 國內五大 Outlet 布局狀況

業　者	布局計畫
1. 三井 Outlet Park	• 2016 年 1 月 27 日正式開幕，引入 220 個品牌 • 強化餐飲、運動休閒與娛樂比重，瞄準全客層 • 評估未來消費者中，觀光客占 20%，臺灣民眾占 80%
2. 華泰名品城	• 2015 年底開幕，首期引入 102 個品牌，營運前 3 日業績破 1 億元 • 年營收上看 140 億元 • 希望成觀光客飛抵桃園後的第一站或最終站

業　者	布局計畫
3. LEECO 禮客時尚館	• 主打都會型 Outlet，目前全臺共四館 • 消費者屬性與美式 Outlet 有所區隔 • 目前陸客占比約 80%，且都是自由行觀光客
4. 麗寶樂園 Outlet Mall	• 打造亞洲第二大摩天輪 • 距高速公路僅 5 分鐘車程，園區內提供 3,370 個停車位 • 除 Outlet 外，也訴求打造全臺最大高速公路休息站區
5. 義大世界購物廣場	• 2010 年 12 月營運，為南臺灣首座 Outlet • 圈區內涵蓋飯店、遊樂場，兼具觀光娛樂功能 • 訴求大型一站式的購物遊樂世界

(二) 二大 Outlet 零售賣場之比較

賣場	林口 MITSUI Outlet Park	華泰名品城
開業形式	開幕一次到位	分期開幕
地點	桃園機場捷運 A9 站	桃園機場捷運 A18 站
店數	約 220 店	第一期約 100 店
首年營業目標	60 億元	40 億元
停車位	約 2,000 個	約 700 個
運營者	三井不動產集團	華泰集團
營業面積	36 萬坪	四期 4.5 萬坪
特色	1. Outlet 商品價格為正價品 3～7 折 2. 引進多家首次進軍臺灣的日系品牌 3. 52 家餐飲商家	1. 商品定價為正價品 65 折以下 2. 露天純美式 Outlet 3. 獨家引進 Loewe、Jimmy Choo 品牌

(三) 林口三井 Outlet 開幕營運，年營收拚 60 億

　　日本 Outlet 龍頭三井不動產所投資 MITSUI Outlet Park 搶臺首家店林口三井 Outlet 逾三分之一獨家餐飲櫃位吸人氣，2,000 個停車位常常滿，總經理和田山龍一指出，對臺灣消費穩定成長有信心，預計 1 年營業額可上看 60 億元。

　　繼桃園華泰名品城（Gloria Outlet，日本三井不動產與遠雄集團合資首家

林口 Outlet Park 總計引進品牌 220 家，其中逾三分之一獨家餐飲與日本品牌 BEAMS 等為最大優勢，商品內容包括國際精品 ARMANI、Kate Spade、VERSACE、ETRO，甚至頂級餐瓷皇家哥本哈根、WEDGWOOD 等均首度設櫃，平均折扣價從 3 折至 7 折不等。

和田山龍一強調，全球零售不景氣，但 outlet 不受景氣影響，仍一枝獨秀穩定成長，且臺灣消費者對品牌也有很高的認知度，臺灣個人消費與家庭消費近 10 年穩定成長，他有信心「臺灣還有很大潛力！」並指出不會只有大臺北一家，還會往中、南部，甚至其他地區邁進。

十一、美妝、藥妝連鎖店（Drug & Beauty Store）

(一) 意義

此係指銷售美妝及藥妝品為主力訴求的連鎖店，以女性消費者為核心，近年來，其重要性愈來愈重，對流行品、化妝品、保養品、保健品、藥品、洗髮乳品牌廠商而言，這是一個重要的行銷通路與業績產生來源。

(二) 例示

目前以屈臣氏（500 家）店最大，康是美（380 家店）為第二大，寶雅（80 家店）為第三大。

十二、各業態每年的產值規模

茲列示國內主要零售業態的產值規模，如下表。其中，以便利商店及百貨公司（含購物中心）最大：

▶ 表 2-5　國內主要各業態每年的產值規模

業態	1. 便利商店	2. 百貨公司及購物中心	3. 量販店	4. 超市	5. 其他（如藥妝店等）	合計
年產值	3,100 億	3,200 億	1,600 億	1,600 億	1,600 億	1 兆 1,000 億元

十三、臺灣各種零售通路公司

▶ 表 2-6　臺灣各零售通路公司明細表

一、實體通路					
量販	1. 3C 量販店	NOVA 全國電子 燦坤實業	三井電腦 真光家電		日本 Best 電器 順發 3C
	2. 家具量販	特力屋	HOLA	IKEA	宜得利家居
	3. 綜合量販	大潤發	好市多	家樂福	愛買
百貨	1. 生活百貨通路	名佳美	美華泰	寶雅生活館	金興發
	2. 百貨通路	大葉高島屋百貨 京華城 統一夢時代 遠東百貨	遠東 SOGO 明曜百貨 新光三越	中友百貨 美麗華百貨 微風廣場	老虎城 高雄漢神 廣三崇光百貨
零售	1. 便利商店	7-ELEVEn 台糖蜜鄰	OK 便利商店 全家便利商店		萊爾富便利商店
	2. 美妝店通路	真善美連鎖藥妝	屈臣氏 康是美	美的適生活藥妝	
	3. 書店通路	五南	金石堂	誠品	
	4. 超市	Jasons 頂好超市	全聯福利中心 楓康超市	裕毛屋	美廉社 city'super
	5. 嬰幼兒用品通路	卡多摩嬰童館	奇哥		麗嬰房
	6. 藥局通路	杏一醫療用品 啄木鳥連鎖藥局 維康醫療用品連鎖	丁丁連鎖藥妝 佑全連鎖藥局 健康人生連鎖藥局 躍獅藥局	大樹連鎖藥局 佑康連鎖藥局	全成連鎖藥局 長青連鎖藥局

二、虛擬通路				
電視及網路購物	1. 電視購物	U-mall 森森購物	momo 富邦	vivaTV	ET Mall 東森購物
	2. 網路書店	天下文化書坊 國家書店 新絲路網路書店	天下網路書店 舒讀網路書店 誠品網路書店	金石堂網路書店 華文網網路書店 學思行網路書店	城邦讀書花園 博客來網路書店
	3. 網路購物平臺	GoHappy 線上快樂購 蝦皮購物 Yahoo! 奇摩超級商城	PAYEASY 女性購物 露天拍賣 臺灣樂天市場	momo 富邦購物網 PChome 線上購物 Yahoo! 奇摩拍賣 東森購物網路商城	SHOPPING99 購物網 Yahoo! 奇摩購物中心

十四、各大零售連鎖前三大店

▶ 表 2-7　各大零售通路前三名的店家及數量

1. 百貨公司	新光三越：19 家	遠百：12 家	SOGO：8 家
2. 便利商店	7-ELEVEn：5,300 家	全家：3,300 家	萊爾富：1,258 家
3. 量販店	家樂福：120 家	大潤發：25 家	愛買：16 家
4. 美妝店	屈臣氏：500 家	康是美：380 家	寶雅：160 家
5. 超級市場	全聯福利中心：1,000 家	頂好：220 家	
6. 3C資訊家電	燦坤：350 家	全國電子：292 家	大同：202 家
7. 家具	特力屋：22 家	HOLA：12 家	IKEA：6 家

第 2 節　無店面販賣（虛擬通路販賣）概述

一、無店鋪販賣類型

(一) 展示販賣（Display Selling）

　　係指在沒有特定銷售場所下，臨時用租借或免費的方式在百貨公司、大飯

店、辦公大樓、騎樓或社區等地方，展示其商品，並進行銷售活動。目前像汽車、語言教材、家電、健康食品、錄影帶，服飾等業別，均有採用此方式。

(二) 郵購（Mail-Order，或稱型錄購物）

係指利用型錄、DM、傳單等媒體，主動將產品及服務訊息傳達給消費者，以激起消費者購買慾。郵購商品一般是使用送貨到家或郵寄兩種途徑。目前，國內較大的型錄購物公司包括有：東森購物、DHC 郵購、森森購物、富邦 momo 郵購等。

(三) 訪問販賣（Interview Selling）

訪問販賣亦可謂之直銷（direct sales），係透過人員拜訪、解釋與推銷，以完成交易。訪問販賣之進行，係透過產品目錄、樣品或產品實體等向客戶促銷。例如：人壽保險公司、生前契約業務推廣、安麗、雅芳、寶露等均屬之。

(四) 電話行銷（Telephone Marketing，簡稱 TM 行銷或 Tele-Marketing）

係指利用電話來進行客戶之服務或產品銷售之任務，又可區分為兩種：
1. 接聽服務（inbound）：被動透過電話接受客戶之訂貨、查詢與抱怨。
2. 外打電話（outbound）：主動透過電話向目標客戶詳細解說產品性質並做銷售推廣活動。

例如：目前各大人壽公司皆有專職的電話行銷人員，藉由電話行銷以直接成交，或以初步發現潛在之客戶為目的，然後再由業務人員出面拜訪洽談。

(五) 自動化販賣（Auto-machine Selling）

此係指透過自動化販賣機以銷售產品，目前這種趨勢有日益明顯現象。例如：飲料、報紙、衛生紙、花束、生理用品、錄音帶、麵包、點心等包羅萬象；在日本尤為普遍。

(六) 電視購物（TV-shopping）

藉著電視機螢幕而下達採購電話指令，以完成銷售及付款作業，又被稱為有線電視購物（cable TV, CATV）：目前國內最大電視購物公司為東森、富邦 momo、viva 等三家公司，係採取現場（live）節目直播。電視購物已在臺灣快速發展，形成新的零售通路創新典範。

(七) 網站購物（Internet Shopping）

網站購物是透過 PC 連網點選商品，B2C 網站購物近年來快速成長，已日漸普及。目前國內比較大的購物網站，包括雅虎奇摩、PChome、博客來、蝦皮、momo 購物網、東森購物網、GoHappy、udn 買東西等公司。

二、無店鋪販賣經營要點

要成功經營無店鋪販賣，應注意下列幾個要點：

1. 要建立完善的客戶資料檔案（CRM，顧客關係管理的一種資訊系統）。
2. 產品要具備足夠之特色（或銷售獨特點）。
3. 定價要合理，不應比店面貴。
4. 要建立快速的配送系統（一般都是委外處理，宅配公司已日趨普及進步）。
5. 要有負責任的售後服務作業（客服中心平臺）。
6. 要建立企業形象及商譽，讓消費者信任。
7. 要有一套規劃完善的經營管理制度與資訊系統（電話訂購、物流出貨、信用卡刷卡金流，及商品資訊四大系統）。
8. 要擇定適合做無店鋪販賣之產品類別。
9. 要努力開展行銷動作，建立消費者心目中的品牌知名度。
10. 需有可信賴與安全的金流機制與銀行配合。
11. 推出分期付款（免息），從 3～12 期的分期，使消費者減低一次支出消費負擔，提升購買意願。
12. 3 天鑑賞期之內，可無條件退貨。
13. 3 天之內必送到家中。都會區內，1 天內則會送到。
14. 客服中心 24 小時無休，接受電話訂購及售後服務詢答。
15. 免費型錄供人在便利商店取拿，或是免費寄到數十萬會員家中。

第3節　加盟連鎖店概述

一、直營連鎖（Corporate Chain 或 Regular Chain）

(一) 特色

　　所有權歸公司，由總公司負責採購、營業、人事管理與廣告促銷活動，並承擔各店之盈虧。

(二) 優點

　　1. 由於所有權統一，因此控制力強、執行配合力較佳。
　　2. 具有統一的形象。

(三) 缺點

　　1. 連鎖系統之擴張速度會較慢，因所需資金龐大，且要展店。
　　2. 資金需求較為龐大，成本負擔沉重。
　　3. 經營風險增高。
　　4. 人力資源與管理會出現問題，尤其當店面數高達數千家時，全國人力的到任、離職、晉升等管理事宜，將非常複雜，不是總部容易管理的。

(四) 例示

　　誠品書局、金石堂書局、麥當勞、星巴克、康是美、肯德基、新光三越百貨、全聯、三商巧福、全國電子、小林眼鏡、科見美語、信義房屋、永慶房屋、屈臣氏等。

二、授權加盟連鎖（Franchise Chain, FC）

(一) 意義

　　係指授權者（franchiser）擁有一套完整的經營管理制度，以及經過市場考驗的產品或服務，並有一具知名度之品牌；加盟者（franchisee），則須支付加盟金（franchise fee）或權利金（loyalty），以及營業保證金，而與授權者簽訂合作契約，全盤接受其軟體、硬體之 know-how，以及品牌使用權。如此，可使加盟者在短期內獲得營運獲利。

(二) 例示

統一超商、萊爾富、全家、85 度 C 咖啡、丹堤咖啡、鮮芋仙、21 世紀房屋、住商房屋、吉的堡、何嘉仁等。

(三) 優點

1. 在授權加盟契約裡，授權者對於經營與管理之作業仍有某種程度之控制權，不能允許加盟者為所欲為。
2. 藉助外部加盟者的資金資源，可有效加速擴張連鎖系統規模。
3. 投資風險可以分散。
4. 不必煩惱各店人力資源召募及管理問題。

三、授權加盟經營know-how內容

有關授權加盟店整套經營 know-how 之移轉項目，包括如下：

1. 區域的分配（配當）。
2. 地點的選擇。
3. 人員的訓練。
4. 店面設計與裝潢。
5. 統一的廣告促銷。
6. 商品結構規劃。
7. 商品陳列安排。
8. 作業程序指導。
9. 供貨儲運配合。
10. 統一的標價。
11. 硬體機器的採購。
12. 經營管理的指導。

四、連鎖店系統之優勢

各型各樣的連鎖店系統在最近幾年，如雨後春筍成立，形成行銷通路上一大革命趨勢，連鎖店系統有何優勢，茲概述如下：

(一) 具規模經濟效益（Economy Scale）

連鎖店家數不斷擴張的結果，將對以下項目具有規模經濟效益：

1. 採購成本下降，因為採購量大，議價能力增強。
2. 廣告促銷成本分攤下降，因為以同樣的廣告預算支出，連鎖店家數愈多，每家所負擔的分攤成本將下降。

(二) know-how（經營與管理技能）養成

連鎖店愈開愈多，每一家店在經營過程中，必然會碰到困難與問題，如果將這些一一克服，必可累積可觀的經營與管理技能，再將之標準化之後，廣泛運用於所開店面，如此，連鎖系統的成功營運就更有把握了。

(三) 分散風險

連鎖店成立數十、數百家之後，將不會因為少數幾家店面無法賺錢，而導致整個事業的失敗，是以具有分散風險之功能。

(四) 建立堅強形象

連鎖店面愈開愈多，與消費者的生活及消費也日益密切，藉著強大連鎖力量，可以建立有利與堅強的形象，如此也有助於營運之發展。

自我評量

1. 試說明批發商之定義為何？其特質與趨勢為何？

2. 試列示批發商之功能為何？

3. 試列示製造商為何不願採用批發商之原因何在？

4. 一般而言，製造商可採行之配銷通路的方式有哪些？

5. 試列示經銷商有哪二種？

6. 試說明專門、專業型經銷商的優缺點為何？

7. 實務上，為何專業型經銷商比較多？其理由？

8. 試說明零售商之定義及功能為何？

9. 試列示便利商店有哪四大便利？

10. 試列示國內綜合性商品的四大量販店公司名稱為何？

11. 試列示量販店未來的發展為何？

12. 試列示無店鋪販賣類型的七種型態為何？

13. 何謂授權加盟連鎖？

14. 試說明大型連鎖店系統的公司有哪些優勢？

Chapter 3

電子商務通路概述

學習重點

1. 電子商務的定義
2. 電子商務的五種類別
3. 國內 B2C 網購公司及 B2B2C 網購公司排名
4. 網購市場規模
5. 網購快速崛起的原因
6. 網購商品較便宜的原因
7. PChome 第一大網購公司簡介
8. 行動購物快速崛起

○○○ 第 1 節　電子商務的定義及類別

一、電子商務（E-Commerce, EC）的定義

電子商務是透過網路為媒介，進行無遠弗屆的商業交易活動。電子商務發展至今，已廣受各國企業及政府所重視。學者們也對電子商務提出不同的定義與解釋，以下依據時間之先後順序，整理國內、外文獻對電子商務所提出的定義。

Wilson（1995）對電子商務的定義為：使用電子的方式與技術進行商業活動，活動包括了企業內部、企業對企業以及企業對消費者的互動。而 Zwaas（1996）指出：使用通訊網路從事商業資訊之分享，維持商業關係以及進行商業交易的活動，即為電子商務的範疇。經濟部商業司（2005）則指出：廣義的電子商務泛指任何經由電子化形式所進行的商業活動，舉凡一切與企業有關，且透過網路來溝通的所有活動，皆屬於電子商務的範圍。Rayport 與 Jaworski（2001）認為團體間（個體、組織或兩者）以科技為媒介的交易，以及帶動這類交易的組織內或組織間之電子化活動，便是電子商務。

Laudon 與 Traver（2002）認為電子商務是利用網際網路與 Web 在組織與個人之間進行數位化的商業交易。研究中並特別針對交易基礎的概念進行說明。其中指出數位化交易為包含所有透過數位科技完成的交易行為，而商務交易則是指與機構或個人間透過價值交換（如金錢），以換取產品或服務的行為。

由過去文獻對於電子商務的定義可發現，電子商務是一個透過網際網路來進行商業交易的活動。它可以透過網際網路，進行有形的商品、廣告以及無形的服務、數位資料傳輸等任何商業交易活動。

二、電子商務的五種類別

電子商務的類別有很多，其分類方式也不同，依交易對象、使用科技，以及應用層次的不同，有不同歸屬的分類。若以交易對象的觀點，電子商務一般可分為四類（Rayport & Jaworski, 2001；Laudon & Traver, 2002）；企業對企業（B2B）、企業對消費者（B2C）、消費者對消費者（C2C）、線上到線下的（O2O）團購網，此外，還有 B2B2C 的第五種模式，如圖 3-1 所示，茲分述如下。

賣方

		企業	消費者	
買方	企業	企業對企業 （B2B）	線上到線下 （O2O）	
	消費者	企業對消費者 （B2C）	消費者對消費者 （C2C）	企業對商店對消費者 （B2B2C）

▶ 圖 3-1

資料來源：Rayport & Jaworski(2001), E-Commerce, p.4.

(一) 企業對企業（B2B）

指所有發生在兩個組織間的電子商務交易，主要為採購商與供應商之間的談判、訂貨、簽約等企業數位電子化的供應鏈活動，由於大量商品價值鏈的交錯連結，B2B 模式亦衍生出電子市集的協同商務交易模式。Laudon 與 Traver（2002）另外提出政府為特殊組織對象的 B2G 模式（Business to Government）。因為政府同時也是商品和服務的取得者，可視為一種特殊類型的企業，將其歸入 B2B 類型。

(二) 企業對消費者（B2C）

指企業與消費者間的交易，相當於網路商店或線上購物的零售商提供消費者售前、售後與銷售的服務，這種模式節省了消費者與企業雙方在訊息交換上的時間，其經營模式相當於將傳統商店的交易行為移動到網際網路上。因此，亦稱為電子商店或網路商店。例如：PChome、Yahoo! 奇摩購物中心、momo 購物網、東森購物網、udn 買東西購物中心、GoHappy 購物、博客來等，均屬 B2C 模式。

(三) 消費者對消費者（C2C）（拍賣網）

指所有消費者彼此間的商業交易，可能透過網站經營者的交易平臺來進行交易活動。網站經營者不負責商品的物流，而是協助市場資訊的彙集，集合買家和賣家到同一平臺上，並且建立信用評等制度，以方便買賣雙方進行交易判斷。

(四) O2O（Online to Offline）

此係指餐飲，住宿團購票券網公司，例如：GOMAJI。

(五) B2B2C

例如：PChome 商店街、Yahoo! 奇摩超級商域及臺灣樂天商場等三家，均屬於此種 B2B2C 模式。此即招商集合式商場及網購模式。

三、國內前十五大B2C網購公司營收額排行榜

2019 年

項次	公　　司	營收額
1	PChome	230 億
2	momo	200 億
3	雅虎購物中心	120 億
4	蝦皮購物	70 億
5	東森＋森森網	60 億
6	博客來	55 億
7	創業家兄弟（生活市集）	50 億
8	GoHappy（遠東集團）	30 億
9	Udn-shopping	30 億
10	OB 嚴選（女裝）	25 億
11	Lativ	25 億
12	燦坤	20 億
13	PAYEASY	20 億
14	ibon-mart	15 億
15	86 小舖	10 億

四、國內前四大B2B2C商城網購公司交易額排行榜

2019 年

排名	公　　司	交易額
1	雅虎超級商城	140 億
2	商店街市集公司（PChome 集團）	80 億

排名	公　　　司	交易額
3	臺灣樂天	45 億
4	momo 摩天商城	20 億

五、國內前二大O2O團購網電商公司交易額排行榜

2019 年

排名	公　　　司	交易額
1	GOMAJI（夠麻吉）	38 億
2	17-Life（PChome 集團）	15 億

六、市場規模持續擴大：7,000億元市場

　　從這份調查可以發現，2019 年臺灣電子商務市場維持成長趨勢，根據網友消費金額及主要網路購物廠商營收額顯示，2019 年臺灣電子商務市場規模約達7,000 億元，其中網路購物（B2C）市場規模約為 5,000 億元，網路拍賣（C2C）市場規模約為 2,000 億。網友線上購物經驗度提升、C2C 網拍平臺發展成熟、虛實通路交互影響為主要成長動力。

　　B2C 市場在 2019 年以美容保養與服飾精品為網路購物之熱門類別，類別成長率約為 90%。2019 年網友參與 C2C 市場交易比例大增達 68%，其中消費性電子商品、服飾精品，為網路拍賣之熱門類別。

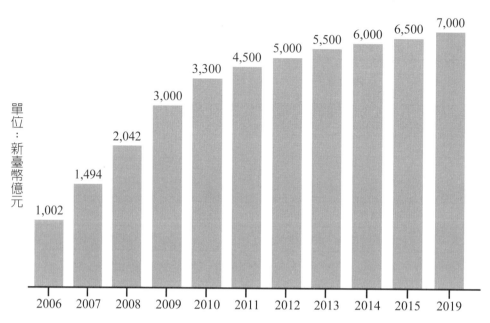

2006～2019 年臺灣網路購物市場規模圖示（B2C+C2C）

◉ 圖 3-2

資料來源：經濟部商業司。

第 2 節　網路購物的模式、趨勢及分析

一、臺灣網路購物主力的三種經營模式

目前主要分為 B2C、B2B2C，以及 C2C 三種，詳見下表。

◉ 表 3-1

模式	B2C	B2B2C	C2C
經營型態	Mall（類似百貨公司）	平臺（類似商店街、市集）	平臺（拍賣）
主要業者	Yahoo! 奇摩購物中心、PChome 線上購物、PayEasy、博客來、ETMall、momo 購物網、udn、7-net	PChome 商店街、Yahoo! 奇摩購物中心、臺灣樂天市場	Yahoo! 奇摩拍賣、露天拍賣
商品組合	品牌商品、暢銷商品		二次購買市場

二、網路商品價格較低的原因

網路商品價格通常會比實體零售據點商品較便宜的原因，有以下幾點：

(一) 網路設店（Net Store）成本較低

實體零售據點的開支成本比較大，例如：裝潢費、房租費、人事薪資費、庫存費、促銷廣告費、水電費、冷氣費等，固定成本加上變動成本後，費用不算低。

但在網路上設店或經營網路購物，比較不需有店面費及人員在店面的人事費，只要有一個總公司辦公場所，再加上物流倉庫備貨就可以，故成本較低。

(二) 全球化

網路具有超連結的全球化，任何一個國家的消費者均可上網採購，因此在產品採購、議價來源方面，就可以取得較低的優勢。

(三) 物流宅配業的進步與普及

網路購物早期令人擔心的是物流宅配業的配合，包括送貨速度天數及送貨成本偏高兩項因素。但隨著國內宅急便不斷進步與普及，使得這方面的問題得到克服。現在在臺北都會區，送貨 1 天即可到，全國各地區 3 天內即可送到。另外，宅急便送貨成本也被降低，網購業者如果每天送貨量大的話，每件配送成本可以壓到 70〜90 元之間；較過去的 120〜150 元下降很多。甚至，現在網購業者也漸漸以免費配送來吸引消費者上網採購。

(四) Web-EDI 化的發展

在 B2B、B2C 的網路下訂單、出貨及結帳、收款等，均全面朝向網路介面化的即時電子資料交換（Web-EDI），此種數位科技與網路科技的發展，大大降低了內部財會作業裡的營管作業成本（operational cost）。

(五) 進入障礙低、彼此競爭激烈

網路購物業者基本上來說，進入障礙不算太高，並不需要龐大的數十億、數百億固定投資金額，而經營 know-how 也不會特別難。目前這部分的人才及應用套裝軟體（ASP）不少，所以想操作或創業並不難。因此，在這種狀況下，競爭者增多，不免會發生同業降價競爭的事件。另一方面，爲吸引習慣到實體店面購

買的消費者轉到網購，也需要一些低價格的誘因才可行。

(六) 精簡行銷通路層次

網購業者大部分也向原廠採購進貨，非不得已才會轉向代理商或經銷商發展，故在傳統行銷通路層層剝削下，網購業者似乎可以更加通路扁平化，因此進貨成本可低一些，售價自然就可以跟著降低。

(七) 資訊情報取得低廉，消費者進行比價較容易

由於消費者線上操作查詢產品價格的速度非常快，會造成消費者進行比較與分析，最後才下單購買。價格資訊的透明化、快速化及完全對稱化，令產品也朝低價方向發展。

(八) 從消費者端看，低價才能使他們從實體轉到虛擬通路來購物

要改變傳統消費者習慣到實體零售據點去接觸實體後才購買的習性，網購廠商必然需要提出一些令消費者願意改變行為與改變認知的方法或手段，而低價策略正是迎合了年輕網購族群的一個最大利益點（benefit）及獨特銷售量點（Unique

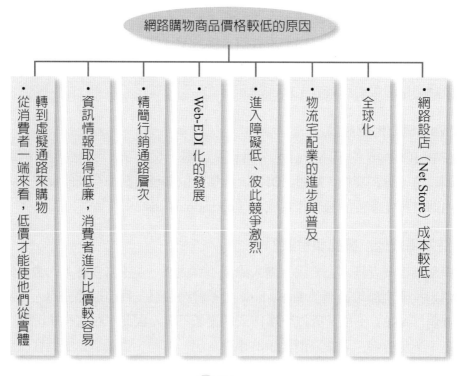

網路購物商品價格較低的原因

- 從消費者一端來看，低價才能使他們從實體
- 轉到虛擬通路來購物
- 資訊情報取得低廉，消費者進行比價較容易
- 精簡行銷通路層次
- Web-EDI化的發展
- 進入障礙低、彼此競爭激烈
- 物流宅配業的進步與普及
- 全球化
- 網路設店（Net Store）成本較低

圖 3-3

132

Sales Point, USP），這也是網購業者可以存活的基本本質之一，否則高價網購的營運模式（business model）是不容易成功的。

三、網路購物快速崛起原因

近幾年來，國內網路購物快速崛起，各大網站的營收額都呈現高速成長；分析國內網路購物快速崛起的原因有：

(一) 商品品項非常多、非常豐富

在網站內可以放下幾十萬到幾百萬的品項。據說中國的第一大淘寶網網站有 8 億件品項。

(二) 物流宅配進步很大

臺灣地區由於地方不大，加上國內幾家宅配物流公司（例如：統一速達、新竹貨運、東元集團）也有現代化營運；因此，宅配時間縮短。

(三) 價格便宜，而且可以網上比價

網購產品由於去掉中間通路商，因此定價會比較低一些；而且可以快速比價，享受比價樂趣。

(四) 上網人口快速增加

目前，臺灣地區上網人口已達 1,500 萬人；其中，有 900 萬人曾經有網路購物經驗，故其基礎相當雄厚。

(五) 可以分期付款

由於臺灣地區金流服務已很成熟，加上促銷活動，故一些金額比較大的家電、資訊 3C、數位產品等，均可以採取分期付款方式，提高消費誘因。

(六) 網購安全機制日益強化

網購的安全機制日益強化及改善，使一般消費者不再擔心網上購物；並且敢用信用卡付款。

(七) 推出 24 小時日用品購物措施

過去網購商品比較少有日用品類，消費者大都在量販店及超市購置；但現在

這些洗髮精、沐浴乳、奶粉、醬油、沙拉油、餅乾、泡麵、洗潔精、洗衣精、牙膏、飲料等均可在網路上買到，價格跟在量販店買的差不多，而且有人送到家，可省掉開車去載的麻煩，因此，這方面的業務成長非常快，滿足了消費者的需求。

(八) 知名品牌也上網站鋪貨

一些知名品牌過去較不太敢隨意上網行銷，怕影響其品牌形象，而且銷售量也不是很大，因此均未重視此通路。但如今，此通路的營收日益擴大，消費族群也完全普及，成了不可忽視的一個通路。因此，現在資訊 3C、家電、內衣、化妝品、保養品、食品、飲料等知名品牌，均已紛紛爭取上架銷售。網站上則成立「品牌旗艦館專區」來吸引消費者。當網站上名牌愈多，也就愈加促使消費者來網站購置，形成良性循環。

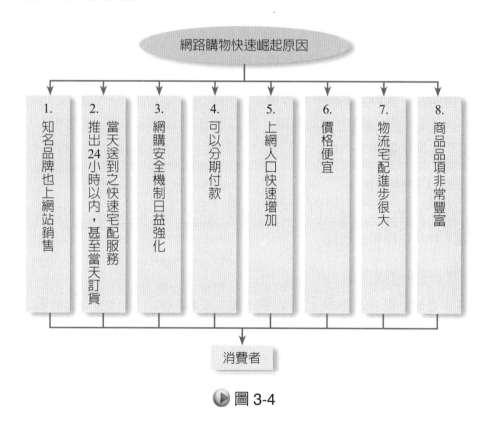

網路購物快速崛起原因

1. 知名品牌也上網站銷售
2. 當天送到之快速宅配服務 推出 24 小時以內，甚至當天訂貨
3. 網購安全機制日益強化
4. 可以分期付款
5. 上網人口快速增加
6. 價格便宜
7. 物流宅配進步很大
8. 商品品項非常豐富

消費者

▶ 圖 3-4

四、網購虛擬通路日益成為重要行銷通路

(一) 網購市場規模據資策會報告指出，已達 7,000 億元（含 B2C 及

C2C），占全國零售總產值 4 兆元的 15% 左右；此已成為國內消費品的重要行銷通路之一。

(二) 很多知名品牌均已登上前幾大購物網站，另外，中小企業及知名商店亦已加入 PChome 及雅虎奇摩的商店街（B2B2C），對中小企業及商店而言，此管道也成為它們重要的銷售管道。PChome 的商店街已有近 1 萬家商店在網上銷售產品。

(三) 另外，實體通路的零售公司也紛紛拓展虛擬通路的網購業務，以虛實通路並進的方式，希望不流失顧客。例如：SOGO 百貨、新光三越百貨、家樂福量販店、統一超商、誠品書店等亦建置自己的網路購物。

(四) 此外，「團購」亦成為最新的網路購物模式，以「愛合購」網站最為知名。團購模式亦深受一些年輕女性上班族的喜愛，在網上合購一些美食，價錢可以便宜一些。

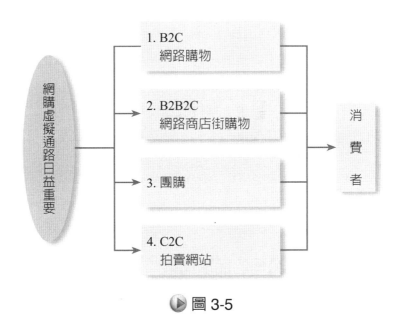

▶ 圖 3-5

五、行動購物占比，急速成長

近年來，透過行動網頁（mobil web）及行動 APP 購物的金額有大幅躍升趨勢，已超越傳統 PC 端網購的可能性。2019 年為止，各大電子商務公司的行動購物占比均已拉升到 50%～60% 之間。如下表：

項次	公司	行動購物占比
1	momo 網	60%
2	蝦皮	60%
3	生活市集	60%
4	PChome	55%
5	雅虎超級商城	55%
6	台灣樂天	50%
7	東森購物網	30%

六、電子商務零售成功的關鍵因素

(一) 產品力（品項多元化，可供選擇）。

(二) 價格力（價格合理、便宜、有物超所值感）。

(三) 物流力（能在 24 小時內快速宅配到家或宅配到附近便利商店取貨）。

(四) 介面友善力（網購畫面及流程設計快速、友善、簡單化）。

(五) 品質力（產品具有一定品質水準）。

(六) 服務力（各項售前、售中、售後服務均佳）。

(七) 促銷力（經常舉辦各項折扣活動、贈送折價券活動等）。

第 3 節　臺灣電子商務公司的排行及現況

一、各大B2C電子商務公司的品項總數

排名	公司	品項總數
1	PChome	130 萬
2	momo	100 萬
3	蝦皮	70 萬
4	雅虎購物	50 萬
5	udn 購物	50 萬
6	東森購物	40 萬

二、momo購物網各品類銷售占比

1. 3C／家電：占 27%。
2. 美容、保養、保健品：占 25%。
3. 居家用品／日常消費品：占 25%。
4. 其他：占 23%。

三、電商公司建置自有倉儲用地者

1. PChome 公司。
2. momo 公司。

四、行動購物的二個訂購高峰點

1. 中午 11:30～1:30。
2. 晚上 8:00～11:30。

五、電子商務已上市櫃公司

1. PChome（網路家庭公司）。
2. momo（富邦媒體科技公司）。
3. 商店街市集公司（PChome 集團子公司）。
4. GOMAJI（夠麻吉）。
5. 創業家兄弟公司（生活市集）。

自我評量

1. 試說明電子商務之意義及類型。
2. 試說明網路購物商品價格為何會較低？
3. 試說明網路購物迅速崛起的原因為何？
4. 試列示國內營收額最高前三大網購公司為何？
5. 試列示國內前三大百貨公司為何？

Chapter 4

製造商對旗下經銷商的整合性管理與促進銷售

學習重點

第 1 節　製造商對經銷商的策略性規劃與管理

一、對經銷商及批發商改變的力量與對策

經銷商面對五種不利的改變力量

近 5～10 年來，扮演製造商或末端零售商店的經銷商是行銷通路的一環，如今也面臨如下環境改變的力量，包括：

(一) 不少全國性大廠商自己布建下游的零售店連鎖通路，以及建置自己的物流倉儲據點，擔任物流運輸工作

當然，其零售店也擔任最終銷售給消費者的任務。如此，可能會部分取代過去傳統經銷商的工作任務，此即被取代性。使經銷商的生存空間愈來愈小。

(二) 資訊科技發展迅速

過去廠商與經銷商大部分靠電話、傳真及面對面的溝通協調及業務往來，如今已現代化與資訊化，經銷商也被迫要提升經營管理水準與人才水準，才能呼應全國性大廠的要求與配合。

(三) 無店面銷售管道的崛起

網際網路購物、電視購物、型錄購物、預購、行動購物等無店面銷售管道的崛起，也影響到傳統經銷商的生意。

(四) 物流體系與宅配公司的良好搭配

由於物流體系及獨立物流宅配公司的良好發展，使經銷商這方面的功能也受到取代，臺灣最近幾年宅配物流公司也發展得很成功。

(五) 大型且連鎖性零售的崛起

包括大賣場、購物中心、百貨公司、便利商店、超市、專門店等，這些公司大部分直接跟廠商叫貨、訂貨及進貨，比較少透過經銷商。這也減少了經銷商的經營空間。

二、經銷商可能的因應對策與方向

經銷商面對這些不利的環境變化及趨勢，所可採取對策方向包括：

1. 應思考如何改變過去傳統的營運模式（business model），亦即要考量如何革新以更符合時代需求的新營運模式。

2. 應思考如何尋找新的方法、新的工作內涵及新的創意，來創造日益下跌的價值（value），要讓製造商覺得他們還有合作的價值存在，而不會拋棄他們。

3. 應更快速找出新市場區隔及新市場商機。

4. 應思考全面性改變，以脫胎換骨，展現新的未來願景及新的專業方針。

三、比較需要透過經銷商、代理商或批發商的產品類別

依目前國內來說，仍然有不少產品在銷售過程中，仰賴各地區的經銷商或批發商。由於有些全國性品牌大廠的產品，都想要將商品密集遍布在全臺每一個縣市、每一個鄉鎮不同的店面上銷售，而公司自然不可能到處都設置直營營業所或直營門市店，這樣的成本代價太高，幾乎很少有人這樣做的。因此，比較偏遠地區透過經銷商或代理商，也就成為必然的通路決策。

目前，國內仍仰賴經銷商運送到零售商的產品類別，包括有：

1. 汽車銷售；2. 家電銷售；3. 電腦銷售；4. 機車銷售；5. 食品銷售；6. 飲料銷售；7. 菸酒銷售；8. 農畜產品銷售；9. 手機銷售；10. 工業零組件銷售；11. 大宗物資銷售（如小麥、麵粉、玉米、沙拉油、香菸、酒等）；12. 其他類產品。

四、製造商大小與經銷商的關係

(一) 大製造商對經銷商的優點及協助項目

1. 大製造商或全國性知名品牌製造商，例如：國內的統一、金車、味全、東元、大同、歌林、華碩電腦、光泉、味丹、桂格、松下、台灣 P&G、台灣花王、台灣聯合利華、台灣金百利克拉克等公司均屬之。

2. 大製造商的優點有：(1) 品牌大；(2) 形象佳；(3) 產品線多；(4) 產品項目較齊全；(5) 忠實顧客較多些；(6) 公司管理、輔導及資訊系統較上軌道；(7) 有一定的廣宣預算。這些優點，對經銷商的銷售及獲利助益與貢獻，也會比較大一些。

3. 換言之，經銷商們都要仰賴這些全國性知名製造商的產品經銷，才能獲利賺錢，存活下去。

4. 另外，全國性大廠也比較能協助、輔導這些經銷商們。包括：

(1) 銀行融資上、資金上的協助及安排。

(2) 資訊系統連線的協助及安排。

(3) 產品、銷售技能及售後服務、教育訓練的協助及安排。

(4) 實際派人投入經營管理與行銷操作上的協助及安排。

(5) 對經銷商庫存（存貨）水準的協助及安排，以避免庫存積壓過多。

因此，大型製造商對經銷商的影響力是很大的。

(二) 中小型製造商對經銷商的影響力

中小型製造商或進口貿易商，由於他們的資源，不論是人力、物力及財力，均不如全國性大製造商，因此對旗下經銷商的影響力，就相對小很多。

五、品牌製造商的營運計畫表大綱

全國性品牌大廠或國外大廠，大概每年度都會在各種重大的經銷商會議上，向全臺經銷商說明他們今年度的重大計畫與去年度的檢討事項，讓經銷商們有一個總體的概念及信心。

一般來說，這些報告或營運計畫書的大綱內容，包括：

1. 去年度廠商與經銷商們績效的檢討、銷售預算目標的達成率及原因的分析。

2. 今年度的市場發展、技術發展、產品發展、通路發展、定價發展及競爭者對手分析說明。

3. 今年度本公司將推出的新產品計畫說明，包括新產品的機型、功能、技術、製程、代工、品質、定價、時間點及競爭力等。

4. 今年度配合新產品上市計畫的全國性整合行銷廣宣計畫，包括媒體廣告、公關、媒體報導、參考、事件行銷、促銷活動、定價策略、宣傳品、店招、POP（促銷廣告）等。

5. 今年度的經銷商銷售目標額、目標量、銷售競賽、獎勵計畫，訓練計畫、服務計畫、資訊連線計畫、市占率目標、市場地位排名等。

6. 其他對經銷商要求與配合的事項說明。

六、經銷商的營運計畫書

全國經銷商在聽完品牌大廠商的報告及計畫之後，就應該由製造廠的區域業務經理們，安排他們與旗下區域內負責的經銷商們開會，或要求各地區較大範圍的經銷商們，提出他們各自區域範圍內的今年度營運計畫書。

就企業實務來說，大概只有知名大製造廠才會有此要求，中小製造商或中小型經銷商就不太可能寫營運計畫書。

經銷商營運計畫書的內容，可能包括：

(一) 去年度經銷業績檢討

包括：整體業績額、業績量，依產品別、依市場別、依品牌別、依零售商別、依縣市別等檢討業績狀況；或市占率狀況、競爭對手消長狀況、客戶變化狀況、整體市場環境趨勢狀況等。

(二) 今年度經銷業績目標

包括：整體業績額、業績量目標、各產品別、各品牌別、各縣市別、各市場別等業績目標。

此外，亦包括經銷區域內的市占率目標、市場排名目標，及成長率目標等。

(三) 今年度的 SWOT 分析

1. 優勢。
2. 弱勢。
3. 商機點。
4. 威脅點。

(四) 今年度的區域內銷售策略及計畫

包括：
1. 業務覆蓋率。
2. SP（促銷）。
3. 價格政策及彈性。
4. 對零售商客戶的掌握。
5. 獎勵計畫。
6. 銷售人員與銷售組織計畫與分配計畫。

7. 各計畫時程表。

8. 主打產品機型或品項計畫。

9. 地區性廣告活動及媒體公開計畫。

(五) 請總公司、總部支援請求事項

以上經銷商年度營運計畫書的撰寫或規劃的訓練，其原則應注意到幾項：

1. 盡可能簡單統一，勿太複雜。最好由品牌大廠商統一撰寫格式。

2. 應注意到可行性及可達成性，目標及成長率勿高估，以致無法達成。

3. 大廠商及區域經理們，應定期每週及每月注意經銷商是否達成目標，並且與他們共同討論因應對策，及時監控、考核及調整改變，協助解決當前最大的困難。

七、品牌大廠商區域業務經理應具備的十一種技能

品牌大廠商的區域業務經理應負起輔導及提升經銷商業績的協力工作任務。而區域業務經理（Regional Sales Manager, RSM）應具備十一種技能，才比較能成功與合作順暢。包括：

1. RSM 應向經銷商的老闆及採購、業務、服務等部門主管，完整推銷及說明製造商的產品及計畫。

2. RSM 應對經銷商進行業務、顧客服務、產品、市場、資訊科技知識及流程方面的教育訓練工作。

3. RSM 應提供定期拜訪時所需要的售後服務與技術服務的能力。

4. RSM 應成為產品專家，對經銷商熱情與專業的推銷此系列的產品項目。

5. RSM 應該與經銷商建立互助良好與深度友誼的人際關係。

6. 協調相關與廠商的相關問題、糾紛或意見不同，例如：退貨服務、品質不良品、售後保證服務及銷售等。

7. RSM 應協助經銷商完成現代化資訊系統，並與總公司連線完成，雙方同時互享相關資訊情報的流動，以增進雙方的同步作業。

8. RSM 應對經銷商的財務進行完整與健全化的規劃及推動，希望所有經銷商的財務與會計管理均能有效的上軌道，避免財會出問題。

9. RSM 應提供該區域內或跨區的相關市場情報、環境變化及別的經銷商的作法等資訊情報，提供給經銷商做參考。

10. RSM 應提供總公司最新的銷售政策、行銷策略與管理政策給經銷商，讓經銷商能夠瞭解、遵守及有效使用。

11. RSM 應努力用對的方法激起區域經銷商的銷售動機、作法及熱情，讓他們努力達成總公司希望他們達成的業績目標。

八、經銷商的教育訓練

(一) 經銷商教育訓練的原則

廠商對於經銷商的教育訓練，應該秉持以下幾項原則：

1. 應將教育訓練目標，放在經銷商整個的地區性事業發展目標上，並且提升他們的整個經營管理與銷售水準。

2. 應將教育訓練與他們所面臨的各種困難問題與狀況連結在一起，目的很清楚，希望能迅速解決他們的問題，讓他們提升業績與利潤。

3. 應將教育訓練以年度培訓計畫為主，用一整年的事前安排及規劃來對待，而不要以片段的、偶爾的、即興的方式。

4. 應要有考核的一套制度，以確保教育訓練能夠達到預定的成效，而不只是虛應故事。

5. 應要有獎勵誘因，從正面激勵下手，可以提升教育訓練良好的成果。

6. 應安排一流的優秀講師，不管是內部講師或外部講師，都要一時之選，對學員們的收穫才會有幫助。

7. 最後，經銷商教育訓練除了正規性與嚴肅性之外，還要考慮到啟發性及有趣性，讓學員們樂於吸收。

(二) 經銷商教育訓練的地點安排

全臺經銷商教育訓練地點安排，大致有幾個場所可以考量規劃，包括：

1. 總公司大型會議室所在地。

2. 總公司附近的大飯店高級宴會會場地。

3. 各大學附屬推廣教育中心的教室場所。

4. 專業的企管公司或人資培訓機構的教育場所。

5. 各種遊憩風景景點附近附設的會議室場所。

6. 國外總公司也可能是一個考量的場所。

(三) 對經銷商教育訓練的課程安排，基本上，要著重的幾個項目

1. 對總公司本年度的經營方針與經營目標，要有所認識。
2. 對總公司本年度的經營策略與行銷策略要有所認識。
3. 對總公司本年度的業績預算目標與達成率要求。
4. 對本年度主力新產品的介紹、參觀及說明。
5. 對本年度總公司行銷推廣、廣告宣傳、媒體公關與店頭行銷支援投入的介紹說明。
6. 對本年度總公司在後勤管理作業支援投入的介紹說明。
7. 對經銷商銷售技巧與提案寫法的傳授。

(四) 經銷商教育訓練的方式

對經銷商教育訓練的方式及作法，可以彈性及多元化一些，其方式如下：

1. 傳統單向授課方式。
2. 採取個案式（case study）互動討論的方式。
3. 赴實地、現場參觀訪問及座談的方式。
4. 演練及角色扮演（role play）的方式。

(五) 訓練評估方式

總公司及區域業務經理對於經銷商的教育訓練，事後當然也要進行考核評估才可以，如此才知道到底經銷商有沒有吸收。

訓練評估的方式，包括如下幾種：

1. 請經銷商撰寫上課學習心得報告，此為事後書面性的報告。
2. 可以做隨堂課後的考試測試。
3. 可以指定一些專題，請他們分組討論後，提出專題研究報告，並且進行分組競賽。
4. 亦可以用口頭表達的方式，進行課後學習心得的綜合分享，並上臺報告。
5. 最後，在一段時間後，要觀察學員們在自己工作單位上的績效是否有所精進、進步與改善。

第 2 節　製造商對經銷商的激勵與績效考核

一、理想經銷商的條件

如果品牌廠商站在強勢全國性品牌立場上，自然有優勢去挑選理想經銷商的條件，這些條件包括：

(一) 產品線的適合度

即該個經銷商是否以販售本公司的產品線作為他的專長產品。

(二) 經營者的信譽（信用）

該經銷商老闆，在過去以來的 10 多年中，在此地區做生意，是否已搏到好名聲、好信譽，使大家都喜歡跟他做生意。

(三) 地區包括性

該地區是否為我們較弱的地區，而他又能填補我們的迫切需求性。

(四) 業務能力

該經銷商在過去以來，在該地區的業務拓展能力，是否表現理想，包括有很強的業務人員、業務組織、業務人脈關係與業務客戶等。

(五) 財務能力

經銷商老闆過去是否有穩定且充足的資本與財務能力也是一項關鍵，如果財務能力夠強，就能配合公司大幅拓展市場的要求能力；然而如果財務能力不穩定或弱，就隨時會倒掉。

(六) 售後服務能力

光有業績開發力，但售後服務力不佳，也無法得到顧客的滿意度及忠誠度，故服務能力也是經銷商整合能力之一。

(七) 負責人與總公司老闆的契合度

有時候，兩個老闆在工作上及個人友誼上也許很契合、投緣，成為患難之交或好朋友，此亦成為評選指標之一。

二、激勵通路成員

品牌大廠商通常對旗下的通路成員，包括經銷商、批發商、代理商或最終的零售商等，大抵有的幾種激勵各種通路成員的手法，包括：

1. 給予獨家代理、獨家經銷權。
2. 給予更長年限的長期合約（long-term contract）。
3. 給予某期間價格折扣（限期特價）的優惠促銷。
4. 給予全國性廣告播出的品牌知名度支援。
5. 給予店招（店頭壓克力大型招牌）的免費製作安裝。
6. 給予競賽活動的各種獲獎優惠及出國旅遊。
7. 給予季節性出清產品的價格優惠。
8. 給予協助店頭現代化的改裝。
9. 給予庫存利息的補貼。
10. 給予更高比例的佣金或獎金比例。
11. 給予支援銷售工具與文書作業。
12. 給予必要的各種教育訓練支援。
13. 協助向銀行融資貸款事宜。

三、對經銷商績效的追蹤考核

(一) 對經銷商績效考核的十四個主要項目

品牌廠商對經銷商拓展業務績效的考核，大致如下：

1. 最重要的，首推經銷商業績目標的達成。業績或銷售目標，自然是廠商期待經銷商最大的任務目標。因為，一旦經銷商業績目標沒有達成，或是大部分旗下經銷商業績目標都沒有達成，廠商的業績目標也會受到很大影響，這會連帶影響到財務資金的調度與操作。此外，也會影響到市占率目標的鞏固等問題。
2. 其次，對於經銷商拓展全盤事業的推進，還必須考核下列十三個項目：
   (1) 經銷商老闆個人的領導能力、品德操守、經營理念與財務狀況變化？
   (2) 經銷商的庫存水準是否偏高？
   (3) 經銷商的客戶量是否減少或增加？
   (4) 經銷商的業務人員組織是否充足？

(5) 經銷商的資訊化與制度化是否上軌道？

(6) 經銷商的店頭行銷及店面管理是否良好？

(7) 經銷商配合總公司政策的配合度如何？

(8) 經銷商給零售商的報價是否守在一定範圍內，而未破壞地區性行情？

(9) 經銷商及其全員的士氣及向心力如何？

(10) 經銷商是否求新求變，及不斷學習進步？

(11) 經銷商是否正常性參與總公司的各項產品說明會或教育訓練會議？

(12) 經銷商下面的零售商對其提供的服務及專業能力滿意度如何？

(13) 經銷商是否定期反應地區性行銷環境、客戶環境與競爭對手環境的情報給總公司參考？

(二) 對經銷商績效的處理與調整

對經銷商績效不佳的，或是配合度、忠誠度不夠好的，品牌廠商可能須對旗下的經銷商採取一些必要的處理措施與調整作法，包括：

1. 必要性調降此地區經銷商的業績目標額或相關預算額。

2. 適當協助、輔導、指正、支援該地區經銷商能夠改善他們過去的弱項及缺失，希望能夠強化他們經銷能力與工作技能。

3. 對於少數真的工作表現不行的經銷商，可能要採取取消他們的資格、找另一家取代或增加另一家經銷商等措施。

4. 最後，總公司可能會評估是否要改變通路結構。例如：建立自己的地區銷售據點（營業所）或門市店、直營店等，面對大型販售公司或直接由門市面對消費者等，又或是透過網路銷售等，都是可能的措施之一。

四、製造商協助經銷商的五項策略性原則

不管是中小型或大型製造商，基本上都會想到如何協助旗下的經銷商們增強策略、行銷與管理的能力。製造商如果期望他們與經銷商合作成功，應考慮以下五項策略性原則：

(一) 應該讓行銷與業務策略盡可能簡單

太複雜的策略，經銷商可能無法消化。

(二) 彌調自身的差異化

應清楚展現相對於競爭對手們，製造商產品或服務性產品的優點、差異性及特色所在，讓他們比較好推銷出去。

(三) 應使策略保持一致性

製造商對經銷商的指導及要求策略，應盡可能一致、單純，不要經常改變行銷及業務策略，免得過於混亂。

(四) 應選擇適當的推出（push）與拉回（pull）的策略比例

push 行銷策略的重點在 push 經銷商熱賣產品，比較著重在經銷商在店頭的銷售努力、直效行銷活動或密集性的鋪貨活動。

pull 行銷策略的重點在拉回消費者買我們的產品，比較著重於要製造商運用大眾媒體廣告提升知名度或做促銷型活動拉回顧客。

(五) 更為重視經銷商業務執行力

最後一項策略性原則，希望將製造商的全國性大眾傳播行銷計畫，轉換為經銷商在第一線業務拜訪及推銷的機會與努力。

五、安排各種活動，讓經銷商對製造商有信心

企業實務上，有時候是各大品牌製造商反過來拉攏全國各地有實力的區域經銷商，例如：臺灣地區的手機銷售，就是透過各縣市有實力的經銷商來銷售手機，而這些優良經銷商也很有限，因此，各手機品牌大廠也都搶著跟這些優良手機經銷商示好及拉攏。

一般來說，大概有幾種手法可以使用：

(一) 邀請經銷商們參訪他們在海外的總公司及工廠

例如：三星及 LG 手機在韓國，而且參訪行程是全程免費招待，包括機票、飯店、用餐、參觀及附加的旅遊觀賞活動等。由於國外總公司、工廠規模及研發中心都頗具規模，因此都令這些經銷商們大開眼界。

(二) 訂定更具激勵性的各種獎勵措施與計畫

包括各種競賽獎金、折價計算、海外旅遊等誘因。

(三) 舉辦全國經銷商大會

兼具教育型、知識型、工作型、團結型及娛樂型等多元型態，以凝聚經銷商們的向心力及戰鬥力。當然，有時候經銷商大會舉行的地點，並不一定在大都市區內，也會移到風景優美的旅遊地點，以提升不同的質感。

六、廠商對經銷商誘因承諾及爭取

優良的經銷商畢竟不是處處有，有時候處於相對弱勢的中小企業廠商，倒還不容易找到地區好的、優秀的、強勢的地區經銷商。因此，這些廠商經常也會提供下列比大廠更為優惠的誘因條件及承諾，包括：

1. 全產品線經銷承諾。
2. 快速送貨承諾。
3. 優先供貨承諾。
4. 不包底、不訂目標達成額度承諾。
5. 價格不上漲承諾。
6. 廣告補貼承諾。
7. 店招補貼承諾。
8. 促銷活動補貼承諾。
9. 付款及票期條件放寬承諾。
10. 協同銷售支援。
11. 加強培訓支援。
12. 展示支援。
13. 庫存退換方案承諾。
14. 其他特別承諾。

七、經銷商合約內容

有關一份地區性經銷商合約的內容，其範圍項目，大致可能包括下列項目：

主題	考　量
產品	授予分銷商購買和銷售附件所列出的產品權利，附件內容可能不時更新。
地域	授予分銷商權利，在附件中所界定的地域、市場或責任領域，販售製造商的產品，附件內容可能不時更新。製造商可保留在該地域增加其他分銷商的權利。

主題	考　　　　量
表現標準	詳細說明雙方將盡最大的努力去達成附件內指明的表現標準，而附件內容可能不時更新。
定價與條款	詳細說明在不用預先知會的情況下，價格可能變動。
合約期限	永久（evergreen）或固定期限（fixed term）。
直接銷售	製造商保留直接銷售和全國客戶的權利。
商標的使用	說明預期和指導方針。
可適用的法律	確認該合約受哪一地方的法律規範。
終止合約	詳細說明原因、時間和利益。
限制	配合產業和環境。

資料來源：陳瑜清、林宜萱（譯），《通路管理》，頁 106。

第 3 節　代理合約案例報告

以下蒐集了中國兩家知名外資企業的總經銷合約，以及○○公司目前的總代理合約版本，總結總代理合約的要點如下：

1. 競爭關係。
2. 風險及所有權轉移。
3. 業務計畫及商情資訊。
4. 推廣支持。
5. 最低銷售量。
6. 財務條款。
7. 產品責任。
8. 退換貨。
9. 商標。
10. 審計。

一、競爭關係

(一) 代理商不得在銷售區域內銷售與代理產品具有競爭力的產品。

(二) 代理商不得在銷售區域以外銷售代理產品，亦不得在銷售區域以外設立分支機構。

二、風險及所有權轉移

(一) 風險轉移：交付產品，風險轉移（可以是供應商交付承運人時轉移，也可以是交付至代理商指定倉庫後轉移）。

(二) 所有權轉移：通常約定貨款付清後，才發生所有權轉移。

三、業務計畫及商情資訊

(一) 供應商要求經銷商提供全年度的分銷預測，廣告計畫、促銷計畫等。

(二) 供應商有權要求經銷商提供庫存量、產品流向、銷售定單、銷售網點、同業競爭訊息等，以供供應商審查備案。

四、推廣支持

推廣支持主要包括促銷廣告費支持、上架費用支持、返利等。

五、最低銷售量

蒐集的合約基本上都有最低銷售量的規定，且都是按年度進行考核。

六、財務條款

(一) 價格：合約只約定供貨價格，零售價格可視產品特性而定，一般只有建議定價，或有指導定價權。

(二) 保證金或信用狀擔保：通常會要求經銷商向供應商提供保證金或信用狀，進行擔保。

(三) 貨款結算：在有擔保的情況下，通常是 60 天結算支付完畢。

七、產品責任

(一) 產品責任：品質問題而產生的責任應由供應商承擔；若是儲蓄、銷售等而引發的產品責任則由經銷商承擔。

(二) 保險：供應商投保時需覆蓋供應商義務的保險，經銷商投保時也需覆蓋經銷商義務的保險。

八、退換貨

(一) 通常情況下，都會約定退換貨條款，但是前提不一，有些需有產品瑕疵的情況，才可以退換貨，有些是按例退換貨。

(二) 合約終止後的庫存處理：可能爲供應商原價購回，或者供應商配合繼續銷售，直到售完庫存爲止。

九、商標

商標屬於供應商所有，且經銷商應當對代理產品的註冊商標盡到保護義務。

十、審計

供應商可以對經銷商的品質標準、廣告、許可證、經營數據等進行審查。

第 4 節 「○○有限公司銷售代理合約書」範例

編號：＿＿＿＿＿＿＿

供貨單位： （以下簡稱甲方）

經銷單位：○○貿易（上海）有限公司 （以下簡稱乙方）

　　爲了開拓市場，擴大銷售，明確甲、乙雙方責任，加強營銷管理，提高經濟效益，確保雙方實現各自的經濟效益，經甲、乙雙方充分協商，在平等互利的基礎上，甲、乙雙方就乙方銷售代理甲方產品，達成如下條款。

一、代理項目

1.1　代理產品：＿＿＿＿＿＿＿＿＿＿＿＿＿（下稱「代理產品」）。

1.2　代理區域範圍：中華人民共和國（香港、澳門、臺灣地區除外）行政區域範圍的總代理經銷商。在該代理區域範圍內，甲方不得以任何形式再行委託其他經銷商銷售代理產品；乙方不得超出該代理區域範圍銷售代理產品，但是在該代理區域範圍內，乙方可再行委託分銷商分銷代理產品。

1.3　代理權限：代理產品的銷售以及與銷售相關的行銷、策略、售後服務項目等。

1.4　代理價格：如附件。經乙方書面同意，甲方可以對代理價格進行調整。

1.5 零售價格：甲方可以提供建議零售價格，乙方也可以根據銷售通路、銷售區域的不同，對零售價格作出適當調整。

1.6 代理期間：五年，自＿＿＿年＿＿＿月＿＿＿日至＿＿＿年＿＿＿月＿＿＿日，代理期限結束後，在相同條件且乙方對本合約無異議的情形下，代理期限自動延長五年。

二、甲方的權利義務

2.1 甲方需提供代理產品進入市場的相關證件（包括但不限於授權書、商標證書、特許經營證書等）及代理產品的詳細資料。

2.2 甲方保證代理產品的品質完全符合中華人民共和國相關法律法規的規定，符合代理產品的企業生產標準。

2.3 甲方應保證提供充足的代理產品交給乙方經營。

2.4 甲方免費提供完善的市場推廣協助，提供相應產品宣傳資料支持，提供相應的培訓協助。

2.5 甲方應根據市場的發展需要提供促銷協助。

2.6 甲方有權要求乙方提供庫存量、產品流向、銷售訂單、銷售網點等，以供甲方審查備案。

三、乙方的權利義務

3.1 乙方利用甲方提供代理產品的相關資格證件及資料，保證合法經營。如乙方在代理產品的經銷過程中出現違法行為，由乙方承擔相應責任，與甲方無關。

3.2 乙方對代理產品進行宣傳、推廣，開發市場，乙方保證不得代理與本合約產品具有競爭關係的產品。

3.3 乙方需要在每月月底對銷售業績和庫存進行統計，並傳真到甲方，以便配合甲方進行銷售統計和及時安排生產。

3.4 乙方應經常或定期把當地的市場競爭變化等訊息與甲方及時的交流，並制定相應的調整計畫和促銷計畫與甲方交流。

3.5 乙方保證只在授權代理區域內開展產品銷售和推廣工作，不得向授權代理區域以外的地方竄貨，否則依據本合約約定甲方得追究乙方違約責任。

3.6 乙方積極的維護代理產品形象，不得以任何方式和名義做有損甲方品牌形

象的事情，保證不利用甲方名義經營假冒偽劣產品，一經發現，甲方將嚴肅處理，有權隨時取消乙方的代理經銷資格，並追究由此帶來的損失和法律責任。

3.7 乙方有權根據自己的營銷策略進行產品廣告製作等營銷手段，其中涉及的智慧財產權成果歸乙方所有。

四、銷售指標及返利

4.1 銷售指標：本合約簽訂後，乙方首年進貨量不得低於＿＿＿條。自本合約簽訂之日起至五年內，每年完成的進貨量分別不得低於：＿＿＿條；＿＿＿條；＿＿＿條；＿＿＿條；＿＿＿條；以此作為乙方取得總代理經銷權的基本條件。

4.2 前述銷售額的統計以甲方實際向乙方交付的代理產品予以計算，甲方發貨日期與乙方到貨日期跨越兩個會計年度者，以甲方發貨日期為準，進行統計。

4.3 如遇客觀情況發生重大變更，雙方應協商對銷售指標進行調整。

4.4 銷售指標返利：若乙方到達銷售指標，甲方應根據當年度銷售總額的＿＿＿％返利給乙方，如乙方當年度完成的銷售總額達到銷售指標的＿＿＿％以上（含本數）者，則甲方應根據當年度銷售總額＿＿＿％返利給乙方。

五、業務操作方法

5.1 訂貨方式：乙方分批下達要貨計畫，每批貨要訂貨時需提前 10 天向甲方發出，正式通知，甲方需以書面形式加以確認（傳真件有效）。

5.2 付款方式：乙方於甲方確認該貨計畫後三天內支付該批貨款的＿＿＿％，乙方於收到貨物並確認無誤後三天內，向甲方支付該批貨款的＿＿＿％，甲方應開具相應的增值稅專用發票。

5.3 交貨方式及運費承擔：甲方按照乙方指定地點交貨，甲方承擔從發貨地到乙方指定地點的運輸費用。

六、退換貨

6.1 因產品自身（品質與非品質）原因造成的滯銷，甲方予以乙方調換其他不同產品，換貨額度不超過乙方此前三個月進貨額的 50%，若產品為單一產品，無法換貨的，甲方同意乙方不得超過 25% 的退貨（滯銷貨物的有效期

必須在 6 個月以上），由此產生的運費由乙方承擔。

6.2 若因運輸問題造成的貨物擠壓、破損、變異等，甲方承諾予以換貨。但發生費用由責任方承擔。

6.3 基於甲方原因導致本合約終止，甲方應同意乙方退回所有庫存代理產品；基於其他原因導致本合約終止，合約終止後，甲方應同意並配合乙方繼續銷售代理產品，直至代理產品銷售完畢爲止。

七、市場公關及廣告宣傳

7.1 甲方應就代理產品的品牌每年提供下少於人民幣____萬元的廣告播放，且該廣告播放應當覆蓋代理區域範圍。

7.2 乙方有權在代理區域範圍內進行市場開拓和廣告宣傳工作，以達到雙方約定的銷售指標。

7.3 乙方如舉辦大型公關活動，需要甲方對其提供技術和談判協助時，可以提前十五天向甲方提出書面申請，甲方應予以配合。

7.4 甲方每年應按乙方進貨總額的____% 向乙方提供市場公關及廣告宣傳費用，該費用於每年乙方分批進貨時，由甲方按百分比向乙方支付。

八、商標權

8.1 代理產品的商標（如附件）由乙方在中華人民共和國申請註冊，該商標權歸屬乙方所有。

8.2 如基於第 1.6 條原因，雙方終止合作，則乙方有權要求甲方以代理期限內銷售總額的____% 購買該商標，如乙方要求甲方購買，則甲方應當購買。

九、保密原則

甲、乙雙方均對本合約所有內容具有保密義務，若一方因洩密，而造成另一方損失，洩密方將以損失金額 150% 賠償對方。

十、違約責任

10.1 甲方的違約責任

10.1.1 甲方所供產品的品質不符合企業執行標準，乙方所要求退貨，甲方有義務返還該批貨物的貨款，乙方要求甲方提供品質達標的產品，

甲方應同意予以換貨，由此該批產品產生的往返運費由甲方承擔。

10.1.2 甲方若無法定或約定內理由，單方面終止本合約時，應當承擔向乙方賠償五年銷售目標總額＿＿＿％的違約金。

10.2 乙方的違約責任

10.2.1 乙方必須於指定代理區域範內經銷甲方提供的代理產品，否則，其銷售額一律不計入銷售目標，同時，按進貨金額的＿＿＿％向甲方支付違約金。

10.2.2 乙方違反甲方的價格體系，以低價銷售或惡性競爭，甲方有權要求乙方予以修改，並要求乙方向甲方支付違約金人民幣＿＿＿萬元。

十一、合約變更

本合約的變更或附加條款，應以書面形式為準，由雙方協商確定後作為補充合約執行。

十二、不可抗力

任何一方由於不可抗力（地震、颱風、火災、戰爭等）不能履行本合約時，應在不可抗力事由結束後之三日內，用書面方式向對方通報，在取得有關機構的不可抗力證明後，允許延期履行，部分履行或不履行本合約，並可根據實際情況，部分或全部免於承擔違約責任。

十三、法律適用

本合約簽訂、履行、變更、解除、爭議等，均適用中華人民共和國法律（香港、澳門、臺灣地區法律除外）。

十四、爭議解決

本合約所生爭議，由雙方本著友好協商的原則協商解決，協商未能達成一致時，提交上海仲裁委員會，按該會仲裁規則裁決。

十五、送達

15.1 各方之間的任何通知，必須以書面形式，以傳真、專人派送（包括特快專遞）或掛號信件之形式發送。未經書面通知更改通訊地址，所有的通知及

通訊均應發往下列通訊地址：

甲方：

地址：

郵遞區號：

傳眞：

乙方：

地址：

郵遞區號：

傳眞：

15.2 通知及通訊應依下列規定，被確定爲已送達：

15.2.1 如爲傳眞形式，則應以傳送記錄所顯示之時間爲準，如上述傳眞發送於當日下午五時之後，或如收件人所在地之時間並非營業日，則收件日期應爲接收地時間之下一個營業日。

15.2.2 由專人派送時，按收件方簽收日期爲準；若收件方拒絕簽收，以投遞憑證上記載的最後投遞日期或拒絕簽收日期（視何者爲後）爲準。

15.2.3 以掛號、快遞方式遞送時，按第三方遞送公司收件郵戳之日起第三日爲進。

十六、附則

16.1 本合約一式二份，甲、乙雙方各執一份，自雙方簽署之日起生效。

16.2 本合約附件是本合約的必然組成部分，與本合約具有同等法律效力。

合約附件：

甲　方	乙　方
單位名稱：	單位地址：
法定代表人	委託代理人
日期：	電話：
傳真：	開戶銀行：
帳號：	稅號：
單位名稱：	單位地址：
法定代表人	委託代理人
日期：	電話：
傳真：	開戶銀行：
帳號：	稅號：

自我評量

1. 試分析當今經銷商面對哪五種不利的改變力量？而經銷商又有哪些可能的因應對策與方向？

2. 試列示哪些產品類別比較需要透過經銷商或代理商？

3. 試說明大製造商對經銷商的優點為何？其協助項目為何？

4. 試列示有品牌製造商的營運計畫書撰寫大綱有哪些？

5. 試列示較有規模的經銷商在撰寫營運計畫書有哪些內容項目？

6. 試列示有品牌大廠商的區域業務經理應具備哪十一項技能，才能做好支援經銷商？

7. 試說明廠商對經銷商教育訓練的原則為何？

8. 試說明有品牌的大廠商對經銷商教育訓練的內容安排應有哪些？

9. 試說明理想經銷商的條件為何？

10. 試說明有品牌大廠商如何激勵通路成員？

11. 試說明對經銷商的績效追蹤考核應有哪些？

12. 試說明廠商對經銷商績效的處理與調整內容為何？

13. 試說明製造廠商協助經銷商的五項策略性原則為何？

14. 試說明廠商應安排哪些活動以讓經銷商對本公司有信心？

15. 試說明廠商對經銷商可以採取哪些誘因承諾以爭取之？

16. 試列示一份廠商對經銷商的合約內容，應包括哪些項目？

Chapter 5

通路的設計、方案、管理與進入海外市場研究

學習重點

1　行銷通路設計的目標及考慮因素

2　行銷通路管理的架構全貌

3　行銷通路設計的步驟以及如何評估行銷通路設計方案

4　對行銷通路管理及改善的內容

5　行銷通路彼此間的合作、衝突及競爭所在

6　行銷通路中間商評選的指標

7　海外市場運用代理商策略的優點及如何找到優良代理商與評估其條件

8　臺商拓展海外市場的國際行銷通路原因

9　品牌廠商營業人員對大型零售商往來的工作內容及其應有的工作態度

⊙ 第1節　通路的設計決策思考、方案及管理與改進決策

一、通路設計決策（Channel Design Decision）

(一) 設定通路目標

在進行有效的通路設計規劃時，首先必須決定通路目標及找出公司欲提供產品與服務的目標市場在哪裡，因市場的選擇及通路的抉擇兩者是相互依存。此處的通路目標，主要是指：

1. 預期對客戶服務之水準。
2. 希望中間商擔任何種行銷功能。

(二) 通路設計考慮因素

行銷人員在做通路設計時雖有最佳理想，但往往受限於下列幾個因素，不得不做現實性妥協：

1. 顧客特性

當公司的目標市場極廣且零散分布時，廠商為了有效服務所有顧客，必然需要採取二階段或三階段的長通路型態加以因應。

2. 產品特性

產品的體積、重量、易腐性、標準化程度均會影響通路的長度。當產品體積愈大、重量愈重、愈易腐壞、愈未標準化，則其行銷通路的階層就要愈短。例如：鮮奶、麵包、魚、肉、生鮮品等保存期限均極短，必須快速到達市場賣場。

3. 中間商特性

此係指不同的中間商，在處理促銷、儲存、聯繫、配合、財力等條件上均有不同的能力表現，也各有優缺點，而公司應衡量該選擇何種條件與素質的中間商配合，才最符合公司整體利益。

4. 競爭者特性

行銷人員在設計通路時，也應該對競爭對手採取之通路模式加以評估考

量，以決定是否採同一模式，亦或不同模式，以求真正具有通路競爭力。

5. **公司本身特性與條件**

公司本身所擁有資源的多寡，也深深關係通路設計的意願程度。此資源係指公司之財力、業務開展力、對中間商的控制力及公司的整體規模等。

6. **環境變動特性**

不同的時代環境，自有不同的通路轉變。而此環境變動包括經濟是否景氣、消費者購買行為是否改變、市場是否完全競爭、法令是否有新規範、經濟規模是否形成、企業經營戰略的新趨勢、交通運輸系統的更新等。

二、行銷通路管理架構全貌：Stern 與 El-ansary 的看法

對於行銷通路的管理，學者 Stern 與 El-ansary（1996）提出如圖 5-1 有關於通路管理的整體性架構，其中包含通路環境、通路結構及組織、通路績效。從圖中，我們可以獲得以下三點結論：

1. 依照現有的通路環境制定出適當通路策略及執行計畫，但這些計畫所造成的影響，也將會反應到這個通路環境上。
2. 在這個架構中，藉由通路結構變數和管理變數的交互相關組合來完成通路管理系統。
3. 在通路組織和結構中，技術及行為兩個層面將會互相影響。

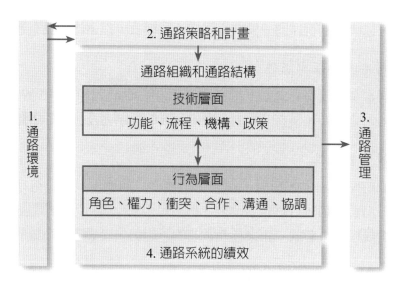

三、行銷通路設計的步驟

(一) Rosenbloom 七步驟觀點

　　所謂行銷通路設計，依據 Rosenbloom（1999）的定義：通路設計是一組決策，涉及以往不存在之新配銷通路發展或現存通路的修正。因此他認為一個通路系統的設計步驟，應依圖 5-2 的七點來進行：

(二) Kotler 學者的通路設計步驟

　　1. 分析顧客對服務水準的需求。

　　2. 確定商品批量大小、等候時間、空間便利性、商品多樣性、售後服務。

　　3. 建立通路的目標與限制。

　　4. 考慮商品、中間商、競爭態勢、公司、環境等特性。

　　5. 確認主要的通路方案。

　　6. 決定中間機構的類型、數目，以及通路成員的條件與責任。

　　7. 設定經濟性、控制性及適應性的通路結構分析標準。

　　8. 評估主要的通路方案。

1. 確認通路設計決策的需求

2. 設定並協調通路目標

3. 指定通路任務

4. 發展通路結構的可行方案

5. 評估影響通路結構的變數

6. 選擇最佳的通路結構

7. 甄選通路成員

圖 5-2

資料來源：Bert Rosenbloom (1999), Marketing Channels:A Management View, 6th ed.. The Dryden Press, New York, 1999, pp.143-146.

(三) Bowersox 與 Cooper 的步驟

1. 確定通路目標。
2. 發展通路策略。
3. 決定通路結構的可行方案。
4. 評估通路結構的可行方案。
5. 選擇通路結構。
6. 產生特定成員的可行方案。
7. 評估並選擇個別成員。
8. 衡量並評估通路績效。
9. 通路修正。

(四) Stern 與 El-ansary 的步驟

1. 分析最終使用者對服務的需求水準。

2. 協調並設立通路目標與策略。

3. 選擇通路結構。

4. 甄選特定通路成員。

四、通路設計的適當時機

至於何時才是要做通路設計的適當時機？對此，Rosenbloom（1987）認為可以用下列六點來判斷通路設計發生的可能時機。

1. 企業新成立或發展新商品時。

2. 發現新區域或想要進入新的目標市場時。

3. 主要行銷環境或行銷組合的其他因素發生變化時。

4. 與現有通路成員發生衝突時。

5. 現有通路成員改變政策或可用性降低時。

6. 定期檢討發現問題時。

五、通路方案之研究

(一) 研究內容

廠商在制訂行銷通路方案時，應對下列三個項目內容做進一步研究：

1. 中間商型態（Type of Agency）

此係指中間商階層類型為何：一項產品推出上市，應先決定要用何種通路型態。包括總代理商、經銷商、零售店、專賣店、批發商或特殊通路等。

2. 中間商數量（Number of Agency）

可區分三種方式：

(1) 密集經銷（Intensive Distribution）：此係指零售據點遍布市場各地，消費者可以很快購買到產品。一般的便利品（convenience goods）均屬此類，如：速食麵、洗髮精、飲料、文具用品等。

(2) 獨家經銷（Exclusive Distribution）：此係指廠商授權唯一一家中間商在某區域有銷售此產品之權力。具有高知名度之特殊品、名牌精品或工業品，大都採此類型，如：機械設備、精密儀器、骨董等。

(3) 選擇性經銷（Selective Distribution）：此係介於密集經銷與獨家經銷兩者間的類型，如：家電、電腦、家具、高知名品牌等均屬之。

3. 中間商之交易條件與責任

(1) **價格政策**：包括制式的價目表，以及數量及現金折扣。

(2) **經銷區授權**（Territorial Rights）：各經銷域應劃分清楚，不可互相踰越。

(3) **銷售條件**：包括付款方式、產品保證、售後服務、儲運等條件。

(4) **銷售目標**：銷售量、銷售額。

(5) **其他條件與責任**。

(二) 評估通路方案（Evaluate Channel Alternative）

上面我們概要說明通路方案的考慮項目後，應該如何評估及決定是哪一個通路方案，以下是三個考量標準：

1. **成本與效益比較標準**（Economic Criteria of Cost/Effect）

不同的通路方案，會有不同的銷售收入、成本費用以及利潤率；因此必須互相預估比較，以求最具經濟效益或是成本效益最高者。

2. **控制標準**（Control Criteria）

應考慮公司對中間商所能做到之控制與激勵能力，以求雙方搭配順利，減少衝突及對抗。

3. **適應標準**（Adaptive Criteria）

此係指與經銷商合作契約之長短及條件的嚴或鬆。太長則失去彈性，太短又欠穩定，故須慎重評估。

六、通路管理與改進決策（Channel Management and Modification Decision）

(一) 通路管理

通路管理問題，主要強調以下三項事情，以期通路任務能夠順利達成：

1. **選擇優良通路成員**（Select Channel Members）

優秀的通路成員，可以完全配合公司行銷作業，而發揮整體團隊力量，因此，選擇通路成員是首要之路。

2. **激勵通路成員**（Motivating Channel Members）

　　對於優秀通路成員，公司必須不斷予以物質及精神上的鼓勵，如此才能長保優良業績，包括各種津貼、折價、獎牌、各種補助費、參股、旅遊。

3. **評估及調整通路成員**（Evaluating Channel Members）

　　廠商必須對通路成員定期評估其績效，以瞭解是否達到公司標準，並且予以區分等級做不同之對待。不行的，甚至要加以淘汰或加強輔導協助。

(二) 通路改進

　　對通路改進之方案，大致有以下五類：

1. 對個別通路成員延攬加入或剔除。
2. 對個別銷售通路型態予以介入或剔除。
3. 建立全新的行銷通路結構。
4. 通路地區分布數量的修正改進。
5. 通路政策的全盤調整修正。

七、通路策略修正的時機：Jain的觀點

　　通路結構變數的內涵不斷的隨著因素的變化而變動，因此製造商不僅要設計良好的通路系統，使維持有效率的運作之外，還必須參照這些因素的變動，不斷的修正通路系統，才能維持競爭力。Jain（1990）認為現有通路必須要修正的時機為：

1. 消費市場與購買行為改變時。
2. 有關服務零件或技術支援等需求的發展時。
3. 競爭者觀點改變時。
4. 零售型態相對重要性政變時。
5. 生產者財務優勢改變時。
6. 現有商品銷售量改變時。
7. 行銷組合策略等項因素改變時。

八、顧客驅動式配銷系統的規劃步驟：Stern 與 Sturdivant 的觀點

　　隨著時間的過去，配銷系統逐漸過時，現有的配銷系統和滿足目標顧客需要

的理想系統之間的差距愈來愈大。所以 Stern 與 Sturdivant（1987）提出顧客驅動式配銷系統的觀念，並整理出如下表的十個步驟來規劃這一套系統：

▶ 表 5-1　顧客驅動式配銷系統的規劃步驟

作者	提出的見解
Stern 與 Sturdivant	Step 1. 檢查所提供商品或服務的真實價值 Step 2. 在沒有任何限制條件下，尋找目標顧客所需的通路服務 Step 3. 為最終使用者設計能提供此配銷服務的配銷端點 Step 4. 設計「理想」的分配系統 Step 5. 分析現有的通路系統 Step 6. 檢視外部及內部的限制及機會 Step 7. 在「顧客驅動之理想系統」、「現存系統」、「在企業目標與限制條件下系統」等三系統進行差距分析 Step 8. 請客觀人士檢定管理者見解的有效性 Step 9. 企業必須面對現實與理想系統之間差距的現實 Step 10. 準備執行計畫書，以應對改變需要

資料來源：L. W. Stern and Frederick D.Sturdivant (1987), "Customer-driven Distrbution Systems", Harvard Business Review, July-August 1987, pp.34-41.

最適系統不一定就是理想系統，但是它最符合企業在品質、效率、效果及適應性的標準。上述步驟會修正現有的配銷系統而趨近於理想的境界，但重點在於企業必須具備：有效地建立一套能提供顧客所需要服務及利益的配銷系統，並捨棄過時的配銷系統的觀念及決心。

九、行銷通路在生命週期四個階段的執行策略：國內外學者的觀點

下表為一些學者在商品生命週期的各階段所提出行銷通路策略。在導入時期零售商加入數目較少，以選擇性配銷方式進行；成長時期需要密集配銷，以提高滲透率；成熟時期以零售商多，應建立自己配銷中心；衰退時期零售商減少，需要考慮淘汰無利潤之據點或合併通路。

表 5-2　行銷通路的執行策略

作者	導入期	成長期	成熟期	衰退期
William G. Nickels	間接配銷	提高鋪貨率，並加強滲透	建立自己的配銷中心	合併行銷通路
Charles D.Schewe Reuben M. Smith	選擇性配銷	快速成長期：爭取更多銷售點緩慢成長期：對已有據點加強促銷	廣泛鋪貨	淘汰無利可圖之據點，並維持主要市場之銷售
周文賢	零售商之專業式協助推銷，採一選擇性分配，零售商數目少	爭取零售商，採密集式分配，零售商數目很多	密集式分配，零售商數目很多	零售商數目減少
William M. Pride	選擇性配售獨家配售	密集型配售，以提高實體分配效率	用促銷及經商獎勵以降存貨成本	淘汰無利可圖之據點，並建立新通路

資料來源：整理自 Nickels（1982）、Pride（2000）及周文賢（1999）等。

十、通路的合作、衝突與競爭（Channel Cooperation, Conflict and Competition）

(一) 通路合作

係指通路上下游成員間基於互補與互利的考量，雙方結盟或合作。

(二) 通路衝突

係指一系統中，不同層次間產生利益之衝突。

1. 通路衝突的原因

(1) 製造商直接介入銷售體系：例如：統一企業大舉建立便利商店連鎖系統，影響批發商及零售店之經營。

(2) 經銷店尋求更多的供應來源：例如：汽車經銷商或飲料經銷商，現在都經銷二種以上之產品，不再限於單一產品，以追求更豐厚的利潤，而不再完全為單一廠商賣命。

(3) 經銷店不完全配合廠商要求：有些經銷店對於廠商的價格、促銷、服

務、進貨、付款政策，並非完全照辦及遵辦，而有自己的辦法處理，導致步調雙方無法統一。

2. **通路衝突解法方法**

(1) 應由總公司制訂整個系統的總目標，且通路所有成員都能蒙受應有之利益。

(2) 應定期由廠商出面邀約各通路成員舉行研討會，隨時發現問題、解決問題，而建立共識與合作之精神。

(三) 通路競爭

此係指廠商或通路成員為爭取同一市場目標，而發生競爭的情況。

1. 例如：以水平通路競爭來看，販賣電器產品的通路，可能包括百貨公司、電器量販店、家電經銷商等來源，這些來源又均針對相同之購買消費群，故必然產生競爭情況。

2. 例如：賣 3C 電腦通訊產品的水平通路來看，過去只有聯強國際、宏碁等電腦通路商賣得多，現在則有燦坤 3C、全國電子、順發 3C 等加入戰局。此外，電視購物頻道及網路購物中，賣 3C 產品也有成長趨勢。

十一、行銷通路衝突：國外學者的觀點

(一) Raven 與 Kruglanski（1970）

他們將衝突定義為：兩個或兩個以上的社會個體，由於實際或期望反應不協調而導致的緊張狀態。通路成員本身就是個經濟體，在追求本身最高利潤，及自己利益為優先的情況下，加上每個通路成員的需求、背景、文化並不相同，彼此間的利益衝突是可以預期的。

(二) Rangan、Menezes 與 Maier（1992）

他們認為在改變既有通路時引發分裂的衝突及權利的不正常運作，及對於現有通路在執行時所遇到的限制，都必須在通路管理中做適當考慮。Kotler（2000）則認為通路衝突的原因是因為通路成員的目標不相容、彼此間角色與權力混淆不清、認知差異，和中間商對製造商高度的依賴。

(三) French 與 Raven（1959）

從事通路管理，必須依賴某些力量來源，以獲得通路成員的合作。權力（power）是指通路中某一成員促使另一成員去執行一些原本未能做的工作的能力。對於權力的種類，兩位學者認為有強制權、獎酬權、法定權、專家權及參考權五種力量可運用在通路管理中。

(四) Rosenbloom（1973）

他指出通路衝突時會有正、負面兩種不同結構。正面功能，指的是管理階層將主動檢討通路活動政策及目標，以改變現有通路結構；負面功能，則是衝突將降低通路效率並使成本提高，也會因過去的衝突經驗而造成誤解及抗拒，而傷害後通路的效率。

(五) Stern 與 E1-ansary（1996）

相較於有競爭才有進步，某種程度的衝突是具有建設性，可導致變動中的環境讓通路成員更有效適應：但衝突過於激烈，確定是有害。所以兩位學者認為面對衝突並不是消弭，而是要有效管理衝突，並以建立大家共同尋求的基本目標、互調通路中不同階層成員、參與彼此的同業工會、採用外交手腕及疏通或仲裁的方式來解決。

十二、通路績效的評核：國外學者的觀點

(一) Stern 與 El-ansary（1996）

通路策略實際運作後，通路成員是否符合當初通路設計的理想？因此就通路成員的績效必須做適當評核，才能保持通路的優越能力，學者 Stern 與 E1-ansary（1996）分別以社會及管理的觀點來探討行銷通路績效的評估。

圖 5-3 說明社會觀點可以從效能、公平性及效率三個構面來探討，他們認為應以成本—利益的角度，來衡量行銷通路所產生的服務水準是否足已滿足全體或個別的區隔市場的需求。在管理觀點上，則可以經由評估各通路成員的財務績效、對整個通路系統的貢獻度，以及不同通路績效的比較，這三個部分來衡量。

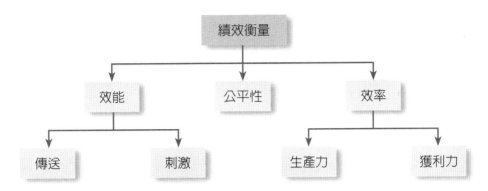

◉ 圖 5-3　社會觀點的績效衡量

資料來源：Stern and E1-ansary(1996), "Marketing Channels", 5th ed.. Upper Saddle River, N.J.: Prentice-Hall, p.495.

(二) 其他學者對通路績效評核的觀點

◉ 表 5-3　績效評估的其他準則

作者	提出的見解
Magrath 與 Hardy	1. 效率（產能、成本） 2. 效果（市場涵蓋度、控制力、能力） 3. 適應性（彈性、持續性）
Bowersox 與 Cooper	1. 財務績效 2. 顧客滿意水準
Kotler	1. 銷售配合及達成率 2. 平均存貨水準 3. 送貨服務時間及對顧客的服務事項 4. 損壞與遺失商品的處理 5. 促銷與訓練計畫的配合
Kumar	1. 理性系統（效率─財務績效） 2. 行為系統（生產力─銷售績效） 3. 內部程序（控制─銷售員對程序的適應力） 4. 開放系統（成長─銷售員對環境的適應力）

資料來源：整理自 Magrath and Hardy（1987）、Bowersex and Cooper（1980）、Kotler（2000）與 Kumar（1991）等。

十三、影響行銷通路成立績效的變數架構圖：El-Ansary 的觀點

E1-Ansary（1979）認為通路成員的績效受到如下圖所列變數的影響。並且影響通路績效各因素之間的關係，有的是單方向，有的是相互作用。

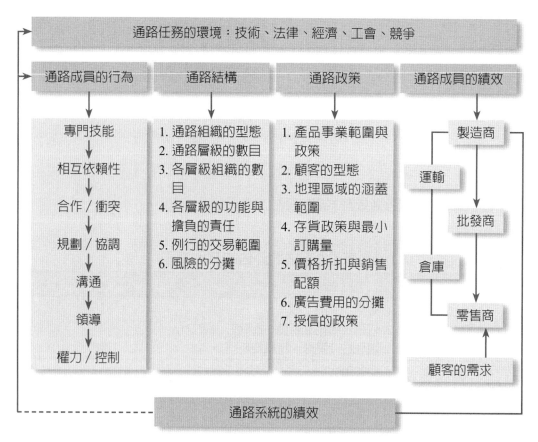

🔵 圖 5-4　通路系統績效的環境架構

資料來源：Adel I. E1-Ansary (1979), "Perspectives on Channel System Performance", in Robert F.Lush and Paul H. Zinser (eds.), Contemporary Issues in Marketing Channels, Norman: The University of Oklahoma Printing Servies, p.51.

十四、行銷通路成員激勵架構模式：Russell 與 Pitt 提出的觀點

通路成員除了原有報酬外，必須持續地受到激勵，才能有最佳的工作表現。依照 Kotler（2000）的看法，激勵的目的在於著眼於如何取得合作的力量，並獲得合作、合夥，或配銷規劃三種關係。

　　Russell 與 Pitt（1989）則提出一套如下圖所示的通路成員與激勵模式。在發展激勵計畫和評估績效時，必須和通路成員進行溝通，使此激勵計畫切實可行；當通路結構決定後，必須依照實際狀況及變動，不斷進行回饋，修正通路成員選擇標準及激勵計畫。

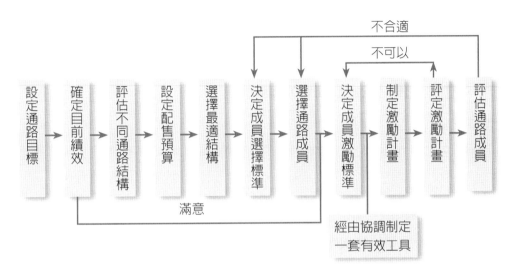

▶ 圖 5-5　通路成員選擇與激勵模式

資料來源：A. Russell and L. F. Pitt (1989), "Seleclion and Motivation of Industrial Distributors: A. Comparstive Analysis", European Journal of Marketing, Vol. 23-2, 1989, pp.144-153.

十五、工業產品「短配銷通路」原因

　　一般來說，工業產品的配銷通路都很短，例如：賣飛機、賣船、賣大型機械，經常是直接銷售或代理銷售的型態表現，主要原因如下：

(一) 客戶有限

　　工業產品客戶有限，最多也不過數十百家而已，與消費品的數以百萬差距很大，因此，其最終零售出口就不須到處密布。

(二) 專業知識

　　工業產品常涉及高深的操作與維修技術，這不像一般以銷售為重的通路成員所易於瞭解的。因此，在專業知識缺乏的情況下，導致通路成員不易尋找。

(三) 獲取較高利潤

廠商爲獲取更可觀之利潤，因此希望自己來銷售，避免中間商的利潤瓜分，在客戶數量有限且本身又具備專業知識的條件下，自己銷售就成爲可行之事。

(四) 採訂單交易方式

通常工業產品都是採取事前訂單交易的方式，少部分才是採存貨生產交易方式。因此，廠商就無須仰賴外界的經銷通路成員之銷售。

十六、位置決策（Location Decision）

(一) 意義

所謂位置決策係指公司行銷管理部門爲考慮顧客購物時便利或其他重要性之因素，而審愼選擇其零售據點（retail outlets）或倉儲地點之決策而言。

(二) 決策之兩階段

1. 先選擇──概括性地區（general area）。
2. 再擇定──確切地點（specific site）。

(三) 商店位置決策考慮點

廠商決定在某個地點設置一個商店或門市店時，應愼重考慮以下六項因素，並就其權重加以評估：

1. 應考慮位置之消費者人口流量多寡。
2. 應考慮地點與目標市場群眾是否搭配。
3. 應考慮店面經營成本的金額，是否過高到不足以與營收毛利平衡。
4. 應考慮該商圈未來的整體發展性好或不好。
5. 應考慮在位置附近是否有過多的同類型（同質性）商店，而形成供給大於需求的惡性競爭情形。
6. 應考慮在位置附近的交通是否便利，以及附近是否有不當的營業場所。

十七、行銷通路中間商評選的指標

(一) Kotler（2000）：柯特勒的看法

通路結構變數中，「中間商因素」占了很重要的地位，除非採用直接行銷通

路,否則製造商必須面臨選擇的問題。根據 Kotler(2000)的看法,製造商用來評估中間商的標準應包括:

1. 中間商在該行業經營歷史的長短。
2. 中間商所銷售的其他商品線。
3. 中間商的成長與獲利能力記錄。
4. 中間商的償債能力。
5. 中間商的合作意願與聲譽。

(二) 其他學者對評造指標的看法

除上述五點外,下表列出其他學者對選擇的不同標準。另外,Shipley、Egan 與 Elgett(1991)則從其他的結構變數,如製造商、商品組合、市場環境因素等角度提出在選擇中間商時,應考慮市場大小及需求、商品複雜度、購買等級、批量大小、競爭者通路設計及製造者的能力。

▶ 表 5-4　中間商選擇的其他準則

作者	提出的見解
Pegram(1965)	1. 市場涵蓋範圍 2. 管理能力 3. 規模大小
Bowersox 與 Cooper(1980)	1. 市場涵蓋度 2. 管理強度 3. 廣告和銷售推廣 4. 訓練計畫 5. 工廠、設施、設備 6. 服務能力 7. 資訊分享的意願
陳學怡(1991)	1. 銷售人員的數目與素質 2. 中間商的地點及位置 3. 運至中間商的運輸成本 4. 店面大小與裝潢

資料來源:整理自 Pegram(1965)、Bowersox 與 Cooper(1980)等。

第 2 節　臺商進入海外市場的行銷通路之研究

一、代理商之研究

臺商進入國際市場的方式，最初步的作法就是在國外尋找合適的代理商（agent）、配銷商（distributor），或自設行銷據點（marketing subsidiary），以下將針對這些內容再做進一步說明。

二、代理商策略的優點

廠商跨入國際市場，在初始階段常採用的進入市場策略，就是利用代理商。此策略之優點在於：

(一) 可望迅速掌握市場

由於語言和社會風俗習慣的隔閡，利用當地的代理商從事行銷，應該比國內派出的銷售人員較易拓展市場。

利用當地代理商擔任當地市場的行銷工作，雖然不能完全控制代理商的銷售工作；但是設立銷售分支機構，建立銷售網，則需要大量的人力及財力投資，且往往需要相當時日才能看出績效，因此，在爭取市場時效的狀況下，可考慮利用代理商。

(二) 可進行市場試銷

廠商利用國外代理商拓展國外市場業務，可視為一種試銷；若銷售情況良好，亦可結束代理商關係，而投下資金，建立自己的配銷網。

(三) 配銷成本較低

若代理商擁有散布各地的倉庫或銷售連鎖店，且具有足夠的促銷能力，雖然他們的確從此配銷中賺了不少利益，但若考量自行來負責全盤行銷作業，不僅增加不少人事成本，且因租倉庫設立門市部等諸多費用，均可能使得銷售利潤所剩無幾，尤其若代理商跟偏遠地區的顧客，已有非常深厚的關係，此時當然由其負責該地區的銷售業務，比自行長途運送及拓銷更佳。

基於前述優點，國外代理商的利用，已成為廠商國際行銷必須考慮利用的行銷通路。

對於大部分臺灣中小企業的國際行銷而言,在評估內部優點及經營資源後,基於下列四項因素,國外代理商的利用是必須的。

1. 廠商無足夠資金。
2. 缺乏在當地的行銷技巧、決策及管理經驗。
3. 產品線範圍太窄,無法獲致足夠的銷售量與利潤。
4. 顧客眾多且分散各地。

三、找尋潛在代理商的方法

初入國外市場找尋合適代理商時,首先即面臨如何找到潛在代理商以及洽商代理事宜的問題。

國外市場備選代理商,可區分以下幾種方式:

(一) 直接信函或 e-mail 詢問

首先必須蒐集欲拓展之國外市場當地,所有可能賦予行銷重責公司之名冊。蒐集這種名冊有許多方法,例如:自國外一般或專業機構出版之廠商中勾選,亦可經由銀行政府機構、徵信公司、商業同業公會或國外相關網站上等機構,獲得有關資料,再將具資格的代理商之名單列出。

代理商名冊備妥之後,更可以寫信或 e-mail 給名冊上各潛在代理商,簡介本公司概況及欲銷售產品,並詢問他們是否有代理意願。

(二) 公開廣告徵求

透過國外市場之各相關專業報紙、雜誌、專刊或網路等,刊載廣告以傳達徵求代理商訊息,再等候有興趣公司之回音。

(三) 國外參展徵求

廠商在國外著名國際展覽上,經常會有很多知名的客戶來參看展覽,包括連鎖公司、進口商、配銷商、百貨公司等各種客戶。從這些客戶中,可以挑選較具規模與潛力的客戶,進一步與其洽談成為我方代理商的意願及條件。

(四) 其他方法

友好廠商介紹、國外當地外貿協會介紹、當地國公會協會介紹、銀行介紹、主動拜訪約見等方式。

四、潛在代理商的評估重點

如何篩選與評估國外代理商，廠商可從以下幾個角度深入瞭解：

(一) 營業規模

1. 該潛在代理商員工總人數及營業部門人數爲何？長期發展計畫如何？所屬經銷商有幾家？
2. 已成立多久？目前營業額多少？代理商的營業額經由外界經銷商之手者有多少？
3. 目前的營業區域？是否將擴充營業區域？如果增加，則將是哪些地區？如何發展？

(二) 目前代理商產品特性的條件

1. 目前代理哪些項目？
2. 與其他國外廠商往來情形？
3. 目前所代理的產品與自己的產品是有相輔相成的效果，或會造成利益衝突或惡性競爭？
4. 是否願意改變代理產品的種類？
5. 如果願意，打算以何種方式經營？代理商在經營新產品時，其最低營業額的標準是多少？

(三) 目前的銷售通路

就消費性產品而言，最終購買者通常都是在零售店選購，因此選擇一個與這些零售組織關係良好，而且有良好行銷效率的代理商，是非常重要的。

當然，若代理商本身有設立直接控制的專賣店則更佳。

(四) 財務狀況

對消費性產品而言，往往有賴代理商以其財力來打開市場，因此在選擇代理商時，應特別注意財力狀況是否足以承擔商品在市場拓展初期的鉅額支出。基本上，假如期待代理商的財務功能，包括大量庫存，對客戶較寬鬆放帳、大量廣告等，則財力雄厚和資金調度能力即非常重要。

(五) 業務拓展能力

此方面一般應評估下列幾項：

1. 該代理商有無專用倉庫？該專用倉庫是自有抑或承租？倉庫的容量多大？使用情形如何？採行何種庫存管理方式？

2. 該代理商對推銷人員有無獎金制度及福利措施？有無人員訓練制度？有無特別獎勵或激勵計畫？

3. 該代理商是否願意提供廠商重要市場情報？主要使用哪一種傳播媒體來促銷產品？是否願意提供擬定行銷策略？

4. 該代理商是否願意提供廠商要求的某些特別服務（例如：準備報價單、協助對顧客的教育）？該代理商是否提供各項售後服務，或僅是負責銷售？

總之，在評估潛在代理商能力時，應要求備選公司提出當地行銷計畫及競爭者分析，而該公司人員專業水準、從事此業年數、目前營業額、與客戶的關係、與廠商產品的互補性、專業技術能力等很多評估重點，這些均可能在某些個案上成為主要考慮要件。

五、自設行銷據點之研究

(一) 自設行銷據點直銷的優點

廠商在國外自設行銷據點，採取直接銷售策略的優點，包括下列幾項：

1. 便於進行市場研究

企業若欲將國外市場有關的經營情報，適切而完整的回報本部，直接銷售體制的建立，是絕對必要的。

在國外市場設立行銷分支機構，不僅便於就近作市場調查，擬定行銷方案便可深入瞭解市場競爭情況，有效地進行行銷活動。

2. 便於加強服務顧客

一般而言，代理商承銷商品項目繁多，可能無法專心拓展特定廠商商品之市場，且在國外市場上，非價格競爭日趨重要，特別是分期付款、迅速交貨、接受小額訂單、加強售後服務等策略之應用，使得自行建立配銷網的問題更顯重要。

尤其是耐久性產品，顧客在決定是否購買某一品牌產品時，往往將其售後

服務的品質列為重要的考慮因素。

3. 可加強產品價格競爭力

採取直接銷售，可減少中間利潤剝削，以提高價格競爭力。一般而言，外國產品若欲打入當地市場，往往必須透過當地一系列的全國性及地區性的經銷商，方能到達消費者手中，由於價格逐層遞增而使得外國產品競爭力遞減。在此情況下，廠商應在當地設立銷售分支機構，將產品直接售予零售商或自設門市部門直接銷售，此雖然短期上配銷成本較高，但卻是打入當地市場的最直接方式。

4. 能掌握行銷目標

基本上，廠商與代理商之間利害關係是相互衝突的，也許剛開始合作時，雙方可以追求一致的利潤，但是合作時日一久，利害對立關係就會表面化。例如，有時國外的代理商常為了搭配其他價位的產品，同時經銷其他競爭廠商的產品。此種利害關係之衝突下，廠商在當地的銷售自然受到限制。

5. 沒有合適代理商下的必然作法

透過國外代理商的銷售方式下，若代理商不同意廠商某些行銷政策，或者代理商規模有限，其市場行銷能力已不符合廠商對市場的期待時，廠商往往被迫自行設立銷售網。

儘管有前述直接銷售的好處，我國不少廠商仍認為，若國外代理商績效符合所期待，則委由代理商銷售，最省事又獲利。

(二) 自設據點與代理商融合並用

廠商即使在國外自設行銷據點，在行銷業務上仍須運用當地代理商，下列有三種策略可供融合運用：

1. 設立國外分支機構並採代理商策略

在實務上，廠商也可能設立海外分支機構，但仍尋求當地代理商負責行銷作業，分支機構僅擔任協調功能。因此，廠商可在國內設立公司後，自行擔任進口功能，但當地銷售業務仍委由當地代理商。

2. 直接與間接通路併用

廠商也可兼採直接銷售與間接銷售兼施的作法，在國外市場除利用擁有廣大配銷系統的代理商，同時自己也保留一些最大客戶的直接銷售，因為可能僅須雇用一位業務代表，就可負責好幾家大客戶的銷售業務。

有些廠商常規定，某種採購規模以上的客戶，由廠商直接接觸；採購量過小的客戶，則交由代理商往來，如此可省下廠商業務，甚至支援服務部門之人事費用。

3. 對代理商投資少部分

以投資下游通路方式進入國外市場，若國外廠商占該公司少部分股權，則仍可視為代理商；行銷控制力雖不如獨資設立公司，但是在當地人士的貢獻之下，行銷績效會比獨資好，而且此一般獨立代理商更具控制力。

因此，透過代理商比自行直接銷售簡單的多，只要加強產品支援之服務，省下人員管理問題，而由於投資少部分股權，可強化與代理商之關係，使雙方利害較趨一致。

六、臺商拓展海外市場國際行銷通路

如果從國內廠商角度來看，臺灣廠商對全球銷售通路的規劃，大概可以區分為直接銷售及間接銷售兩種路徑。如圖 5-6 所示：

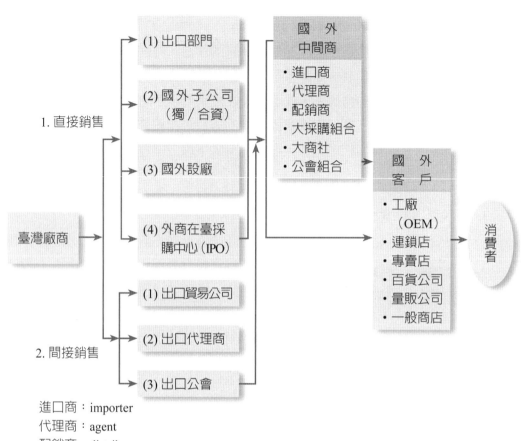

進口商：importer
代理商：agent
配銷商：distributor
經銷商：dealer
批發商：wholesaler
零售商：retailer

▶ 圖 5-6　國際行銷通路

資料來源：本研究整理

第 3 節　供貨廠商營業人員對大型零售商通路的往來工作

一、主要往來工作項目

　　通常製造廠商或供貨廠商的營業部人員，他們的工作主要是針對大型連鎖零售商的業務往來，其工作包括如下各項：

1. 新產品上架的洽談，協商工作。
2. 對產品價格變動（含漲價或降價）的洽談與告知。
3. 對零售商所舉辦的大型促銷活動的配合工作。
4. 對廠商個別與零售商所舉辦的促銷活動的配合工作。例如：零售商的 DM 促銷商品。
5. 對在零售店內特別陳列位置的爭取與洽談工作。
6. 對定期性供貨數量及供貨速度的配合工作，避免店內缺貨現象。
7. 對與零售商每月定期結帳與請款的執行工作。
8. 對廠商產品銷售狀況與市場反應的資訊蒐集及電話聯絡。
9. 對售後服務工作的及時性解決與配合。
10. 對零售商委託自有品牌產品代工製造的洽談、安排及規劃工作。
11. 對退貨、破損產品的處理工作。
12. 還有其他營業部與零售商互動及供貨往來的相關事項。

茲圖示如下：

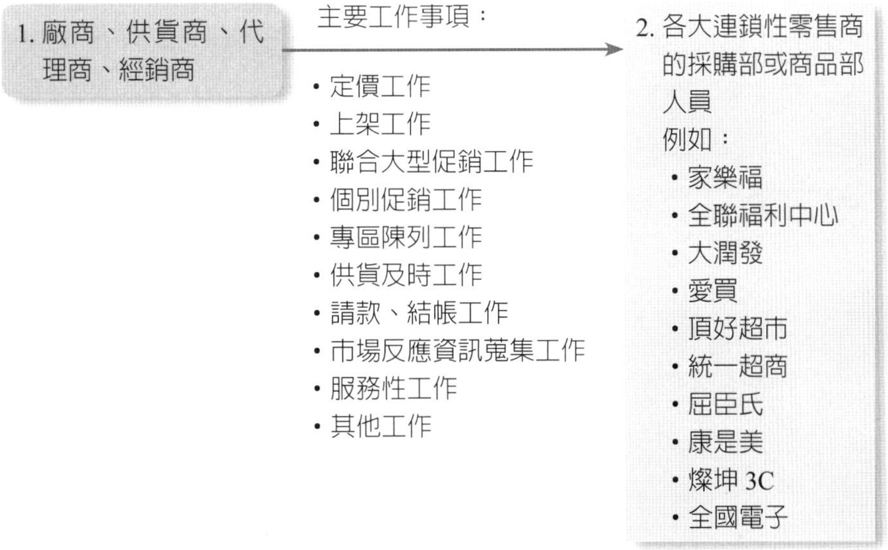

| 1. 廠商、供貨商、代理商、經銷商 | 主要工作事項：
· 定價工作
· 上架工作
· 聯合大型促銷工作
· 個別促銷工作
· 專區陳列工作
· 供貨及時工作
· 請款、結帳工作
· 市場反應資訊蒐集工作
· 服務性工作
· 其他工作 | 2. 各大連鎖性零售商的採購部或商品部人員
例如：
· 家樂福
· 全聯福利中心
· 大潤發
· 愛買
· 頂好超市
· 統一超商
· 屈臣氏
· 康是美
· 燦坤 3C
· 全國電子 |

▶ 圖 5-7

二、廠商營業人員的工作態度與原則

由於這些連鎖大型零售商的店數及規模愈來愈大，對廠商產品銷售的占比亦愈來愈重要。同時，廠商及供應商均將這些大型零售商視為很重要的通路客戶，而給予最好及最快的服務與應對往來。

一般來說，廠商營業人員的工作態度及原則，大致有下列幾點：

1. 完全配合與快速配合。

2. 凡事站在零售商及消費者立場上設想。

3. 以能創造在零售端的高業績收入為最高原則，一切行動均為達成此目標。

4. 對於有變動的事情及變化，應於事前充分與零售商採購人員溝通，面對面洽談及協調，使事情能圓滿解決。

5. 逢年過節應考慮贈送禮品給零售商採購人員，以表達心意。

6. 對零售商採購人員要索取回扣、佣金問題時，應小心、謹慎評估，及視狀況彈性處理。有些採購人員如因您不給他回扣、佣金，就不讓您產品上架，此為市場上常見的狀況，有時候也不得不給，否則上不了架，有些則不會。

7. 對採購人員提出的問題及需求，供貨商營業人員應快速予以回應及解決。

8. 廠商營業人員應努力建立與零售商平時的友誼及私交，有空時，雙方亦可餐敘，於公於私都是好朋友，如此廠商有事情拜託零售商時，才能得到較佳的回應。

自我評量

1. 試列示做通路設計時應考慮哪些因素？

2. 試圖示Stern與El-ansary學者對行銷通路管理架構的全貌爲何？

3. 試圖示Rosenbloom學者對所謂行銷通路設計的七個步驟爲何？

4. 試列示何時機爲通路設計發生時點？

5. 試說明密集、獨家及選擇性經銷的三種狀況爲何？

6. 當評估一個通路方案時，應考慮哪三個標準？

7. 請說明「通路管理」，主要是要管理哪三件事情？

8. 請列示當有需要對通路改進方案時，包括哪五項內容？

9. 請列示Jain學者對通路策略修正的時機觀點爲何？

10. 試概述Stern與Sturdivant所提出的「顧客驅動式配銷系統的規劃步驟」爲何？

11. 試說明在「成長期的產品生命週期時」，行銷通路應有哪些執行策略？

12. 試分析通路發生衝突的可能原因爲何？

13. 何謂通路競爭？試說明之。

14. 試圖示國外學者Stern與El-ansary對通路績效評核的觀點爲何？

15. 試列示Kotler學者對通路績效評核的五點項目爲何？

16. 試圖示Russell與Pitt學者所提出的通路成員選擇與激勵模式爲何？

17. 試說明爲何工業性產品的配銷通路都比較短的原因何在？

18. 試說明Kotler提出對中間商通路評選的指標項目爲何？

19. 試說明爲何臺商進軍海外市場仍仰賴國外代理商？其原因爲何？

20. 試說明仰賴海外代理商進入當地市場有何優點？

21. 試分析臺商有何管道或方式可以尋找海外代理商？

22. 試分析臺商應如何評估海外代理商的重點指標項目有哪些？

23. 試分析臺商如在海外當地國設立直營銷售據點有何優點？

24. 試分析臺商在拓展海外市場時，其通路採取代理商與自設據點融合并用的方式狀況？

25. 試圖示臺商拓展海外市的國際行銷通路爲何？

26. 試說明廠商營業人員與零售商往來之工作有哪些？

Part 2

介紹篇：通路業發展現況及趨勢與整合型店頭行銷

Chapter 6

通路業發展實務現況與趨勢分析暨操作策略

學習重點

1. 品牌廠商對零售商、對建立直營門市店、對經銷商的通路策略方向

2. 美商 P & G 公司如何深耕經營零售通路

3. 日本廠商如何成功掌握末端零售通路情報案例及作法

第 1 節　消費品供貨廠商的通路策略

一般消費品供貨廠商，例如：品牌大廠 P & G、Unilever（聯合利華）、花王、金百利克拉克、雀巢、統一、金車、味全等；或是手機行動服務公司，例如：台灣大哥大、遠傳、中華電信等，對於會影響他們銷售的下游通路公司經銷商、零售商、直營門市店或加盟店，均會非常重視，而且各自有一套操作手法及策略，分述如下幾點：

一、供貨廠商對零售商的策略

1. 設立大客戶組織單位，專員對應

供貨廠商通常會設立 key account 零售商大客戶，例如：將全聯福利中心、家樂福、統一超商、大潤發、屈臣氏等都視為大客戶，因此設立專員小組或高階主管的組織制度，以統籌並建立與這些大型零售商的良好互動人際關係。

2. 全面善意配合他們的行銷促銷活動及政策

品牌大廠應全面善意配合這些零售商大客戶的政策需求、合理要求及其重大行銷促銷活動，他們才會視我們為良好合作的往來供應商。

3. 加大店頭行銷預算

大型零售商為提升他們的業績，經常也會要求各個大型供貨品牌大廠多多加強店頭行銷活動的預算，亦即多舉辦價格折扣促銷優惠活動、贈獎、抽獎、試吃、試喝、專區展示、專人解說等活動，以拉攏人氣並促進買氣等目的。

4. 全臺性密集鋪貨，讓消費者便利買到商品

供貨大廠基本上都會朝著全臺大小零售據點全面鋪貨的目標，除了大型連鎖零售據點外，比較偏遠的鄉鎮地區，也會透過各縣市經銷商的銷售管道而鋪貨出去。達到預期在全臺密集性鋪貨的目標，此對消費者也是一種便利性。

5. 加強與大型零售商獨自合作促銷活動

現在大型零售商除了全店大型促銷活動外，平常也會要求各品牌大廠輪流與他們舉行獨家合作推出的價格折扣 SP 促銷活動，因為大廠的銷售量平常占比較

高,故也能帶來零售商業績的上升。

6. 加強開發新產品,協助零售商增加業績

供貨廠商同一樣舊產品賣久了,銷售自然略降或持平,不易增加,除非增加新產品上市,因此,零售商也會要求供貨廠商新產品上市,以吸引提振買氣。

7. 爭取好的與顯目的陳列區位、櫃位

供貨廠商業務人員應該努力與現場零售商爭取到比較有利、比較醒目的產品陳列位置,如此也較有利消費者注目到或便利拿取或搜尋。

8. 投入較大廣告費支援銷售成績

供貨廠商在大打廣告期間,理論上銷售業績都會有部分增加,或是大幅提升業績。因此,零售商也都會對供貨廠商要求廣告預算支出,來強打新產品上市,促使零售據點的業績增加。這些是品牌大廠比較容易做到的,對中小企業就困難些,因為中小企業營業額小,再打廣告可能就沒利潤了。

9. 考慮為大零售商自有品牌代工可能性

現在大零售商也紛紛推出自有品牌,包括洗髮精、礦泉水、餅乾、清潔用品、泡麵等,這些無異都跟品牌大廠搶生意,因此引起品牌大廠的抱怨。因此,大零售商都找中型供貨廠代工 OEM,因為其受影響性比較小。

二、供貨廠商對建立直營門市店的通路策略

至於供貨大廠在對自己是否設立直營門市店,或是設立之後,如何管理及擴張等問題,都是需要注意到的。

總之,如從是否設立直營門市店來看,應該考慮到下列問題:

1. 評估設立旗艦店(館)策略。

2. 評估設立直營連鎖門市店可行性。

3. 評估併購別家連鎖店可行性。

4. 設立店中店可行性。

例如:以電信大廠——如中華電信、台哥大、遠傳電信等三家為例——其實他們都已設立直營店,另外也有加入經銷商店來銷售,採兩者並行的策略。直營店有其自身的優點及功能,當然設店成本也會高些。但完全沒有直營店也有缺

點，這要看產品的不同特色，以及與消費者是否必須面對面連結的條件而定。

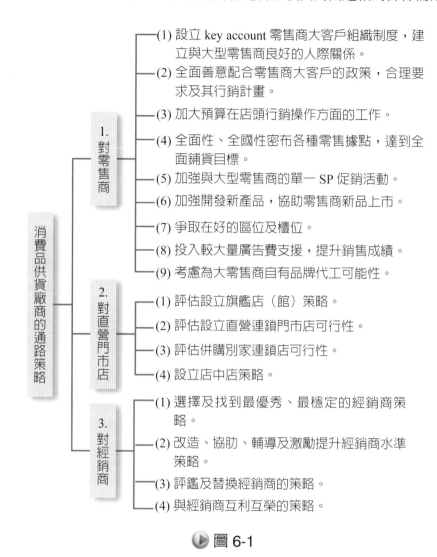

消費品供貨廠商的通路策略

1. 對零售商
(1) 設立 key account 零售商大客戶組織制度，建立與大型零售商良好的人際關係。
(2) 全面善意配合零售商大客戶的政策，合理要求及其行銷計畫。
(3) 加大預算在店頭行銷操作方面的工作。
(4) 全面性、全國性密布各種零售據點，達到全面鋪貨目標。
(5) 加強與大型零售商的單一 SP 促銷活動。
(6) 加強開發新產品，協助零售商新品上市。
(7) 爭取在好的區位及櫃位。
(8) 投入較大量廣告費支援，提升銷售成績。
(9) 考慮為大零售商自有品牌代工可能性。

2. 對直營門市店
(1) 評估設立旗艦店（館）策略。
(2) 評估設立直營連鎖門市店可行性。
(3) 評估併購別家連鎖店可行性。
(4) 設立店中店策略。

3. 對經銷商
(1) 選擇及找到最優秀、最穩定的經銷商策略。
(2) 改造、協肋、輔導及激勵提升經銷商水準策略。
(3) 評鑑及替換經銷商的策略。
(4) 與經銷商互利互榮的策略。

圖 6-1

三、供貨廠商對經銷商業者的通路策略

很多行業仍然很仰賴經銷商的中間通路，例如：飲料、食品、電信手機、餅乾、汽車、酒類、菸類、家電用品、資訊 3C 用品、汽車零組件等不少行業及產品都需要全臺各地區、各縣市的經銷商、中盤商或代理商等。

供貨廠商對這些中間的經銷商，通常採取下列四種管理策略，希望能夠為產品的直接銷售或零售據點的銷售帶來好業績。

1. 選擇及找到最優秀、最穩定的經銷商策略。

2. 改造、協助、輔導及激勵，以提升經銷商水準的策略。包括輔導他們的資訊系統、財務、會計、配送運輸、人力組織、庫存等管理系統與能力。

3. 評鑑及替換不夠優良經銷商的策略。

4. 達到與經銷商互利互榮的策略，讓他們有錢賺，能存活得更好。

四、實體零售流通業者（直營店、加盟店）的通路策略思考點

對於像星巴克、屈臣氏、康是美、信義房屋、伊洛（iROO）、佐丹奴、無印良品、多拿滋、王品、西堤、科見美語、聚火鍋、LANEW、家樂福、全聯、大潤發、SOGO百貨、新光三越、頂好等直營店流通業者，或是統一7-ELEVEn、全家、永慶房屋、85度C咖啡蛋糕等加盟店而言；這些直營或加盟店所面對的相關策略問題或管理問題，包括如下幾點：

1. 加速直營店展店策略，以達到規模經濟而能轉虧為盈。

2. 加速直營店擴店培育所需的店長人才策略。

3. 建立直營店內的創業機制與激勵辦法，以留住好人才策略。

4. 直營店與品牌大廠良好合作策略。

5. 直營店供貨物流作業策略。

6. 對加盟店加速展店，以達到規模經濟效益而能獲利的策略。

7. 加盟總部對加盟店必須能夠徹底輔助能力策略。

五、虛擬通路的流通策略思考點

對於虛擬通路，例如：電視購物、網路購物及型錄購物通路而言，他們所要考慮的有兩大策略性通路問題：

1. 要評估是否進入實體據點通路之策略。

   例如：雄獅旅遊網路已開設旅遊實體店。

2. 要評估與其他大型實體通路的合作策略。

   例如：博客來書店與統一超商合作作為取貨地點。

第2節　P&G（台灣寶僑）公司深耕經營零售通路

一、廣告效益漸下滑，通路行銷重要性上揚

　　面對日益強大的通路勢力與競爭壓力，即使強勢如 P&G，也不能不正視通路的重要性與影響力，並採取積極的因應對策。在臺灣市場，除了藉由專業的行銷部門持續拉攏消費者，寶僑家品更積極地透過業務部門，企圖拉攏與通路客戶之間的關係。P&G 曾經自認旗下擁有諸多強勢品牌，只要持續把資源砸在拉回的策略上，消費者自然會到賣場去指名購買，對於通路客戶沒有投資許多資源與心力，結果使得 P&G 與通路之間的關係不甚融洽。問題在於，隨著廣告有效性的滑落，消費者忠誠度降低，競爭壓力日高，以及通路勢力的日益抬頭，P&G 逐漸體認到，光靠品牌優勢已不足以號令天下，於是開始認真思考如何改弦易轍，積極與通路客戶建立良好的關係，有效打通通路這個行銷運作的任督二脈。

　　在這個前提下，寶僑家品對業務部門的期待與資源投入迥異於前，例如：業務部門積極與通路合作，進行聯合行銷與店內行銷等活動。如 DM 廣告、特殊陳列、店內展示、派駐展售人員以及派樣等，以換取通路客戶對寶僑家品旗下品牌的善意與配合。

二、成立CBD專責單位（客戶業務發展部）

　　對通路策略的調整，及顧客導向的經營理念，寶僑家品於 1997 年將業務部門重新命名為客戶業務發展部（Customer Business Development, CBD），並由 P&G 體系裡請一位專家前來主持，專心致力於跟顧客一起改善管理，藉由效率提升來賺錢，爭取顧客的信任與對 CBD 的專業肯定，使客戶與公司的業務發展達到雙贏。

　　重新定位後的 CBD，有下列四個努力方向：

1. 幫助客戶選擇銷售 P&G 的產品。
2. 幫助客戶管理產品陳列空間及庫存。
3. 建議客戶合適的定價，幫助他們獲利，並增加業績。
4. 幫助客戶設計有效的行銷手法吸引顧客，並增加銷售量。

　　由上述任務可以清楚地知道，CBD 是典型顧客導向的組織，所有任務都是站在客戶的立場，提供客戶所需的專業銷售建議與協助，以提升顧客的業績與獲

利，連帶也能賣出更多公司產品。

三、P&G為拉攏大型連鎖零售商，所做的七項努力

根據輔大廣告系教授蕭富峰對台灣 P&G（寶僑家品公司）所做的優良深度研究，他指示台灣 P&G 公司為了建立與大型零售商通路的互信雙贏夥伴關係，大量的做了下列七項的努力內容。茲摘述如下：

1. 經過專業的訓練之後，寶僑家品將業務人員轉型為專業的客戶經理（account manager），職司客戶管理，並扮演類似銷售顧問的專業角色，提供客戶專業的銷售規劃與建議。在與客戶洽談時，客戶經理是以公司代表的名義出面，為客戶提供一個跨品類的全方位解決之道，以節省客戶的寶貴時間，並提升雙方的運作效率。

2. 針對特定的策略性客戶，寶僑家品會自行幫客戶進行通路購物者調查，以深入瞭解特定客戶的購物者描繪與需求狀況，並建立購物者資料庫。這些資料在擬定專業銷售建議時，非常管用，並可以充分展現出寶僑家品對客戶的關心。

3. 設置 CMO（customer marketing organization）一職，由表現優異的資深客戶經理出任，專門負責通路行銷相關作業，並擔任與其他部門的溝通窗口，使客戶獲得專業的行銷協助，並與其他部門的溝通暢行無阻。

4. 依照顧客導向的理念，按通路型態及生意規模，如量販、個人商店暨超市、經銷商及家樂福等通路別，設置通路小組（channel teams），專門負責經營特定通路客戶，以提供客戶群更專業的服務。

5. 每位通路協理旗下均設多功能專業小組（multi-functional team），其中包括產品供應部、資訊部、財務部及品類管理等專業人員，直接歸通路協理管轄，負責提供客戶多功能的專業服務。因此，客戶的資訊人員可直接與小組的資訊人員進行專業對談，而客戶的財務人員也可以與多功能小組的財務人員直接溝通。溝通工作變得迅速而有效率，並對問題的解決與效率的提升大有幫助，客戶也對這種專業團隊的專業服務，感到非常印象深刻。

6. 藉導入有效的新產品、產品組合管理、有效的促銷，以及有效率的物流配送與倉儲管理，協助客戶降低成本、提高效率，並帶動客戶的來店人潮與業績。

7. 大力推動有效率的消費者回應（Efficient Consumer Response, ECR），透過零售商與供應商的共同努力，創造更高的消費者價值，並將供應鏈從昔日由供應商推動的不效率，**轉變成由消費者拉動的顧客滿意系統**，從而達到供應商、零售商、消費者三贏的結果。寶僑家品在 ECR 的專業上有很大的優勢是可以提供客戶專業建議與服務，以便在需求面上，從消費者的角度思考如何有效創造消費者需求，並提供有效率的商品化；在供給面上商討如何提高供應鏈效率；在支援技術面上思考如何知道消費者的需要與心中的想法、如何知道供應鏈的機會，以及如何衡量與應用等有所突破。

一旦順利推動 ECR，零售商因為效率的提升與成本的降低，能以更低廉的售價回饋消費者，從而建立消費者忠誠度，創造更大的利潤空間。

四、CBD為市場競爭力加分

輔大廣告系蕭富峰教授的研究結果，也認為 CBD 的專責組織模式，的確為 P&G 的產品在市場競爭力上，得到加分的效果。他的研究認為：

今日，寶僑家品的 CBD 部門已經成為許多客戶的策略合作夥伴，扮演專業銷售顧問的角色，並與行銷部門緊密合作，有效拉攏客戶與購物者的心，在第一個關鍵時刻裡，爭取最多購物者選購 P&G 旗下的產品，並讓客戶有利可圖。寶僑家品今天之所以能在臺灣市場擁有領先地位，固然行銷部門貢獻不少，但 CBD 的專業銷售能力也絕對要記上一筆功勞。CBD 為市場競爭力加分的原因，大致如下：

1. 與客戶建立互信雙贏的夥伴關係。
2. 顧客導向的組織結構與運作邏輯。
3. ECR 與產品類別管理 know-how。
4. 豐沛的購物者與消費者資料庫。
5. 行銷專業能力。
6. 雙方高階主管的默契與信任。

為了通過關鍵時刻的考驗，除了 CBD 持續耕耘客戶關係與掌握購物者習性之外，行銷人員必須進行市調資料的分析與解讀，並與市場保持持續的接觸，以累積對消費者的瞭解與認識，再從中萃取出消費者洞察（consumer insights）。

然則，「要如何洞察消費者呢？」這需要長期的專業訓練、持續的教導與學習、冒險與嘗試錯誤的勇氣、與市場的持續接觸、豐沛的資料庫與知識庫、大量

的市調資料、一堆的努力與用心,以及一點點慧根,除此之外,還需要耐心與時間的累積。不過,擁有深入的消費者洞察與優異的行銷能力,並不意味寶僑家品所有行銷活動都可以每戰皆捷,只不過成功機率較競爭者高出一截,寶僑家品與競爭同業的差別在於對消費者洞察掌握的深入程度、專業行銷能力的優異程度,以及跨部門團隊合作的有效運作程度等因素上,這些因素的差異足以影響到行銷運作成功機率的高低,可謂失之毫釐,差之千里。

第 3 節　日本廠商成功掌握末端零售通路情報案例介紹

現代的業務員應懂得善用資訊科技,不僅節省許多人力資源,同時也可降低成本,增加營收。這對企業及業務人員來說,是一大利多。

資訊科技(IT)因子在營業發展上,所扮演的角色已愈來愈重要。業務拓展不只靠業務員的嘴巴與兩條腿,更必須賦予他們充分的頭腦與知識,而資訊科技與業務情報的結合,已是大型消費品公司的主要運用方向,而且也對營業力的強化,帶來甚大助益。

下面將介紹兩家日本優良公司在這方面的最新發展情況,見賢思齊,以供國內企業參考之用。

┌─ 案例 1 ─

日本花王販賣公司

花王公司是日本第一大日用品製造公司。在 1999 年時,該公司將全國八家分布在各大地區的銷售公司,整併為一家新的子公司,名為花王販賣公司,2003 年營業額達 5,000 億日圓,員工人數為 3,700 人。其中,有 2,200 人是督導各零售店面的區督導,英文稱為 SA(Store Adviser)。

花王公司將產銷切割開來,將原來在內部的行銷業務功能切割出去,成立專責銷售的子公司,而原來的花王公司則負責商品開發、製造生產及相關總部幕僚規劃及管控工作。花王販賣子公司成立的原因,主要有四大項:

1. 希望跨越日本幅員廣大區域,達到銷售情報與銷售資訊共有的目的。
2. 希望對日本全國業務推展,能夠進一步提升效率性。

3. 希望相關各地區的行銷活動，都能一致性的推進，而非各地做自己的一套，分散行銷力量。

4. 希望透過整合全國業務督導部隊，在每人的分配管區，做到地域密著與提案型營業之目的。

(一) 與零售點共用情報，深化兩者關係

花王販賣公司有很先進的 IT 資訊科技軟體系統，該公司已開發出一套 CPM 系統（Category Profit Management，產品類別利益管理資訊系統）。如圖 6-2 所示，該系統可以計算出某些零售店面的某些產品類之最適商品庫存量、賣場空間計畫等，以得出這個店面賣場的最大利益，以及如何有效降低滯銷品的庫存資金成本。此 CPM 系統對零售點的小老闆們帶來顯著助益。

另外，此 CPM 系統，也具有自動下單功能，比較不會產生嚴重的產品缺貨現象，而能較精準地預測需求。此 CPM 系統實際上也構築了花王與各賣店的信賴關係。

(二) 情報共有，使營業力強化

目前花王販賣公司每個業務員每天必須拜訪五家賣店，全公司 2,200 名的店督導 SA 人員，全天下來，就累計拜訪 1 萬家零售點。目前，這全國 2,200 個 SA 人員，除 PDA 外，亦配備筆記型電腦。每位 SA 必須把每天拜訪零售點的業務日報告輸入筆記型電腦內，所有的 SA 都可以看到各地區人員的工作報告內容，因此，大家也都可以參考利用，例如：北海道某個賣店有業務成功案例，隔天，在南部福岡地區的 SA 人員也仿用。透過這種銷售情報的公開、共有以及共用的發端，將大大提升全國 2,200 個 SA 的營業效率。

目前每一個 SA 配備的筆記型電腦裡，輸入及可查詢的項目，包括訪問行程、銷售實績、賣場布置方法及圖片、新產品情報、銷售計畫提案書、販促成功集錦、競爭者動態、地區消費者動態等內容。

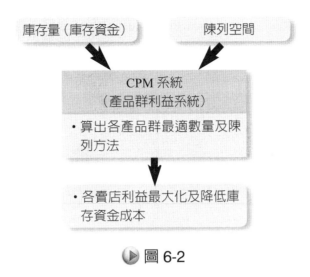

▶ 圖 6-2

而整個 SA 筆記型電腦功能，主要可以歸納為三個方面說明：

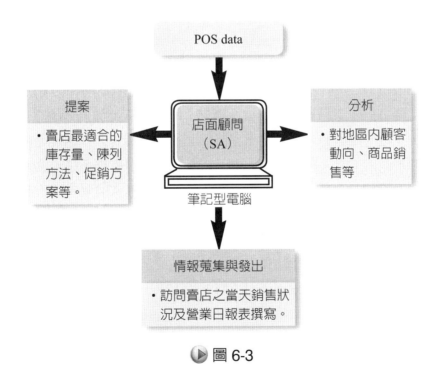

▶ 圖 6-3

1. 分析

在訪問賣店之前，SA 人員應準備好相關資料，包括當地的顧客動向、

正在賣的商品、AIS（Area Information System）、全國各地區人口分布、所得、性別、賣店數、商業統計、國勢調查等。例如：如果想要一公里以內的住家、女性、20～30 歲的資料，均可以立即調出來。花王公司之前還做過一次全國性家戶訪問大調查，以瞭解消費情報。

2. 提案與商談

接著，SA 人員要備妥產品廣告計畫表、賣場提案、銷售量預估、促銷品、POP 廣告物、陳列方法、該店最適商品庫存量等，供該店老闆參考。

3. 情報蒐集與發出

最後，SA 人員還必須把與該賣場負責人的訪談狀況、銷售狀況及其他相關訊息等，以營業日報的要求格式，輸入筆記型電腦內，並傳回總公司。

(三) 全國統一接受訂單，作業一元化

過去接受訂單，是分散在全國各地區分公司及營業所，在 2001 年時，花王販賣在東京投資 2 億日圓，成立一個共同統一接受訂單作業的客服中心（call center），目前約有 60 名人員。此中心的成立目的，主要有二個：第一是希望降低訂單業務人員，過去全國有 230 人負責此業務，現在只有 130 人，減少了近一半人力。第二是希望訂單服務品質提升，做到賣場滿意的目的。這套最新的 CTI（電腦電話系統）在訂單作業中心裡，每一位人員都可以在畫面上看到這 1 萬多家賣店的相關背景與過去歷次訂購資料，發揮很好的情報關係效果。

(四) 在價格激戰下，業務效率須不斷提升

花王販賣公司香川尊彥社長表示，日用品及清潔用品的價格競爭非常激烈，平均售價不斷下滑，較 4 年前平均下滑 10%。未來銷售存活之道，只有把這 1 萬多家零售據點，當成是您的好夥伴（partner），將兩者的利益「一體化」，深化兩者關係，並透過業務督導人員的情報共有，提升 2,200 人銷售作戰部隊的素質與戰力，才能保持持續領先的局面。

案例 2

日本萬代玩具公司

日本萬代（BANDAI）玩具公司是日本第一大玩具公司，該公司亦已充分發揮 IT 科技工具，蒐集店面情報，作爲行銷策略之用。該公司目前有市場開發擔當人員 25 人及營業擔當人員 25 人，專責百貨公司及玩具銷售賣點的陳列狀況、販促企劃、賣場改善提案、庫存確認及銷售檢討等工作。

▶ 圖 6-4

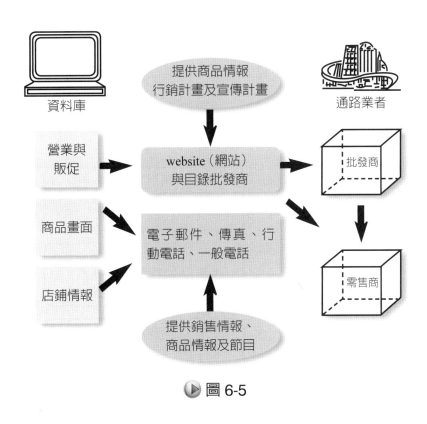

▶ 圖 6-5

　　該公司業務人員及市場開發人員每天必須把在百貨公司及零售據點巡訪報告輸入畫面，包括有客訴資料，會自動轉到相關部門去解決，並答覆客戶。此外，有關商品 idea、商戰情報、賣場現況發展等，也會傳到商品開發部及營業本部去，讓各單位都能及時瞭解最新市場第一線動向情報。此外，各店販促計畫及其效果也都能查詢到，可供業務擔當代表參考使用。而在零售流通業者方面，亦可透過上網、e-mail、簡訊、目錄等工具，瞭解到萬代公司相關商品、宣傳、節目及販促等最新訊息情報。目前全國已有 2,000 個零售據點營業與萬代公司做好資訊連線工作，這對兩者間的情報流通及互用，提高雙方利益，發揮良好效益。

(一) IT 情報力，是全方位營業力的根基

　　過去的營業，重視的是營業人員的內涵、商品知識、業務人脈關係、殺價競爭、客訴服務、施予小惠、多跑勤跑及交際應酬等方面。但是，現在的營業革新與革命方向，已轉到如何有效運用 IT 情報力，以全方面蒐集上千、上萬零售據點的各種行銷情報訊息，並讓上百、上千個業務代表同仁能夠情報共有與吸收學習，以提升整個營業團隊的作戰力量。此外，亦要有效運用 IT 情報力，以協助各零售賣點的經營力量及效益，這種 IT 附加價值服務優勢，也正是差異化特色的展現，如下圖所示。沒錯，IT 情報力正是現代企業全方位營業提升的根基所在，也是開始投資 IT 情報力的迫切時刻。

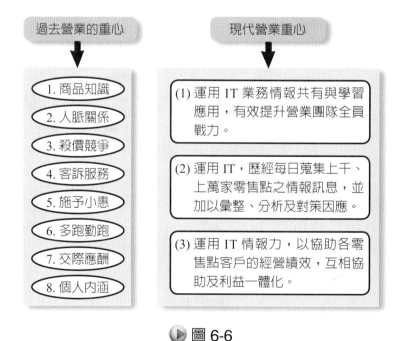

圖 6-6

學習重點

1. 花王販賣公司有很先進的營業 IT 資訊系統，並與零售點連結，共享情報，深化產銷兩者間關係。

2. 花王販賣公司每個營業員必須拜訪五家賣店，全公司 2,200 人，合計一天即會拜訪一萬家零售據點，並且會把業務日報表輸入筆記型電腦，傳回東京總公司。另外，所有營業人員也可以上網共享，此種情報共有化，使營業人員戰力提升。

3. IT 情報力，是全方位營業力的根基所在。營業革新，就先從營業 IT 系統革新開始。

　　愈來愈多的消費品行業發現，在競爭日益激烈與短兵相接的肉搏戰之下，企業行銷致勝的根源，即是每天必須掌握零售據點末端的情報。營業末端情報，已成為營業及行銷單位最重要的行銷決策來源，而且已經愈來愈制度化與資訊系統化的建立這種重要的管理機制。

　　下面將介紹日本優秀企業，如何掌握營業末端情報之作法，值得參考借鏡。

案例 3

ESTEI 化學日用品公司：營業日報系統共有的利益

　　日本 ESTEI 化學（エステ一化學）公司是日本銷售芳香劑、除濕劑第一名的公司。該公司鈴木喬社長，每天七點一定準時進公司，進公司後的第一個動作，即是從電腦螢幕上，叫出營業日報的系統畫面資料。鈴木喬社長檢索兩個資料，第一個是有關商品販售情報；第二個是有關競爭對手販售情報。特別是大賣場採購人員對本公司及對手公司的商品評價、價格狀況及陳列狀況等。鈴木喬社長認為透過每天即時的營業日報表系統的情報，才能掌握市場動向，以利他的經營判斷及創造出好業績出來。

　　目前 ESTEI 化學日用品公司在全國有 200 位營業人員，每天每人都要輸入來自訪談完各大批發商及零售商之後的資料內容。這些輸入內容，包括了商品、販促、成功事例、競爭對手、新商品、新開店、企業別情報、Q&A 等幾大類的內容。

　　這些在網路上的情報，除了 200 位營業人員可看到外，對商品開發部門

及販促部門等，亦都有參考使用的價值。身為一個社長，鈴木強調他是一個數據導向的管理者，他很重視幾個數據，包括每日損益表、每日股價、每週POS資料、每月市占率以及每天營業日報系統等。他認為重視自身及競爭對手的情報，然後使自己的營業手段比競爭對手更進一步行動領先，而這需要仰賴來自營業末端情報，才能做好一切的經營決策。

這套營業日報系統，還可以連動庫存計畫、工廠出產計畫、物流配送計畫等，而其效果則對庫存品的成本，發揮了降低30%的績效。

案例 4

日立液晶電視機：對顧客「追蹤調查」，深入瞭解真相

LCD-TV（液晶電視機）在日本非常火熱暢銷，包括日立、松下、Sharp、SONY、Pioneer等品牌競爭激烈。其中，日立市占率是最高的，該公司在野田哲央營業本部長指示下，對曾經購買過日立液晶電視的其中200名顧客，展開到顧客家裡的追跡調查行動。他們意外發現，購買高價液晶電視的顧客群，雖然有醫生、律師、企業家等高所得人士，另外，也有不少是中等收入的中產階級家庭。另外，在訪談中，也請顧客填寫愛用卡的問卷調查，內容包括購入動機、最終購買決定原因、與其他公司商品的比較、可以接受的價位、適合大小的尺寸、購入後的滿意度、安裝服務滿意度以及其他家庭基本資料等。此調查結果，對總公司商品開發部及販促部門提供了助益導引。另外，還把客廳的現場畫面拍下來，編成日立液晶電視愛用顧客的「專例集」，對全國2,000間家電賣場，提供銷售過程與掌握顧客購買心理的參考資料。

野田本部長自我反省說，過去家電業界太老大心態了，對顧客的行銷基本研究及資訊情報瞭解太少，而在現今激烈競爭且供過於求的狀況下，只有洞察及掌握顧客的動向最快、最先與最多者，才會有勝出的機會。

案例 5

SEGAMI 藥妝店：開放單品銷售資料給供應商閱覽

日本大型藥妝品連鎖店 DRUG SEGAMI，自 2003 年 10 月起，正式開放連鎖店 90 種類別，計全國 280 家連鎖店的每日單一產品的交易銷售資料，給包括花王、武田藥廠等 64 家工廠及 18 家批發商查詢閱覽。這 82 家供應廠商，都可以透過電腦連線看到各店的販售資料，包括每一個商店前一天賣掉多少數量等資料，以及來自哪一區、哪一個店。該公司亦於 2004 年底，正式再開放 150 萬名持有會員卡的顧客會員情報系統的相關資料，包括性別、年齡、職業、地區等 CRM 資料庫給供應商參考，這些都是非常珍貴的資訊。

SEGAMI 連鎖公司這種作法，主要是希望透過提供以上情報使供應商進一步做好產品規劃、促銷規劃及營業提案等。如此的製販大合作，才能互利互榮。

▶ 圖 6-7

案例 6

安田生命保險公司：綜合顧客資料庫及相互溝通

日本安田生命保險公司，已將數百萬個壽險契約的顧客資料，建立一套完整的 CRM database。此資料庫將來自不同的營業通路來源所獲得顧客的最新異動資料，自動的告知不同的營業相關人員。例如：在客服中心（call center）接到某位顧客變更地址通知情報時，隔天客服人員即將此情報轉到該營業員的營業分公司去，讓此人知道保戶地址的變動。

安田生命保險公司建立這套 CRM 系統，主要有三個原因：

1. 顧客保戶的各種訊息情報累積並在公司內部共有化，是不可或缺的。
2. 以累積的各種情報為基礎，然後再進行分析，是不可或缺的。
3. 各種營業通路來源的提攜互通，可以提高營業活動的推展。

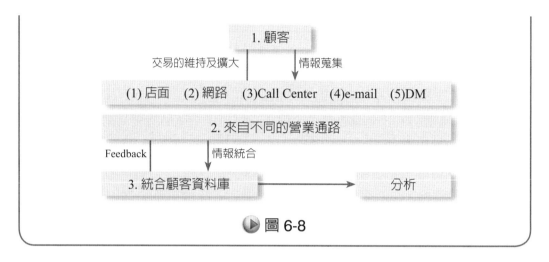

圖 6-8

案例 7

富士全錄影印機：蒐集顧客聲音，強化營業提案力

富士全錄（Fuji Xerox）影印機公司自幾年前，就要求各地分公司的全體營業人員及技術服務人員，把每天的相關活動，包括顧客的抱怨、申訴、反應建言、滿意狀況及潛在需求等企業型顧客情報輸入電腦，以作為營業提案力的提升、商品的改良及新商品開發的參考依據。

富士影印機公司目前已累積了 6 萬件 VOC（Voice of Customer，顧客心聲），平均每個月新加入的有 3,000 件。該公司指派 2 名專人處理這些情報來源，每月還召開一次會議，討論有益的顧客建言，並且做成提案改善的重要依據。

案例 8

UNIQLO 服飾連鎖店：共有店面經營 know-how

日本 UNIQLO 服飾連鎖店，在日本 500 家店面，已全面導入新店鋪情報系統。該系統主要有兩個資訊情報共有，第一個是來自總公司的業務指示，第二個則是要求各店每天必須把當天的營運情況輸入到資料庫內，包括業績狀況，來客數狀況、販促效果、消費心理狀況、顧客反應、成功事例等。

特別是業績好或是資深優秀店面的經營 know-how，正好可以提供給經驗不足或業績較不理想的店面人員，作為學習參考的最好範例。該系統推出後，各店平均業績水準已明顯提升一成。

案例 9

明治乳業：營業支援 IT 系統，有效提升戰力

　　明治乳業公司是日本第一大乳品公司，該公司主要是仰賴量販店通路，幾乎占了一半營業額。該公司在資訊軟體公司協助下，在 2002 年即已啟動「營業支援 IT 系統」。此套營業系統，在支援營業人員透過系統內完整豐富的資料，可以加強對各大賣場的商圈分析、地區住戶分析、生活型態分析及販促提案計畫書撰寫等。在提案計畫書方面，可以按地域、季節、商品等範圍，組成 700 種格式的對大賣場提案計畫內容。

　　目前明治乳業全日本量販店的營業人員總數有 200 人之多，在導入這一套營業支援系統後，這 200 名業務作戰部隊的戰力，一下子提升很大，每個人的素質都已相當接近。他們戲稱這是一種「營業武裝」，即代表 IT 資訊科技工具對營業人員戰力提升，以及更加精確掌握地區內的消費情報和消費者洞察，並強化對賣場的銷售績效。

結語：有效掌握每日營業五大情報內容

　　在參考完上述九個日本企業如何蒐集分析及運用 IT 資訊科技軟硬體工具，然後透過全體營業人員、市場行銷人員及相關單位人員，同時在第一線的業務現場或顧客現場，蒐集相關全方位的市場競爭情報，並且立即輸入資料庫內，成為大家的共有情報，以及總公司高階主管的決策參考情報。

　　本文最後整理出有效掌握好每日營業情報的五大類內容，如圖 6-9 所示。掌握及好好運用營業末端情報，確實是今日變化多端且激烈競爭下行銷致勝最大的來源與根基。

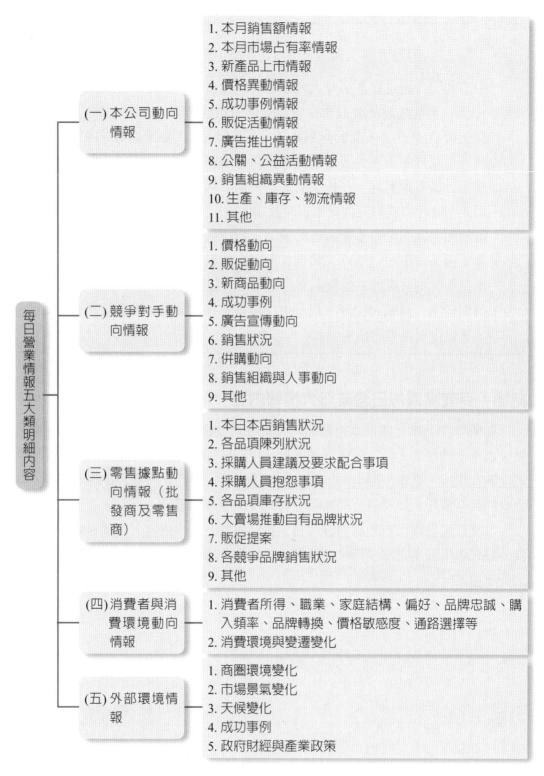

每日營業情報五大類明細內容

(一) 本公司動向情報
1. 本月銷售額情報
2. 本月市場占有率情報
3. 新產品上市情報
4. 價格異動情報
5. 成功事例情報
6. 販促活動情報
7. 廣告推出情報
8. 公關、公益活動情報
9. 銷售組織異動情報
10. 生產、庫存、物流情報
11. 其他

(二) 競爭對手動向情報
1. 價格動向
2. 販促動向
3. 新商品動向
4. 成功事例
5. 廣告宣傳動向
6. 銷售狀況
7. 併購動向
8. 銷售組織與人事動向
9. 其他

(三) 零售據點動向情報（批發商及零售商）
1. 本日本店銷售狀況
2. 各品項陳列狀況
3. 採購人員建議及要求配合事項
4. 採購人員抱怨事項
5. 各品項庫存狀況
6. 大賣場推動自有品牌狀況
7. 販促提案
8. 各競爭品牌銷售狀況
9. 其他

(四) 消費者與消費環境動向情報
1. 消費者所得、職業、家庭結構、偏好、品牌忠誠、購入頻率、品牌轉換、價格敏感度、通路選擇等
2. 消費環境與變遷變化

(五) 外部環境情報
1. 商圈環境變化
2. 市場景氣變化
3. 天候變化
4. 成功事例
5. 政府財經與產業政策

圖 6-9

自我評量

1. 試列示消費品大廠商對零售商的策略有哪九點？

2. 試列示供貨廠商對中間經銷商可採取哪四種管理策略以帶動好業績？

3. 試述P&G公司為何要深耕行銷通路？其成立CBD專責單位，何謂CBD？做些什麼事？

4. 試說明P&G對大型連鎖零售商做了哪七項努力的工作？

5. 試列示P&G公司CBD組織可為該公司市場競爭力加分的四大原因為何？

6. 試列示日本花王公司為何要成立花王販賣公司？

7. 試說明日本花王公司與零售點共用情報深化兩者關係之狀況為何？

8. 試圖示日本花王公司情報共有架構為何？

9. 試圖示日本萬代玩具公司強化與賣店的情報提攜狀況為何？

10. 試說明日本ESTEI化學日用品公司如何使用營業日報系統共有的利益狀況？

11. 試說明SEGAMI藥妝店與上游供應商情報的連線狀況？

Chapter 7

整合型店頭行銷、展場行銷、促銷之當前通路行銷重要趨勢

學習重點

1. 店頭 POP 呈現的種類、優點、效益及執行注意要點
2. 整合型店頭行銷及其注意要點
3. 行銷成效決戰的最後一哩
4. 通路行銷服務公司為廠商做的工作
5. 品牌廠商對消費者所做促銷活動類型及其優缺點與效益
6. SP 促銷活動的效益評估
7. SP 促銷活動成功要素及應準備的工作項目

第 1 節 整合式店頭行銷策略

一、店頭POP的種類呈現

店頭或賣場 POP（Point of Purchase，即賣場廣告宣傳物），對廠商的行銷活動而言，已愈趨重要，而且成為必要的作為。不管就零售流通業者的賣場，或是對品牌廠商業者而言，都是同樣重要。一般來說，店頭（賣場）POP 的種類呈現，大致有以下幾種：

1. 某品牌置物專櫃（或專區）。
2. 店外看板、招牌、霓虹燈、布條等。
3. 店內吊牌、立牌、插牌、布條、海報、布旗等。
4. 店內的液晶顯示電視機畫面。
5. 店外電子螢幕跑馬燈。
6. 店外氣球。

二、店頭POP優點

當消費者進到有上千上萬種商品的大賣場，通常都能夠經由現場 POP 的指引而得到視覺上的突顯及刺激，然後誘導顧客進一步購買思考及行動。因此，簡單說，就是具有「突顯」效果及「誘導」效果。

三、效益

根據國內外行銷研究的結果顯示，大概有 40% 高比例的消費者，是在賣場才決定他要選購哪些品項的產品。換言之，電視及報紙的廣告效果並不是全部，而現場（賣場）的感受、認知、衝動、利益或氣氛等，也扮演影響購買決策的重要因素。因此，店頭（賣場）POP 的效益是有存在必要的，否則也不會有現在賣場內那麼熱鬧與活潑的現場感。

四、執行注意要點

1. 賣場 POP 活動應該配合各種「節慶日」的行銷活動，或是「主題式」的行銷活動，讓店頭與賣場的現場感，貼近於節慶、節日及主題的行銷計畫。

2. 賣場 POP 的軟硬體執行與規劃，應該委託專業處理單位，這樣會比較有效，包括從設計規劃、發包製作、全國各大賣場、安置執行等，均委外執行為宜。

3. 賣場 POP 應爭取到最後與最醒目的位置，才會突顯出其效益。

4. 目前各大品牌的置物專櫃或專區已愈做愈大，這是大品牌的談判優勢。

5. 賣場 POP 雖然很重要，但應該搭配其他促銷活動，例如：贈品、抽獎、折扣等其他活動，才會發揮更大的效益。

6. 對零售流通業者而言，將賣場的布置視覺感，提高到令消費者彷彿置身在一個快樂、豐富、便宜、實惠與清潔明亮的購物環境中，是一個很大的努力目標。

五、店頭力 + 商品力 + 品牌力 = 總合行銷戰力

當消費者心態趨於保守，市場競爭愈來愈大之後，業者除了過去重視的商品力與品牌力之外，必須更加重視店頭力，讓賣場的銷售力更深入消費者的心。

行銷致勝要因，除了商品力要比競爭對手更強、更有特色外，店頭行銷力最近 1、2 年來也受到廣泛重視。很多剛上市的新產品或既有產品放在店頭或大賣場裡，但如何引起消費者的注目，吸引力及促購度，是當前廠商專注的重點。

案例 1

日本 ESTEI 化學

ESTEI 是日本的芳香除臭劑、脫臭劑、除濕劑等生活日用品大公司之一。根據該公司近幾年的研發發現，消費者有目的型、忠誠型及品牌購買型的比例很低，幾乎有八成的消費者都是到了店頭或大賣場才決定要買什麼，而且他們發現來店客很關心哪些產品有舉辦促銷活動。

為此，ESTEI 在 2006 年 4 月專門成立一家 SBS 公司（Store Business Support，店頭行銷支援）。在 SBS 裡，配置了 433 個所謂的「店頭行銷小組」人員。ESTEI 的產品在日本全國有 2 萬 7,000 個銷售據點，包括超市、大賣場、藥妝店、藥房店及一般零售店等。這 433 個店頭支援小組人員，奉命先針對營業額比較大的 2,500 店作店頭行銷的支援工作。這些人，每天必須巡迴被指定負責的重要店頭據點，日常工作包括：

1. 在季節交替時，商品類別陳列的改變。

2. 檢視 POP（店頭販促廣告招牌）是否有布置好。

3. 暢銷商品在架位上是否有缺貨。

4. 專區陳列方式的觀察與調整。

5. 配合促銷活動之陳列安排。

6. 觀察競爭對手的狀況。

另外在 IT 活用方面，這些人員還要隨身攜帶數位相機、行動電話及筆記型電腦，每天透過 SBS 所開發出來的 IT 傳送系統，即時地將他們在上百、上千個店頭內所看到的實況，以及拍下的照片與情報狀況，包括自己公司與競爭對手公司的狀況等，都傳回 SBS 總公司的營業部門參考。

過去 ESTEI 新產品導入，要求在 4 週內必須在全日本店頭上架，現今有了 SBS 的協助後。將 4 週的要求改變為 2 週內全面上架完成，才能進一步提升廣告宣傳及大型促銷活動三者間的配合效益。

SBS 成立 1 年多來，已看到一些具體成效，包括 ESTEI 產品營收額成長了 3%，對這樣大型的公司實屬不易，另外，每天提供給營業部人員新的店頭情報及分析，也是重要的無形效益。

案例 2

日本花王與獅王公司

注重店頭行銷力的公司，像日本花王及獅王，早在 3、4 年前就成立了專屬的「花王行銷公司」，這些公司除了負責銷售花王母公司的產品之外，亦有專屬的 800 人負責店頭行銷支援行動，他們被稱為「KMS 部隊」（Kao Merchandising Service，花王產品服務），他們與營業人員兩者是有區別的。

案例 3

日本松下

日本松下公司也成立 400 人店頭行銷支援部隊。松下在全國有 1 萬 8,000 家門市，這 400 人先以比較重要的 5,600 店為對象，負責協助這些店面定期舉辦各種 event 活動，包括把各種新上市家電或數位資訊產品移到店頭外面，

並舉辦各種試用、試看或促銷送贈品、體驗行銷的各種演出與熱鬧活動，目的就是要打破靜態的店，而希望能達到在店頭內外部集客的功能。這支 400 人部隊，被命名為 PCM（Panasonic Consumer Marketing，松下消費者行銷小組）。

案例 4

西武百貨

西武百貨公司有樂町館，則用其他方式來輔助賣場的銷售工作。他們在賣場的 2 樓手扶梯後面成立一個專區，稱為 Beauty Station（美容保養站）。該區塊有 2 名肌膚診斷專家，免費為消費者做儀器肌膚的診斷，總計有 10 個皮膚診斷項目，最後會列印出一張結果表給消費者。目前，每天大約有 20 名消費著接受這種 30 分鐘免費服務。此種貼心服務，最終目的還是希望女士們可以在 2 樓選購化妝或保養品。

結語：整合型店頭行銷應注意要點

綜合以上作法，有些人或許會稱它是店頭行銷、賣場行銷或通路行銷，都需具備一個有效的「整合型店頭行銷」內涵，不管從理論或實務來說，大致應包括下列一整套同步、細緻與創意性的操作，才會對銷售業績有助益：

1. POP（店頭販促物）設計是否具有目光吸引力？
2. 是否能掙得在賣場的黃金排面？
3. 是否能專門設計一個獨立的陳列專區？
4. 是否能配合贈品或促銷活動（例如：包裝附贈品、買三送一、買大送小等）？
5. 是否能配合大型抽獎促銷活動？
6. 是否有現場 event（事件）行銷活動的舉辦？
7. 是否陳列整齊？
8. 是否隨時補貨，無缺貨現象？
9. 新產品是否舉辦試吃、試喝活動？
10. 是否配合大賣場定期的週年慶或主題式促銷活動？
11. 是否與大賣場獨家合作行銷活動或折扣作回饋活動？

12. 店頭銷售人員整體水準是否提升？

由各家企業的積極態度可以發現，店頭力時代已經來臨。長期以來，行銷企劃人員都知道行銷致勝戰力的主要核心在「商品力」及「品牌力」。但是在市場景氣低迷，消費者心態保守，以及供過於求的激烈廝殺的行銷環境之下，廠商想要行銷致勝或保持業績成長，勝利方程式將是：**店頭力 + 商品力 + 品牌力＝總合行銷戰力**。

第2節　最後一哩（Last Mile）的 4.3 秒，是行銷成敗的決戰點（奧美集團的研究）

一、奧美集團的研究結果：要贏得最後的4.3秒

奧美集團 Headcount 亞洲董事總經理麥法倫（R.Macfarlane）觀察指出，店頭行銷愈來愈能影響消費者的購買決定；換句話說，成功的店頭行銷，會使廠商傳達的品牌訊息，有效改變消費者的購買行為。品牌訊息、展示方式、促銷活動及價格，則是店頭行銷成功的四大關鍵。

奧美促動行銷公司在一場品牌促動行銷研討會中，提出最後一哩（Last Mile）的概念，並指出 70% 的消費者都是在店內（in-store）決定購買，且決策時間是在關鍵的最後 4.3 秒。因此，即使上述四大關鍵做對了，贏得這 4.3 秒的最後一哩，才是店頭行銷成功與否的決勝點。

根據一份 2015 年的消費者研究，奧美促動行銷亞太區營運長庫倫（G.Cullen）指出，英國有 51% 的人不看促銷活動資訊，49% 的人喜歡注意促銷訊息。由於喜歡看促銷訊息的人口多達近半，許多知名企業紛紛調整行銷策略，加重店頭行銷預算的比重。

二、加強有效互動的「最後一哩」

影響店內購物者選擇商品的決定因素很多，像是購物者與商品訊息接觸點的互動、非貨架陳列的方式、價格促銷、隨包附贈式的促銷及促銷人員在賣場裡展示品牌等；一旦這些陳列或行銷方式發揮功能時，就會讓消費者樂意掏錢購買，

有些時候，這些方式根本無法發揮作用，消費者對店頭訊息視而不見，所以，

如何確定品牌與消費者的最後一哩有效互動，變成銷售商品的關鍵。

三、奧美發展出科學化分析系統工具搭配現場立即性面對面市調

　　因應最後一哩行銷的重要性，科學化的分析系統工具變得愈加重要。奧美促動行銷針對企業客戶的此一需求，發展出 ShopperPulse、MarketPulse 等工具，透過市場人員在全球 50 個不同市場，蒐集及評估「最後一哩」的相關資料，並將資料即時傳送到公司位於紐約及新加坡的伺服器，透過軟體即時分析更新報告，讓客戶可即時上網看到每天在市場上正在發生的改變。

　　奧美指出，透過 ShopperPulse，客戶可以看到商品訊息接觸點的功能是否有效運作、不同的購買族群有哪些不同的消費行為、而消費者在不同的通路裡，會有哪些不同的反應，以及競爭品牌是否正在「偷走你的客戶」等。

　　舉例來說，一家知名啤酒公司，曾在奧美促動行銷的協助下，在新加坡的 11 個賣場，針對 482 個消費者進行消費調查。賣場調查人員在消費者購買前後，立即攔截訪談，發現原本有意購買此品牌啤酒的比率只占 26%，但實際購買率卻是 29%，顯示在「最後一哩」增加 3% 購買率。這個結果可與消費者行為做連結，看出店頭行銷對他們的影響。

　　MarketPulse 也是透過資料蒐集及報告工具，分析企業的店內商品訊息如何與購物者進行溝通；其中包括商品展示是否足以影響購物行為、促銷活動的效果有多強，以及定價是否具競爭力等。

第 3 節　店頭行銷公司的服務項目

一、通路（店頭）行銷服務公司的工作項目

1. 假日賣場人力派遣。
2. 門市巡點布置。
3. 商品派樣試用體驗。
4. 市場調查分析。
5. 街頭活動。
6. 店內活動。

7. 解說產品。

8. 展示活動。

9. 商品特殊活動。

10. 通路布置及商品陳列。

11. 促購傳播力。

12. 通路活動內容設計。

13. 體驗行銷活動。

14. 零售店神祕訪查。

15. 零售店滿意度調查。

16. 產品價格通路市調。

17. DM 派發。

18. 賣場試吃試喝活動。

19. 通路商情研究分析。

20. 賣場銷售專區規劃、設計與布置執行。

21. 通路結構與趨勢分析。

22. 包裝促銷印製設計與生產服務。

23. 產品包裝設計。

24. 增場布置設計。

二、通路（店頭、賣場）行銷服務公司列示

(一) 通路行銷公司

1. 大予行銷公司（02-8770-5557）。

2. 安瑟整合行銷公司（02-2587-2389）。

3. 彼立恩國際行銷公司（02-8773-5001）。

4. 益利整合行銷公司（02-2563-6028）。

5. 創勢媒體整合行銷公司（02-7716-8678）。

6. 奧亞整合行銷網（02-2883-5260）。

7. 奧美促動行銷公司（02-3725-1627）。

8. 傳揚行銷廣告公司（02-2502-1929）。

9. 裕雅行銷公司（02-2785-1789）。

10. 萬瑞創業行銷公司（02-2964-0098）。

11. 環球整合行銷公司（02-2879-1989）。

(二) 通路陳列設計公司

1. 傑傳行銷公司（02-2226-3879）。
2. 拾穗設計公司（02-2501-0796）。
3. 惟楷印刷公司（02-2248-4916）。

第4節 整合型店頭行銷（Integrated In-Store Marketing）： 立點效應媒體公司服務項目簡介

一、貨架招貼（Shelf Vision）

突顯產品特性，提高品牌利益喜愛程度的媒體

貨架招貼是最接近產品的傳播工具，有效吸引消費者的注意力，使您的產品得以從貨架跳脫出來，透過具創意的執行，消費者可經由五感來瞭解產品；藉此達到一次有效的接觸，貨架招貼能使您的廣告與商品緊密結合在一起。

二、360數位媒體（360 Digital Media）

(一) 新品上市招貼（Shielf Indicator）

(二) 醒目的 LED 燈光，提高消費者對新上市商品的注目度

以「新品上市」在貨架上提醒消費者，閃爍的 LED 燈可以有效吸引消費者的目光，幫助做到上市提醒，並提高消費者初次購買率。小小預算可以讓新上市商品穩操勝算。

三、優勢頻道（Advantage Channel）

行銷新紀元的開始

讓您的廣告永遠是第一個出現在廣告時段！

讓您擁有第一個專屬的電視頻道！

讓您用最少的廣告預算，接觸到更多的目標消費群！

讓您的廣告能出現在消費者想深入瞭解您商品時播出！

四、地板廣告（Floor Vision）

滿足建立品牌和品類知名度的需要

獨家鎖定產品走道，可以創造消費者深刻的印象及視覺效果，引導式地板廣告更可於賣場中指引消費者到您的產品品類位置，您可以利用有趣的互動設計來吸引消費者的注意。

五、商化服務（Shelf Merchandising）

增加商品周轉率的基礎工程

由訓練有素的全職商化人員，每週固定在全省 350 多個消費性商品的主要銷售通路，根據商品的貨架棚割圖，進行清潔、抄貨、補貨、查價、訂貨，並依先進先出原則整理排面。讓消費者能夠買得到、看得到、也容易拿得到您的商品，減少因缺貨空排面所產生的銷售損失及失望的消費者。

六、陳列服務（Display）

讓商品在賣場中脫穎而出的法門

商品陳列的根本要點，就是要吸引消費者的目光優先看到您的商品，增加您的商品直接跟消費者對話的機會。立點專業的陳列人員能夠辨識最好的陳列位置，並根據不同的賣場狀況做彈性變化，以豐富的陳列主題吸引消費者的目光，進而刺激消費者的購買欲望。商品陳列服務包括特殊陳列、陳列架陳列、端架陳列、中島落地陳列、主題式陳列等。從規劃、設計、製作、到進店執行，讓您的陳列活動一次到位。

七、商品資訊蒐集

知己知彼，百戰百勝

幫助您瞭解您的商品在通路上的狀況，例如：商品的排面位置、缺貨狀況、產品價格，以及競爭品牌的通路行銷活動，運用商品資訊蒐集服務，幫您掌握最即時、最全面、最正確的市場資訊，讓您運籌帷幄，做出最佳的通路行銷決策。

八、派樣（Sampling）

快速散播品牌的法寶

由穿著品牌鮮明服裝的推廣人員，在街頭派發試飲品，這樣的街頭創意，除了能快速建立起品牌的知名度，同時能讓消費者聯想到商品的特性，進一步可以傳遞商品訊息給消費者，同時建立起品牌形象，是推廣新商品時，既快速又經濟的方法。

九、活動行銷（Event Marketing）

最有力的品牌造勢

經由事前縝密的規劃及為商品量身訂做的創意，舉辦整合性店頭促銷推廣活動，可以在短時間內就吸引眾多消費者，與其進行互動式品牌溝通，是接觸人數最廣、最易提升品牌形象的方法。

十、完全品牌體驗（Total Brand Experience）

(一) 建立品牌忠誠度的祕方

以互動式的體驗行銷，設計有趣的遊戲與消費者的五感（視覺、聽覺、嗅覺、味覺、觸覺），這種體驗過程，可以讓這些目標消費者經過一次的接觸，就把品牌特性牢牢記在腦海裡，是最易博得消費者信賴，對於品牌忠誠度的建立有極高的效益。

(二) 品牌效益的深度發展

由經過專業訓練的推廣人員，在賣場中穿著特別設計的服裝及配合展示器材，笑容可掬的將商品介紹給目標消費群，讓他們親身體驗商品的特性及對消費者的利益，特別適合新品上市、商品促銷及鼓勵消費者做品牌轉換時使用。

十一、手推車廣告（Cart Vision）

提高品牌知名度的媒體

手推車廣告是消費者於賣場中接觸最久的媒體，從消費者進入賣場開始，到離開賣場為止，您的廣告一直為您的產品與消費者進行溝通，不僅增加品牌知名度，亦能擴大廣告效益。

十二、傳單貨架招貼（Shelf Vision Take-one）

有效傳播品牌訊息

貨架傳單招貼能於促銷活動中，加強您的品牌認知。使用傳單貨架招貼可以有效並且專業的將產品的食譜、訊息及相關的印刷品，傳遞給消費者。

十三、公司經營理念

(一) 使命（Mission）

竭盡所能，提供創新及專業的店頭行銷服務，幫助客戶建構優質的品牌。

(二) 核心價值（Core Value）

1. 尊重員工，並給予學習成長的機會；重視團隊精神，分享經營利潤。
2. 成為零售業者最佳策略夥伴，共存共榮。
3. 以專業、熱誠、正直的工作精神，提供高品質的服務，創造忠誠的客戶。

(三) 願景（Vision）

使立點效應媒體成為整合性店頭行銷產業的標竿企業，並且是行銷溝通必要的一環。

第 5 節　店頭行銷圖片彙輯

一、店頭內部各種活動促銷

▶ 圖 7-1　大賣場每逢週六、日，經常有各大廠商在現場舉辦試吃、試喝、試用活動，效果不錯。

▶ 圖 7-2　大賣場內舉辦韓國特產週，提供消費試吃的作法，有助於提高銷售。

二、店頭外部促銷活動廣宣布條、海報、POP

▶ 圖 7-3　西裝店舉辦爸爸節 88 折活動的店頭外部廣告宣傳招牌。

▶ 圖 7-4　某服飾店舉辦買 2 送 1 的店頭行銷廣宣活動。

第6節　展場通路行銷圖片彙輯

一、引言

展場行銷日趨普遍且日益重要：

(一) 以往商品銷售部是在傳統的行銷通路，例如：大賣場、超市、百貨公司、專賣店、直營店、加盟店，及暢貨中心等，現在很多廠商則紛紛加入展場行銷這一條匯聚人潮、吸引買氣的通路管道。

(二) 過去國內的外貿協會舉辦展覽會，大都以吸引國外買主為主。如今貿協在臺北市信義區內的三個館（世貿一館、二館及三館），都會為各行各業排定日期，針對國內消費者舉辦消費性展覽會。例如：最有名的資訊電腦展，由於價格便宜，經常彙集了很多人潮與買氣。

(三) 目前，外貿協會展場已排定各行各業的對內展覽會，藉此展場行銷為各廠商促銷產品。包括臺北資訊電腦展、臺北多媒體大展、臺北數位影音大展、臺北汽車大展、家具大展、醫學美容展、婚紗與珠寶展、電腦應用展、美容 SPA 展、兒童用品展、書與出版品展等數十種展覽會，可看性、熱鬧性、人氣匯聚性等均十足充分，是未來通路行銷與業績促銷的重要手段及作法之一。

二、圖片彙輯

▶ 圖 7-5　外貿協會經常舉行各項展覽會，如今已成為很重要的國內銷售通路管道之一，號稱為展場行銷。

▶ 圖 7-6　展場行銷：臺北多媒體大展。

▶ 圖 7-7　展場通路行銷：臺北數　　　▶ 圖 7-8　展場通路行銷：福爾摩
　　　　　位影音大展。　　　　　　　　　　　　　沙家具展。

▶ 圖 7-9　臺北汽車展。

▶ 圖 7-10 臺北汽車展的 TOYOTA 汽車攤位。

▶ 圖 7-11 展場通路行銷：臺北婚紗珠寶暨結婚用品展。

第 7 節　通路促銷活動

一、促銷方法彙整：開啟促銷戰

「促銷」（sales promotion）已成為銷售 4P 中最重要的一環，而且經常運作的工具。促銷之所以日趨重要，是因為當產品的外觀、品質、功能、信譽、通路等都日趨一致，而沒有差異化時，除了極少數名牌精品外，所剩下的行銷競爭武器，就只有「價格戰」與「促銷戰」了，而價格戰又常被含括在促銷戰中，是促銷戰運用的有力工具之一。

既然促銷戰如此重要，本章蒐集近年來，各種行業在促銷戰方面的相關作法，經過歸類、彙整及扼要說明，供各位讀者參考。

茲彙整大約二十一種對消費者促銷活動的方式，如圖 7-12 所示。

▶ 圖 7-12

二、節慶打折（折扣）促銷活動

廠商或零售流通業者，利用各種節慶時機，進行各種不同折扣程度的促銷活動，是業界常見的促銷手法與方法，對業績提升，亦算是有力且有效的途徑。

(一) 節慶時機

一般來說，主要節慶時機包括下列幾項：

週年慶、年中慶、聖誕節、春節（農曆年）、母親節、父親節、中元節、端午節、中秋節、元宵節、元旦、尾牙、兒童節、教師節、國慶日、情人節、其他節慶（例如：春、夏、秋、多季購物節等）。

此外，還經常包括業者自己的節慶活動，例如：

1. 正式開幕。
2. 重新裝潢開幕。
3. 店數突破 100 店、200 店、500 店、1,000 店等慶祝活動。
4. 其他各種名目而舉辦的折扣活動（例如：季節變化）。

(二) 優點分析

利用節慶時機，進行折扣促銷活動，主要有以下幾項顯著的優點：

1. 實惠性

此項活動對消費者而言最具實惠性，因折扣活動已明顯將消費者所支出的錢省下來。此對廣大中低收入上班族而言，最具有吸引力。

例如：化妝品全館九折活動，買 5,000 元化妝品，相當於省下 500 元。全館服飾八折起，買 8,000 元服飾，就可省下 1,600 元的支出。

2. 立即性與全面性

全館或某類商品的節慶折扣活動，可使所有消費者都能立即、全面地享受到此種購物優惠，既不限會員對象，也不限購買金額，或買哪些商品。

三、紅利積點折抵現金或折換贈品促銷活動

(一) 紅利積點（集點）的呈現方式

紅利積點（集點）是普遍被使用的一種重要促銷工具。它的運用呈現方式有下列幾種：

1. 以信用卡為例,當卡友刷卡時,其刷卡額可以折抵為某些點數,當額滿多少點數時,即可向客服中心申請換得贈品,然後寄到家裡來。

2. 以台新銀行與燦坤 3C 的合作案來說,每滿 1,000 點(1 點消費 1 元),即可抵 60 元現金,最多可折抵當筆消費的 50%。此即以紅利集點抵換現金再扣抵某筆消費額,與前述的換贈品是不一樣的。

3. 大潤發量販店推出會員獨享紅利點數,可抵購物金額。

4. 以新光三越百貨公司為例,購物滿 1,000 元可得 1 點,必須有 5 點(即消費 5,000 元)或 30 點(即消費 3 萬元)或 100 點(即消費 10 萬元),才可以兌換不同點數的贈品價值。

5. 以頂好超市為例,每購滿 100 元,即送 1 枚印花,集滿 15 枚(即購物滿 1,500 元),即可用低價換購某一個產品。

6. 另有信用卡業者以每筆刷卡消費三倍紅利積分回饋,希望消費者盡快衝到這些點數目標,才可以換到贈品。

7. 近幾年,SOGO 推出 HAPPYGO 快樂集點卡、家樂福推出好康卡、全聯推出福利卡等,均非常成功且受歡迎,這些都是由於紅利積點能夠折換現金所致。

8. 紅利積點折抵購物現金的卡,英文稱為「cash back card」(現金退回卡),是一種「店內卡」的設計,而不是可以刷卡的聯名卡(信用卡),此二種卡是不同的。當前各大型連鎖零售通路都很積極推動,一方面是種促銷卡外,也是一種忠誠再購卡,卡的活用率達 70% 以上,以使用比例來說是很高的,對零售商的穩定業績有很大貢獻。

9. 例如:SOGO 百貨的 HAPPYGO 卡已超過 800 多萬張,信用卡使用串高達 70% 以上,據悉 SOGO 百貨 80% 以上的業績及愛買量販店 50% 以上的業績,均來自於此卡的使用,家樂幅的好康卡也發行了 400 萬張以上,使用效益也很成功。發行此卡後,使這些零售業者掌握了消費者他們在消費時的資料情報。

10. 當然,另外也有信用卡業者基於方便性與實用性,將紅利積點應用在便利商店折換商品的方式上,也很受歡迎,這是因為便利商店的產品及產品價格比較大眾化、實用化與日常化,比起過去要累積到很高點數才能兌換某一項贈品的方式,是一種很大的改進,也是顧客導向的實踐。

(二) 效益

1. 此種促銷有很大效果，廣爲各大賣場及信用卡業者所選用。

2. 其實有些換贈品行爲不足 100%，有些消費者，特別是收入高的男性，換贈品的比例是很低的。根據很多實例顯示，會換贈品的比例大概在 20～40% 之間而已，但折換現金比例，則高達 90% 以上。

3. 至於商品或零售流通業者，應該都把這些換贈品或折抵現金的成本計入。

四、「滿千送百」、「滿萬送千」促銷

(一) 優點

「滿千送百」已成爲重要的促銷活動，是各大百貨公司在年中慶或週年慶時，及各大購物中心經常推出的 SP 促銷活動。所謂「滿千送百」，即指：

- 購買 2,000 元→送 200 元抵用券、禮券。
- 購買 5,000 元→送 500 元抵用券、禮券。
- 購買 10,000 元→送 1,000 元抵用券、禮券。

本項活動之優點爲：

1. 具有很大刺激購物誘因，會想買更多的東西來湊齊千元整數或萬元整數。事實上，「滿千送百」也是一種折扣促銷，即是打九折的意思。

2. 口號響亮，易聽、易記、易懂、易形成口碑流傳。

3. 具有立即性回饋的感受，拿到的抵用券或禮券，可以立即到百貨公司附設超市或麵包店去折換商品，具高度實用性。

(二) 效益分析

基本上是具有正面效益的，會提升營收業績的增加。至於此活動之 10%（一折）的成本負擔，主要有四種方式：

1. 完全由品牌廠商所負擔，亦即被申請用來兌換送百的產品廠商負責吸收此項被兌換成本，而零售流通賣場則不必負擔。

2. 由品牌廠商及零售流通業者雙方依規定比例，各自負擔一部分的兌換損失。

3. 完全由零售業者負擔全部的換送成本。例如：百貨公司週年慶時的滿千送百活動，即由百貨公司全部負擔，故要算入行銷費用預算內。

五、無息（免息）另期付款促銷活動

(一) 應用時機

無息分期付款的促銷方式，在近幾年來，已成爲熱門的促銷有效工具。

1. 它主要是配合廠商在進行促銷活動時，都可以做有力搭配，包括各種週年慶、折扣戰、特賣活動、節慶活動，均可看到它的使用。

2. 現在很多百貨公司 3C 連鎖通路、量販店、購物中心、電視購物、型錄購物、汽車銷售公司、家電公司、國外旅遊等，均經常使用此促銷工具。

(二) 優點

1. 無息（免息）分期付款促銷活動，已被證明是有效的促銷工具，尤其在現今極低利率的金融環境下，廠商較能負擔銀行利息的支付。

2. 此種促銷工具，對於高總價的耐久性產品尤爲有效，包括大家電、通信手機、資訊電腦、數位相機、音響、家具、名牌精品、鑽石、化妝品、保養品、汽車、機車等均是。

(三) 對消費者的誘因最大

無息分期付款可以分期支付，又可以購入使用，因此對廣大中低收入的上班族及家庭主婦而言，是很大的誘因。

> 例示
>
> 一部 NB 完整配備電腦，如果一次支付要 3 萬元，和一年 12 期支付，每月只支出 3,000 多元相比，當然差別很大。

六、贈品促銷

(一) 送贈品的執行方式

送贈品促銷的執行方式，大概可以區分爲以下幾種：

1. 將贈品附在產品的包裝旁邊。此種作法希望增加消費者在銷售現場進行挑選（選購）時的刺激誘因。

2. 將贈品放在賣場的客服中心櫃檯，消費者在結完帳之後可至櫃檯換領。

3. 將贈品放在銷售專櫃旁或加油站旁，由銷售人員直接拿給顧客。

4. 有些廠商在報紙廣告上要求顧客必須填好「顧客資料名單」，並寄回公司後，才會領到贈品。

5. 另外，有些廠商則要求必須集結幾個瓶蓋、商標或標籤後寄回公司，才會收到贈品。

6. 另外，有些型錄購物或電視購物廠商，則把贈品放在訂購產品的箱子內，寄到顧客家裡。

7. 再者，像有些百貨公司，在每年一次卡友「回娘家」活動中，直接到百貨公司賣場兌換，排很長的隊伍領贈品。

8. 大部分情況下，都是要求消費者購滿多少錢之後，才會附贈贈品，畢竟，羊毛出在羊身上。

七、折價券（抵用券）促銷活動

(一) 折價券（Coupon）的各種名稱

折價券在實務上運用也頗為普及，包括下列各種名詞：

折價券、抵用券、購物金、嚐鮮券、禮券、商品券、優惠券。

(二) 折價券呈現方式

比較常見的方式有幾種：

1. 以刊登報紙廣告並夾附折價券截角方式呈現。

2. 以 DM（宣傳單）夾報方式呈現。

3. 以網站下載方式呈現。

4. 以刊登雜誌廣告方式呈現。

5. 以郵寄折價券或購物金方式呈現。

(三) 優點

折價券（抵用券，購物金）具有吸引消費者再購率提升的效果，亦即可以增強顧客會員的忠誠度。例如：像電視購物經常送出免費的 100 元、200 元或 500 元的購物金（折價券），下次再買時，可以用此購物金來扣抵 200 元。因此，假如買了 2,000 元的商品，實際支出只要 1,800 元，亦即打九折的優惠。折價券上面的折價金額，可以彈性多元的設計規劃。

八、抽獎促銷

(一) 抽獎活動的呈現方式

抽獎活動的呈現方式主要有幾種：

1. 在各種賣場週年慶時，經常有「購滿多少錢以上，即可參加抽獎活動」，即刻參加，即刻揭曉，或是一定時期之後，才知道是否得獎。

2. 有時候某些品牌廠商也會配合賣場要求，推出抽獎活動，亦即凡購滿某品牌系列的哪幾種產品，即可領取抽獎券，在櫃檯即可抽獎，或投入摸彩箱以後定期再抽。

3. 另外，也經常看到集三個瓶蓋、截角或標籤，寄回公司參加抽獎活動。

(二) 宣傳管道

1. 在產品包裝上，即印有抽獎活動。

2. 報紙、雜誌、廣播、網路、簡訊 DM 及在大賣場裡等，都可傳達抽獎活動訊息。

(三) 缺點

獎項及得獎機會太少，是抽獎促銷活動的最大缺點，所謂「不患寡，而患不均」。幾次對獎之後，即會興趣缺缺。不過，有些家庭主婦或低收入或比較悠閒的人，倒是樂此不彼，即使得獎率低，仍經常參與此活動。

(四) 優點

抽獎確實會使人抱著得大獎（如汽車、國外旅遊行程、高級 3C 家電、鑽石、機車等）的希望，不妨試一試。

(五) 注意要點

1. 應將抽獎活動辦法，在網站、報紙或會員刊物上詳細刊登，包括抽獎獎項、活動期間、活動辦法及得獎名單和公告等。

2. 大獎獎項應具有震撼力（如車子），普獎也應多一些名額，增加消費誘因。

九、包裝附贈品促銷

(一) 包裝贈品的應用方式

1. **買大送小**

   例如：買大瓶，就附在包裝上送小瓶，包括洗髮精、沐浴乳、洗衣精、鮮奶、巧克力等。

2. **直接附贈品**

   將小贈品直接附在塑膠包裝上，一看就可以知道是什麼樣的贈品。

3. **買一送一或買二送一或買三送一**

   包裝在一起的三瓶商品，只算二瓶的錢，此即是買二送一。或是買二瓶，但只算一瓶的錢。

4. **加量不加價**

   例如：買 2.3 公斤克寧奶粉，加送 200 公克（約 10%），即加量不加價，等於是折扣 10%，省 10% 的錢。

5. **兩種相關產品的合併優惠價**

   例如：將洗髮乳與潤髮乳合併包裝在一起銷售，給予特別優惠的價錢，不是 1 + 1 = 2 瓶的錢，而是 1 + 1 < 2 的價錢。

6. **兩種合購回饋價**

   此即 1 + 1 < 2 的合購回饋價。例如：買二瓶洗衣乳，算 1.5 瓶洗衣乳的錢。

7. **關係企業產品贈送**

   例如：賣某鮮奶，但加贈另一家關係企業的某項新商品作為促銷。

十、特賣會

(一) 特賣會的方式

特賣會的呈現方式大致有幾種：

1. 最大型的特賣會，仍屬臺北世貿中心所舉辦的各種展場銷售或展覽會，例如：像臺北世貿資訊展，經常在數日內湧入數十萬人，大家都在搶購便宜

的 3C 資訊產品。

2. 其次，是在特定地點舉行的「特賣會」。通常會找一個較大的室內或郊區的空地舉辦特賣會，包括各種過季、過期的名牌商品、家電年終、家具、國內各地名產特賣會等。

(二) 優點

1. 對廠商而言，可以透過特賣會促銷一些過期、過季、過流行，或是有些瑕疵的庫存商品。

2. 對消費者而言，可以趁機在特賣會上撿便宜，是吸引消費者上特賣會的最大誘因。

(三) 效益

對廠商而言，固定在全省各重要消費地點舉行特賣會，確實可以達到出清庫存、降低庫存率及增加營收現金流量資金周轉等，均使廠商可以達到最大效益。但是特賣會只是輔助性的促銷活動，不太可能成為全國性的促銷活動。

十一、來店禮、刷卡禮促銷

(一) 呈現方式

過去百貨公司經常在週年慶或重大節慶舉辦促銷活動時，安排免費來店禮，贈送給每一個進館的消費者；另外，還有至少購滿多少錢以上的刷卡禮。

不過近年來，免費來店禮並不常見，主要是因為成本耗費大，而且人人有獎，並沒有鼓勵人們去消費購買的誘因。因此，現在通常是「來店刷卡禮」居多。

(二) 優點

來店刷卡禮主要目的有兩個，第一個是希望吸引人潮進來，愈多愈熱鬧；第二個則是希望人潮來了之後，多少買一些商品，這是一種形式上的條件限制。此舉將可避免人人來免費領獎的現象發生，也就不會失去來店獎的真正意義。

十二、試吃促銷

(一) 優點

在各大賣場（超市、量販店）經常會有廠商擺攤，做「試吃」活動。試吃活動的最大優點，是對新產品的知名度及產品的瞭解度會得到進一步提升。

在幾千幾百項產品中，有些新上市產品或老產品，可能因為沒經費打廣告，因此品牌知名度並不響亮，買過的人也不太多。因此，透過現場試吃，以增強消費者對新產品的好感度及記憶度。

其實有些默默無聞的產品，口味還是不錯的，可以利用試吃的方式加以宣傳。

(二) 缺點

不過，畢竟試吃活動的據點數量、人員、天數，可能也不是相當普及，因此與電視廣告的大眾媒體宣傳相比，試吃宣傳的廣度就顯得小了很多。它所接觸到的人，每天可能只有幾十人或幾百人。

(三) 效益

如前所述，試吃活動主要針對下列三種商品：

1. 新商品上市。
2. 舊商品重新改變口味。
3. 過去較不具知名度的既有商品。

試吃活動算是地區性的搭配活動，具有小型效益。

(四) 注意要點

1. 試吃活動的現場人員除了會烹飪外，最好也應具銷售技巧，能夠推銷消費者購買商品。
2. 試吃活動最好也能搭配產品的其他促銷誘因，例如：舉辦買二送一或是八折折扣優惠價等訴求，以打動消費者的購買欲望。

十三、新產品說明會／展示會促銷

(一) 經常舉行新產品說明會的產品

透過新產品說明會或展示會，以達到推廣目的，是應用的工具之一。下面是經常舉行新產品說明會的產品類別，包括：

汽車、手機、資訊電腦、服裝、液晶電視、珠寶鑽石、名牌皮件、信用卡、現金卡、頂級卡、食品飲料。

(二) 效益

透過說明會或展示會，可以達到宣傳造勢效果，打出企業形象與品牌知名度雙雙提升的目的。

此種活動預算所費不多，大致數十萬到數百萬元，但若能配合記者的大量媒體報導，其效益是高的。

十四、買一送一

(一) 優點

「買一送一」或「買二送一」或「買五送一」等，是廠商經常使用的促銷手法。其優點是能夠誘使顧客多買一件或多買一包，達到量購目的。雖然會損失那一件的成本，但是如果真能一次買五件、買八件，那麼總毛利額的增加，可以cover（補足）那一件的贈送成本，還是有利可圖的，特別是在廠商為現金流量急須周轉或想出清庫存時，都會使用此招數。

(二) 注意要點

1. 廠商應該計算贈送件的成本，必須多賣幾件的毛利收入，才能補回來。
2. 有時候廠商他會指定所謂「送一件」，不是任選的，而是用比較便宜或是過期、過季、退流行的商品來充當「送一件」。不過，此種行銷作法並不可取，是有點欺騙客戶的作法，會讓顧客抱怨。

十五、均一價促銷

(一) 優點

均一價促銷作法，是在各大零售賣場經常可以看到的 SP 促銷方式。主要優點，在於能夠有效促銷某些產品。由於均一價的價格比平常的價錢都低一些，因此會受到顧客的挑選。另外，均一價也可以視為一種價格策略的運用。

(二) 注意要點

1. 均一價的實施，經常是要一起買三個以上，才會有均一價享受；如果只是買一瓶、一包，則會不夠促銷成本。
2. 均一價在賣場經常會設計一個「專區」來銷售，並有 POP 指示宣傳。

十六、搜尋顧客名單換贈品促銷

(一) 優點

透過此方法，可以有效蒐集到一些潛在顧客名單，然後可以進行有效行銷的行動，達成營業目的。這對於一些特殊的產品，而且銷售給特殊的目標顧客，算是有效的方式。

(二) 注意要點

1. 收到顧客郵寄或傳真的資料名單之後，公司務必寄出贈品給對方，不應有所遺漏或欺騙。
2. 為確認顧客所填資料是否正確無誤，最好能再打個電話表示謝意，並技巧性地加以徵信。

十七、服務增強促銷

(一) 優點

以服務增強為作法的促銷活動，具有以下優點：

1. 透過細心與完美的服務，可以提升顧客對本零售賣場的「好感度」，及購物進行中的「便利性」及「舒適性」。在擁擠人潮中購物，是很痛苦和不適的，會影響不想湊熱鬧的人的購物心情。
2. 因此，以服務增強的促銷活動，是屬於間接性與無形性的輔助功能。雖然它不會直接促進多少的具體營收業績，但這是一種「服務策略」的必要性投資與堅守顧客導向理念的實踐。

(二) 效益

服務增強的效益發生，是緩慢的、由口碑傳播的、中長程的、累積久遠的一種必要追求的效益。很多廠商及賣場也愈來愈重視並加強此項活動的推廣。服務品質及服務用心，可能是企業行銷的重要競爭力之一。

(三) 注意事項

服務的增強，關鍵還是在人，也就是人的執行力問題，包括服務人員的學經歷素質、敬業態度、教育訓練的落實、服務績效指標的考核，以及上自老闆、下至各主管對服務增強的根本信念與認知。因此，廠商在甄選服務人員、制定服務

內容，以及對人員教育訓練與企業文化的建立，都必須用心去做。

十八、刮刮樂促銷

(一) 優點

刮刮樂促銷活動大都在賣場（現場）進行，買完東西之後，即可在櫃檯刮刮樂，具有一種立即性與刺激感，符合速戰速決的感受與期待揭曉，是刮刮樂活動最大的優點與特色。

(二) 注意要點

1. 刮中率應該高一些，最好統統有獎，即使是一些小贈品也好，這樣會讓消費者心中感到中獎的快樂。
2. 獎品不一定是商品，一些餐飲的招待券也是很受歡迎的。

(三) 效益

這是一種小型的促銷活動，可視為 SP 促銷活動組合中的一個小插曲。

第 8 節　促銷活動的效益評估

一、SP促銷活動「效益評估」例舉（之一）

(一) 評估業績成長多少。

在執行促銷活動後的當月份業績，較平常時期的平均每月營收業績成長多少。

(二) 評估參加促銷活動消費者的踴躍程度，例如：多少人次。

(三) 評估此次活動所投入的實際成本花費是多少。

(四) 評估扣除成本之後的淨效益是多少。

1. 增加業績 × 毛利率 = 毛利額的增加。
2. 毛利額增加－實際增加支出的成本 = 淨利潤的增加。

例示

- 某飲料公司在八月份舉辦促銷活動，過去平常每月業績為 2 億元，現在舉辦促銷活動後，業績成長 30%，達 2.6 億元，淨增加 6,000 萬營收。

- 此次促銷活動實際支出為：獎項成本 500 萬元，媒體宣傳成本 500 萬元，合計 1,000 萬元。

- 營收增加 6,000 萬元，以三成毛利率計算，則毛利額增加 1,800 萬元。故毛利額 1,800 萬元減掉成本支出 1,000 萬元，故得到淨利潤 800 萬元。

- 此外，無形效益尚包括：此活動可增加顧客忠誠度、增加品牌知名度及增加潛在新顧客效益等。

二、SP促銷活動效益如何評估（之二）

案例 1

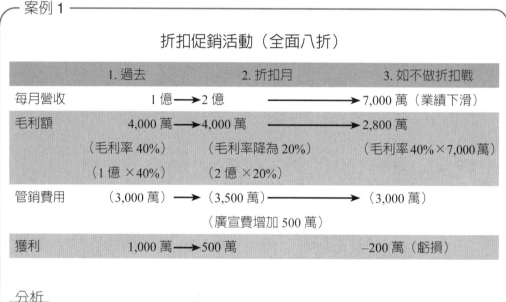

折扣促銷活動（全面八折）

	1. 過去	2. 折扣月	3. 如不做折扣戰
每月營收	1 億 → 2 億		→ 7,000 萬（業績下滑）
毛利額	4,000 萬 → 4,000 萬		→ 2,800 萬
	（毛利率 40%）	（毛利率降為 20%）	（毛利率 40%×7,000 萬）
	（1 億 ×40%）	（2 億 ×20%）	
管銷費用	（3,000 萬） →	（3,500 萬） →	（3,000 萬）
		（廣宣費增加 500 萬）	
獲利	1,000 萬 → 500 萬		−200 萬（虧損）

分析

1. 如不做折扣戰促銷，很可能營收業績下滑，導致毛利額從 4,000 萬元降為 2,800 萬元，以及從獲利 1,000 萬，轉變為虧損 200 萬元。

2. 如果做了折扣促銷，雖然使毛利率降為 20%，但因營收業績上升一倍，故毛利額仍穩住在 4,000 萬元，扣除掉 3,500 萬元的管銷費用，則獲利為 500 萬元。

3. 雖然獲利從景氣時的 1,000 萬元，降為 500 萬元，但總比不做折扣促銷時的虧損 200 萬元為佳。

   另外，此舉也使公司現金流量增加（由 1 億→ 2 億營收）以及商品存貨減少，避免過季存貨的產生。

4. 當然,假設折扣月活動,使營收僅上升到 1.5 億而已,則毛利額僅爲 3,000 萬,再扣除 3,500 萬管銷費用,亦爲虧損 500 萬元。

案例 2

千萬抽獎活動

	1. 過去	2. 抽獎月	3. 不做抽獎
每月營收	1 億 ⟶	1.2 億(+20%) ⟶	8,000 萬(−20%)
毛利額	4,000 萬 ⟶	4,800 萬 ⟶	3,200 萬
(毛利率40%)	(40%×1 億)	(40%×1.2 億)	(40%×8,000 萬)
管銷費用	(3,000 萬) ⟶	(4,000 萬) ⟶	(3,000 萬)
		(3,000 萬 + 1,000 萬)	
獲利	1,000 萬	800 萬	−200 萬(虧損)

分析

1. 如不辦抽獎活動,反而會虧損 200 萬元;若辦抽獎,則業績會上升 20%,而且獲利仍可望有 800 萬元。

2. 不辦抽獎活動而使營收衰退,係假設市場景氣不佳且競爭過度所致。

案例 3

折扣戰會使公司毛利率下降

原來狀況	(九折)折扣後狀況
1 雙鞋售價 1,000 元	1 雙鞋售價 900 元
− 進貨成本(700 元)	− 進貨成本 700 元
毛利率 300 元	毛利率 200 元
故,毛利率 300 元 ÷ 1,000 元 = 30%	故,毛利率 200 元 ÷ 900 元 = 22%

分析

狀況1	狀況2	狀況3
原來狀況	如不做折扣，因不景氣，使業績下滑	做了及時促銷活動，使業績上升
每天營業額 1,000 萬 毛利率 30%	每天營業額 700 萬 毛利率 30%	每天營業額 1,500 萬 毛利率 22%
每天毛利額 300 萬 ×7 天	每天毛利額 210 萬 ×7 天	每天毛利額 330 萬 ×7 天
每週可賺 毛利額 2,100 萬 / 7 天 每週管銷費用（1,000 萬）	每週毛利額 1,470 萬 / 7 天 每週管銷費用（1,000 萬）	每週毛利額 2,310 萬 / 7 天 每週管銷費用（1,000 萬） 廣告費（500 萬）
每週淨賺 1,100 萬	470 萬	810 萬

狀況 3 比狀況 2 為佳，故仍必須做促銷活動為宜。

第 9 節　促銷活動成功要素與應準備的工作項目

一、促銷活動成功要素

不見得每家廠商的促銷活動都會成功，有時候也會失敗或成效不佳，促銷活動成功要素，有以下幾點：

(一) 誘因要夠

促銷活動的本身誘因一定要足夠、例如：折扣數、贈品吸引力、抽獎品吸引力、禮券吸引力等。誘因是根本本質，缺乏誘因，就難以撼動消費者。

(二) 廣告宣傳及公關報導要充分配合

促銷活動若完全沒有廣告宣傳及公關報導的充分配合，那麼就完全沒有人知道，效果也將大打折扣。因此，適當的投入廣宣及公關預算是必要的。

(三) 會員直效行銷

針對幾萬或幾十萬名特定的會員,可以透過郵寄目錄、DM、EDM 或區域性打電話通知的方式,告知及邀請該地區內會員到店消費。

(四) 善用代言人

少數產品有代言人的,應善用代言人做廣告宣傳及公關活動,以引起報導話題,吸引人潮。

(五) 與零售商大賣場互動密切

大賣場或超市定期會有促銷型的 DM 商品,廠商應該每年幾次好好與零售商做好促銷配合,包括賣場的促銷陳列布置、促銷 DM 印製及促銷贈品的現場拿取活動等。

(六) 與經銷店保持良好關係

有些產品是透過經銷店銷售的,例如:手機、家電品、資訊電腦品等,如果全國經銷店店長都能配合主動推薦本公司產品給消費者,那也會創造好業績。

歸納如圖 7-13 所示:

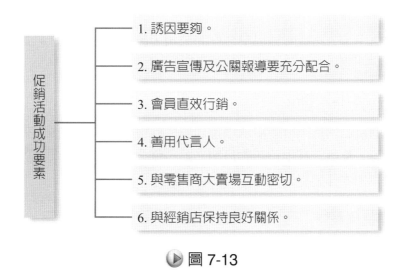

促銷活動成功要素

1. 誘因要夠。
2. 廣告宣傳及公關報導要充分配合。
3. 會員直效行銷。
4. 善用代言人。
5. 與零售商大賣場互動密切。
6. 與經銷店保持良好關係。

▶ 圖 7-13

二、促銷活動應注意事項

在辦理促銷活動時，應注意下列事項：

(一) 官網的配合

公司官方網站應做相應的配合宣傳及作業事項，例如：中獎名單的公告。

(二) 增加現場服務人員加快速度

在促銷活動的前幾天，零售賣場可能會擠進一堆人潮，此時現場的收銀機服務窗口人員及現場服務人員，可能必須多加派一些人手支援，以避免顧客抱怨，影響口碑。

(三) 避免缺貨

對廠商而言，促銷期間應妥善預估可能增加的銷售量，務必做好備貨安排，隨時供貨給零售店，以免出現缺貨的缺失，引起顧客抱怨。

(四) 快速通知

對於中獎名單及顧客通知或贈品寄送的速度，應該要盡快完成，要有信用。

(五) 異業合作協調好

對於與信用卡公司或其他異業合作的公司，應注意雙方合作協調的事情，勿使問題發生。

(六) 店頭行銷配合布置好

對於廠商自己的連鎖直營店或連鎖加盟店或零售大賣場的廣宣招牌、海報、立牌、吊牌等，都應該在促銷活動日期之前，就要處理布置完成，對於店員的訓練或書面告知，亦都要提前做好。

(七) 員工停止休假

在促銷期間，廠商及零售賣場經營是總動員而停止休假。

三、年度大型促銷活動分工小組

廠商大型的促銷活動，例如：百貨公司、大賣場週年慶、年中慶、會員招待會、破盤四日活動等大型促銷活動，由於時間較長，活動較盛大，宣傳費花得也

多，因此，常會成立專案小組負責此案，其組織分工架構，大致如下：

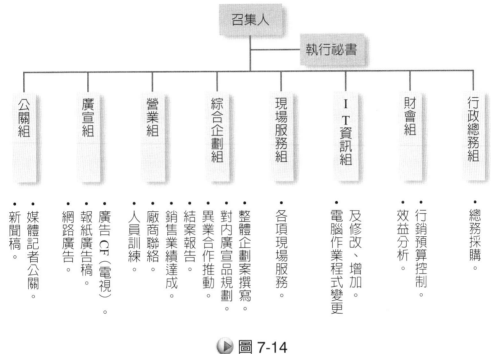

▶ 圖 7-14

四、年度大型促銷活動準備工作項目

在執行大型促銷活動的過程中，大致有以下準備工作項目要顧及：

1. 電視廣告 CF 製作。

2. 各種媒體預算及行銷活動預算的編列預估及控管。

3. 新聞記者會的召開規劃及聯繫。

4. 公關媒體的報導及新聞稿準備。

5. DM 宣傳品規劃、印製及寄發。

6. 大型海報、布條、旗幟、吊牌、立牌之設計與印製。

7. 紅利積點卡之配合。

8. IT 資訊系統的調整配合。

9. 現場服務加強措施規劃及安排。

10. 各門市店媒體通報刊物及活動通報刊物。

11. 禮券、折價券、抵用券送發的人員工作區。

12. 各贈品的選擇及採購。

13. 銀行信用卡免息分期付款及刷卡贈品的洽談與規劃。

14. 異業結盟合作案的洽談及規劃。

15. 營業時間延長規劃。

16. 全員培訓瞭解及內部行銷加強。

17. 停止休假通知。

18. 抽獎活動的進行及公告。

19. 官網（公司網站）的網路行銷規劃及準備推出。

20. 促銷活動期間業績目標的訂定、追蹤及研討因應對策。

21. 相關協力廠商配合的洽談及要求。

22. 其他重要事項。

    (1) 應評估各種促銷活動設計的誘因是否足夠？是否能引起消費者的驚奇？是否超過競爭對手？

    (2) 應做好各媒體廣宣預告活動，務必打響活動才行。

    (3) 應做好媒體公關發稿及呈報工作，塑造熱烈展開的氣氛。

    (4) 應逐日關注業績達成的狀況，隨時做好因應對策。

    (5) 當地各分店、各分館、各門市等應做好當地商圈內的廣告宣傳工作以及對會員顧客進行直效行銷工作。

自我評量

1. 試闡述奧美集團的研究，顯示要贏得最後的4.3秒，其意何在？
2. 試列示店頭行銷服務公司有哪些服務項目？並列示至少三家店頭行銷服務公司？
3. 試列示立點效應媒體公司提供哪十二個項目的店頭行銷服務？
4. 試說明展場通路行銷為何日益重要？並列舉至少五個展場活動名稱？
5. 試說明店頭POP的種類有哪些？店頭POP的優點及效益？
6. 試說明促銷活動的方式有哪些？
7. 試列示紅利積點的促銷活動方式及效益為何？
8. 試說明無息分期付款的促銷活動優點？
9. 請說明包裝附贈品促銷的應用方式有哪些？效益如何評估？
10. 請列示促銷活動的效益評估標準？請舉例該如何評估？
11. 促銷活動的成功要素有哪些？需注意哪些事項？

Chapter 8

業務（營業）常識與損益知識

學習重點

1. 品牌廠商的營業類型
2. POS 系統及從 POS 系統中可以得知之資訊，與如何做銷售業績分析
3. 廠商的業績績效管理機制之組成
4. 行銷人員如何瞭解業績不佳之原因分析來源
5. 業績衰退及成長的可能原因
6. 業務主管應做好哪些數據管理
7. 損益表之項目與功能
8. 從損益上得知公司獲利或虧損的原因

第 1 節　供應商業務（營業）常識與業務數據的分析及管理

一、營業類型四種

(一) 日用消費品類

牙膏、衛生紙、生理用品、食品、飲料、雞精、奶粉、洗潔精、洗髮精、沐浴乳、冰淇淋、泡麵等。

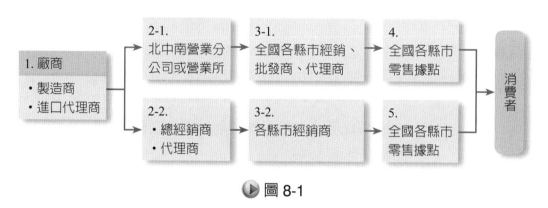

● 圖 8-1

(二) 直營門市店、直營專櫃

服飾店、精品店、手機店、餐飲店，內衣、化妝保養品、保健品等。

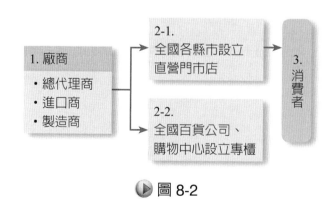

● 圖 8-2

(三) 加盟門市店

房屋仲介、餐飲、便利商店、飲料、咖啡、鐘錶等。

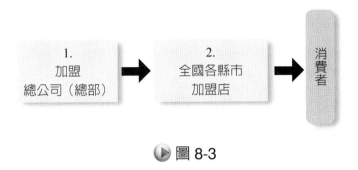

▶ 圖 8-3

(四) 虛擬通路（無店鋪販售）

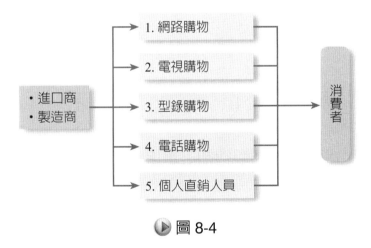

▶ 圖 8-4

二、每日業績追蹤：POS系統

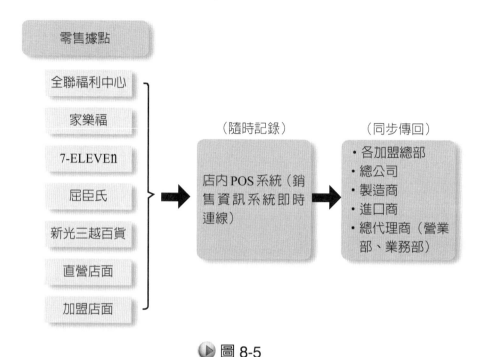

零售據點

全聯福利中心
家樂福
7-ELEVEn
屈臣氏
新光三越百貨
直營店面
加盟店面

（隨時記錄）

店內POS系統（銷售資訊系統即時連線）

（同步傳回）

- 各加盟總部
- 總公司
- 製造商
- 進口商
- 總代理商（營業部、業務部）

▶ 圖 8-5

註：POS（point of sale）：銷售據點之資訊回饋系統。

三、經由POS銷售分析可以得知之事項

1. 整體當月業績好不好？
2. 哪些品項賣得比較好，或比較差？
3. 經由哪些行銷通路賣得狀況比較好（例如：屈臣氏哪些通路賣場最好）？
4. 哪些地區、哪些縣市、哪些據點賣得比較好或比較差。
5. 有促銷期時，會成長多少業績比例？
6. 週一到週日，哪些天的業績比較好？或比較差？
7. 新產品上市賣得狀況如何？
8. 哪些款式賣得比較好？

四、追根究柢：業績分析細節面向（15個面向）

1. 通路分析。
2. 地區分析。

3. 店別分析。

4. 季節別分析。

5. 週間別分析。

6. 品類、品項分析。

7. 品牌別分析。

8. 款式別分析。

9. 每天 24 小時別分析（時間別）。

10. 男、女客別分析。

11. 年齡層別分析。

12. 職業別分析。

13. 新品、舊品分析。

14. 包裝別不同分析。

15. 口味別分析。

五、五大比較：銷售業績分析（每月／每季／每年）

(一) 時間點：每月、每季、每年

(二) 分析重點（五大比較）

1. **銷售實績與原先預算目標相比較的達成率如何？**

   例如：LV 精品店原定本月預算目標做 5 億，實績為 6 億，即超過目標 20%，績效良好。

2. **銷售實績與去年同期實績相比較的成長率如何？**

   例如：去年同月份為 4 億，今年為 6 億，也成長 2 億，績效良好。

3. **銷售業績與競爭對手比較如何？**

   例如：本公司當月業績為 3 億，其他競爭對手均在 2～3 億之間。

4. **銷售業績與現況市占率為如何？**

   例如：在皮件精品中，本月市占率為 20%，比上月 15% 又成長 5%，績效良好。

5. 銷售業績與整體同業市場成長比較如何？

例如：整體市場成長 10%，本公司成長 20%，績效良好。

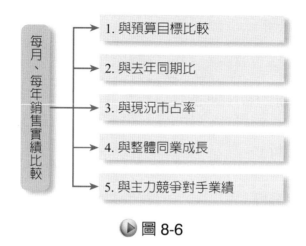

圖 8-6

六、業績績效管理機制二大組合

(一) 銷售預算目標	(二) 業績獎勵制度
1. 每年底要制定下一年度 1～12 月的銷售業績預算。 2. 每個月要檢討當月業績達成的狀況如何？未達成原因為何？因應對策為何？	1. 達成業績預算之店別、個人別、團體別如何給與獎金？ 2. 獎金發放要次月即發，要及時。

圖 8-7

案例 1

銷售檢討表單（○○年 6 月）

產品＼例示	1.本月份實績	2.本月份預算	3. = 1/2 本月份達成率	4.去年6月份實績	5.與去年6月份增減	6.本月預估市占率	7.累積1-6月實績	8.累積1-6月達成率
1. ○○產品	$	$	%	$	$	%	$	%
2. ○○產品	$	$	%	$	$	%	$	%
3. ○○產品	$	$	%	$	$	%	$	%
4. ○○產品	$	$	%	$	$	%	$	%
5. ○○產品	$	$	%	$	$	%	$	%

七、業績獎勵制度方式（個人 + 團體）

1. 個人業績達成率之個人獎金。

2. 團體業績達成率之團體（分公司、分小組、分店別、分館別）獎金。

註：主要以個人業績獎金為主，團體獎金為輔。

八、行銷人員如何分析業績不佳之原因

上月、上半年業績不佳，未能達成。

預算或比去年衰退之原因分析：

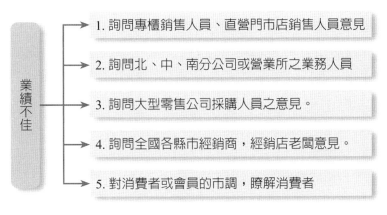

業績不佳

1. 詢問專櫃銷售人員、直營門市店銷售人員意見

2. 詢問北、中、南分公司或營業所之業務人員

3. 詢問大型零售公司採購人員之意見。

4. 詢問全國各縣市經銷商，經銷店老闆意見。

5. 對消費者或會員的市調，瞭解消費者

▶ 圖 8-8

九、業績衰退的可能原因（12個原因）

1. 新進入競爭者太多。

2. 價格破壞價競爭。

3. 本公司新品上市偏少，產品力不足。

4. 本公司廣宣預算減少或不足。

5. 行業別使整個部門在衰退。

6. 業務人員銷售戰力衰退。

7. 公司獎金制度不佳。

8. 公司通路普及不足。

9. 品牌老化問題。

10. 促銷活動太少，店頭活動太少。

11. 品牌忠誠度不降。

12. 經濟景氣問題。

十、業績成長的可能原因（18個原因）

1. 新品上市成功。

2. 新代言人成功。

3. 廣告宣傳成功。

4. 品牌打造成功。

5. 產品力佳。

6. 定價合理且彈性固定。

7. 品牌定位成功。

8. 通路布局成功。

9. 促銷活動成功。

10. 品牌年輕化。

11. 行銷預算充足。

12. 先占市場優勢。

13. 銷售人員組織戰鬥力強。

14. 服務力佳。

15. 會員卡實施成功。

16. 業績獎勵制度佳。

17. 行銷因應對策及時。

18. 企業形象良好。

十一、業務人員與行企人員的核心工作點

高度重視及掌握每天「數據管理」。

十二、數據管理的項目（13個項目）

1. 銷售業績數據

   每月、每週、每天銷售數據掌握，數據分析及因應對策。

2. 損益表數據

   每月、每季、每半年、每年的損益（獲利或虧損）數據掌握、分析及因應。

3. 每日、每月來客數、客單價數據。

4. 每半年／每年顧客滿意度市調報告數據。

5. 品牌知名度、喜好度、好感度、忠誠度調查數據。

6. 服務滿意度調查數據。

7. 新品上市且成功數據。

8. 整個產品組合銷售占比分析數據。

9. 直營門市店、專櫃數量成長數據。

10. 市占率變化數據。

11. 業績比去年成長或衰退數據。

12. 主力競爭對手各項數據的變化。

13. 整個市場與行業整體數據的變化。

十三、日用消費品業務人員八大工作項目

▶ 圖 8-9

1. 新品上架洽談。

2. 定價洽談。

3. 促銷活動洽談。

4. 陳列洽談。

5. 出貨、退貨事宜。

6. 結帳、請款事宜。

7. 市場資訊打聽事宜。

8. 其他相關事宜。

十四、行銷企劃 + 業務：團結力量大

行銷企劃　是頭腦！

＋

業務（營業）　是手腳！

＝

整體行銷才會成功！！

▶ 圖 8-9

第 2 節　瞭解及分析公司是否賺錢：認識損益表

一、每月損益表：看公司是否賺錢

公司別／產品別／品牌別／分公司別／分店別○○年○○月

項　目	金　額	百分比	
1. 營業收入	$○○○○○	％	
2. 營業成本	（$○○○○○）	％	（成本比率）
3. 營業毛利	$○○○○○	％	（毛利率）
4. 營業費用	（$○○○○○）	％	（費用率）
5. 營業損益（獲利或虧損）	$○○○○○	％	（淨利率）

二、營業收入

(一) 營業收入又稱為營收額或銷售收入，也是公司業績的來源。

(二) 營業收入 = 銷售量 × 銷售單價

例：某飲料公司

$$\begin{array}{r} 每月銷售\ 1{,}000{,}000\ 瓶 \\ \times\ 20\ 元（每瓶價格） \\ \hline 2{,}000\ 萬營收額 \end{array}$$

例：某液晶電視機公司

$$\begin{array}{r} 每月銷售\ 50{,}000\ 臺 \\ \times\ 15{,}000\ 元（每臺價格） \\ \hline 7.5\ 億營收額 \end{array}$$

三、營業成本

(一) 製造業：製造成本 = 營業成本

例：一瓶飲料的製造成本，包括：瓶子成本、水成本、果汁成本、加工製造成本、人工成本、貼標成本等。

(二) 服務業：進貨成本 = 營業成本

　　例：王品牛排餐廳進貨成本，包括牛排、配料、主廚薪水、現場服務人員成本等。

四、營業毛利

營業收入	$2,000,000 元
－ 營業成本	1,700,000 元
營收毛利	$ 300,000 元

五、合理的毛利率

正常：30%～40%（例：消費品）

高的：50%～70%（例：名牌精品）

低的：15%～25%（例：3C 產品）

六、營業費用

營業費用又稱管銷費用（即管理費＋銷售費用）

　　例：董事長、總經理薪水、辦公室租金、總公司幕僚人員薪水、業務人員薪水、健保費、國民年金費、加班費、交際費、水電費、書報費、廣告費、雜費等。

七、營業淨利

營業毛利	$1,000,000 元
－ 營業費用	900,000 元
營業淨利	$ 100,000 元（本月）

（即獲利、賺錢）

八、合理的獲利率（淨利率）

正常：5%～10%（例：一般日用消費品）

高的：15%～30%（例：名牌精品）

低的：2%～5%（例：零售業）

例示　某食品飲料公司（製造業）

○○年○○月

項　目	金　額	百分比
1. 營業收入	2 億	100%
2. 營業成本	（1.4 億）	70%
3. 營業毛利	6,000 萬	30%
4. 營業費用	（5,000 萬）	25%
5. 營業損益（獲利或虧損）	1,000 萬	5%

當月獲利 1,000 萬元

例示　某服飾連鎖店公司（進口商）

○○年○○月

項　目	金　額	百分比
1. 營業收入	1 億	100%
2. 營業成本	（7,000 萬）	70%
3. 營業毛利	3,000 萬	30%
4. 營業費用	（3,500 萬）	25%
5. 營業虧損	−500 萬	5%

當月虧損 500 萬元

九、從損益表上看虧損的原因

四大可能原因，使公司當月或當年度虧損：

1. 營業收入不夠（銷售量不足）。
2. 營業成本偏高（成本偏高）。
3. 毛利不夠（毛利率偏低）。
4. 營業費用偏高（費用偏高）。

十、營業收入不足的原因（13個原因）

1. 產品競爭力不夠。
2. 定價策略不對。
3. 通路布置不足，據點不足。
4. 廣宣不夠。
5. 品牌知名度不夠。
6. 行銷預算花太少。
7. 市場競爭者太多。
8. 門市地點不對。
9. 品牌定價錯誤。
10. 缺乏代言人。
11. 尚未形成規模經濟效益。
12. 不能真正滿足消費者需求。
13. 其他競爭力項目不足。

十一、從損益表上看公司之獲利原因

四大可能原因，使公司當月或當年度獲利賺錢：
1. 營業收入足夠（業績好，成長高）。
2. 營業成本低（製造成本低）。
3. 毛利足夠（毛利率足夠）。
4. 營業費用低（費用率低）。

十二、結語

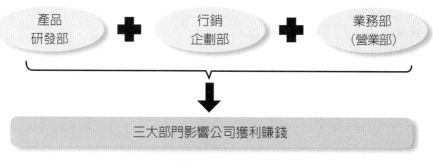

▶ 圖 8-10

自我評量

1. 試說明經由POS銷售分析可以得知哪些情報資訊？

2. 試說明行銷人員如何瞭解業績不佳的原因，有哪些方式可得知？

3. 試列示業績衰退的十二大原因為何？

4. 試列示業績成長的十八個原因為何？

5. 試說明日用消費品業務人員有哪些工作事務需處理？

6. 試說明營業收入及營業成本是什麼？一般來說，合理的毛利率為多少％？

7. 試說明營業費用及營業淨利是什麼？一般來說，合理的獲利率為多少％？

8. 請列示從損益表上看出公司虧損的四大可能原因為何？

9. 請列示從損益表上看出公司獲利的四大可能原因為何？

Chapter 9

中國地區運用代理商開拓市場介紹

學習重點

1. 代理商的種類
2. 挑選代理商的標準
3. 如何找尋代理商
4. 如何加強代理商的管理與激勵

引言

對臺灣廠商而言，中國市場已經愈來愈重要了。因爲，臺灣 2,300 萬人的市場規模畢竟太小了，而且已日趨飽和成熟，與日本 1.2 億人口、韓國 5,000 萬人口、越南 8,000 萬人口、中國 13 億人口、印尼 2 億人口、印度 10 億人口比較而言，臺灣如果不以中國市場爲延伸及腹地，臺灣的經濟成長及臺商的未來就岌岌可危，毫無前途可言。中國市場畢竟是同文同種，地理範圍又這麼近，坐飛機在 2～4 小時就可到，因此管控不會太難。

然而，就實務操作而言，臺商拓展中國市場，主要面臨二大問題：一是品牌知名度問題，二是通路上架問題。這二個都是大問題，而且至少要投入好幾年的人力、物力、財力才可以克服及做好它們，本章先對中國市場的代理商通路概況做一個初步的實務探討介紹。

一、如何在中國市場選擇及配置運用代理商議題

(一) 本公司產品應採「直營制」或「代理制」之理由

透過代理商賣給行業客戶或透過代理商再經過層層分銷，最終賣到消費者手中，這種方式稱爲「代理制」。與代理制相對的稱爲「直營制」，就是不透過代理商，直接由公司自己的業務人員向行業客戶推銷；或不透過代理商，直接由公司自己的業務人員鋪進零售終端（包括：商場、超市、大賣場等），再由零售終端賣給消費者。

(二) 本公司產品應採「直營制」或「代理制」之通則

1. 工廠所在地採直營制，外地採代理制。
2. 公司產品種類多的採直營制，種類少的採代理制。
3. 高價品採直營制，低價品採代理制。
4. 新產品採直營制，舊產品採代理制。
5. 技術複雜的產品採直營制，技術不複雜的產品採代理制。
6. 廣告依賴度大的產品採直營制，廣告依賴度小的產品採代理制。
7. 大企業採直營制，小企業採代理制。
8. 經濟發達區域採直營制，經濟欠發達的偏遠區域採代理制。

二、直營制與代理制的優缺點

(一) 直營制的優缺點

1. 公司自己探索市場，得到的市場資訊較準確。
2. 能夠貫徹公司政策。
3. 公司自己投入的人力、財力、物力較大，風險加大。
4. 由於外地市場的關係不夠，進入市場初期階段困難度大，而且會出現逾期催收款。
5. 拓展全中國市場的速度較慢。
6. 各銷售區域日後成長空間大。

(二) 代理制的優缺點

1. 代理商反映的市場資訊不一定正確。
2. 代理商不易貫徹公司政策。
3. 公司自己投入的人力、財力、物力較小，風險降低。
4. 代理商的當地關係夠，進入市場初期階段困難度小，而且可運用關係，避免出現逾期催收款。
5. 拓展全中國市場的速度較快。
6. 大多數代理商日後的成長空間有限。

三、直營制與代理制的「混合制」

對大多數公司而言，為追求最大效益，同時吸取直營制與代理制的各自優點，應採「混合制」：

(一) 有些銷售區域採直營制，其餘的銷售區域採代理制。

(二) 有些產品採直營制，其餘的產品採代理制。

(三) 針對尚未開拓的銷售區域，可先讓代理商經營，一段時間後：

1. 若代理商經營得很成功，則繼續採代理制。
2. 若代理商出問題，例如：未按合同規定付款給本公司，則改為直營制。
3. 若代理商無法跟上本公司的發展腳步；或該銷售區域的市場太大，潛在客戶太多，該代理商無法全部涵蓋，則一面保留該代理商繼續經營，同時本公司也介入經營，由本公司業務人員開拓該代理商未開拓的客戶。

(四) 針對中國市場獨有的一種現象：「許多知名大型本土企業會拖欠協力廠商貨款」。對策如下：

若協力廠商生產的產品適用的行業很廣，則放棄不與之交易。反之，若協力廠商生產的產品適用的行業很窄，甚至只適用某一行業，則可透過代理商間接與之交易，而這家代理商與之有特殊關係，例如：這家「賴皮」的知名大型本土企業的 Key Man 是該代理商的親戚，該代理商能夠運用這層關係，優先收回貨款。

四、代理商的種類

(一) 全國總代理：較早進入中國市場的跨國高科技公司大多採用此種代理方式。全國總代理成為該公司的一級代理商，再經過區域總代理、城市總代理等層層分銷，亦即再轉批給二級代理商、三級代理商，最終鋪進零售終端。

這種方式的優點是跨國高科技公司本身最省事，投入的資源最少，而且將一部分風險轉移到代理商身上。缺點是由於層次太多，導致效率較差，產品到達用戶手中的時間被拖延，不易掌控最終用戶的訊息、容易遺漏某些重要的銷售區域和重要的用戶；而且只要全國總代理經營失敗，公司必然元氣大傷。反之，若全國總代理經營成功，就會擺出高姿態，要脅增加利潤等。

(二) 區域總代理：將中國劃分為華北區、東北區、西北區、華東區、華中區、華南區、西南區等七個區域，每一個區域配置一家區域總代理，即一級代理商，再透過城市總代理（即二級代理商）鋪進零售終端。

這種方式的優點是公司本身投入的資源很省，同樣是由代理商分擔一部分風險；而且當其中一家區域總代理經營失敗時，不至於導致公司全盤皆輸；此外，其中任何一家都不夠分量來要脅增加利潤。缺點是效率仍不夠高，還是有可能遺漏某些重要的銷售區域和重要的用戶。

(三) 城市總代理：在全中國各重要的大城市配置城市總代理，由城市總代理鋪進零售終端。有的城市總代理本身就擁有專賣店等零售終端。這種方式的優點是層次最少、效率最高，幾乎可滲透到市場每一角落，不容易遺漏重要的銷售區域與重要的用戶。缺點是公司要投入大量人力、財力、時間進行籌設、管理、支持。

(四) 省（含直轄市、自治區）總代理：實力遜於其他同業的弱小廠家，可採「省總代理」模式，在各省配置 1 家實力很強的總代理。給予省總代理相對同業更優厚的單位利潤，壓縮生產廠家自己的單位利潤。並保證不在該省配置第二家代理商，全權委託省總代理開拓該省的市場。若需要做售後服務，則委託省總代理兼做售後服務，售後服務的開銷從貨款扣除。

這種方式往往能夠創造不錯的業績，使弱小廠家快速成長茁壯，省總代理也賺到豐厚的總利潤。

五、挑選代理商的標準

(一) 以「銷售分析」篩選出合適的代理商。列出代理商銷售的每一種產品，然後查出代理商重點銷售的產品。本公司產品類別占其全部代理產品的比重不能太低。

(二) 信譽

　　1.向同業其他廠家的業務人員和同業其他代理商打聽該代理商：付款是否正常？信用額度大小？有無達成合同規定的業績指標？有無遵守廠家規定的價格政策？

　　2.臺商在中國市場挑選代理商時，可委託中華徵信所調查代理商的信用。中華徵信所總公司在臺北，在北京和上海設有分支機構，專為在中國的臺商提供徵信調查服務。

(三) 擁有本產品的銷售管道，例如：擁有次級代理商。另外，中國市場有愈來愈多的行業，其銷售管道成敗的關鍵在「連鎖專賣店」，則應挑選擁有專賣店的代理商。例如：華帝灶具的重慶總代理適時公司共擁有 40 家自營與加盟的專賣店；華東區域最大的家用塗料代理商麗家商貿公司共代理 20 幾個品牌，自己開設 18 家連鎖專賣店。

(四) 擁有特殊的銷售管道，例如：集團消費。

(五) 工業品和高科技產品的代理商應具備本行業的專業知識。

(六) 具有倉儲配送能力。

(七) 具有售後服務能力。

(八) 具有與本公司合作的意願，例如：能全力配合本公司產品鋪市。

六、如何找尋代理商

(一) 參展。

(二) 請本公司現有代理商介紹異地不錯的代理商。

(三) 招聘有本行業或相關行業經驗的業務人員，帶進來不錯的代理商。

(四) 在廣告附加「誠徵代理商」字樣，就會有代理商主動找上門。

(五) 注意本行業或相關行業公司的廣告所列出的代理商名單，去拜訪爭取。

(六) 到工業品批發市場去找合適的，作為本公司的代理商。

(七) 有一些行業是由代理商開設專賣店，因此可從專賣店找到代理商。

(八) 本公司資深績優老員工想創業者，可栽培成為本公司的代理商。

(九) 刊登「中國經營報」廣告招募代理商。

七、加強代理商的管理

(一) 代理商會發生的問題

1. 拖延付款給本公司。

2. 不遵守合同。

3. 未能達成本公司規定的業績指標。

4. 過度依賴本公司。

5. 向本公司提出無理要求。

6. 發展跟不上本公司腳步。

7. 經營管理水準落後。

8. 有些行業的代理商做久了之後，會以 OEM 自創品牌，跟本公司打對臺。

(二) 如何管理代理商

1. 嚴格督促代理商建立客戶資料。

2. 代理商剛出現拖延付款、不遵守合同等問題時，應立即要求代理商補救。若重複發生，則予以淘汰。

3. 由本公司業務幹部陪同代理商拜訪：

(1) 督促與協助總代理配置次級代理商。

(2) 屬於飲料、食品等消費品，為貫徹公司的銷售政策，業務幹部應陪同總代理拜訪其次級代理商，監督分銷管道的運作狀況，瞭解價格波動與存貨運轉、協助開展促銷活動、管理與維護其重點客戶。

(3) 工業品的代理商業績不好時，業務幹部應陪同代理商拜訪客戶，其用意在於查出問題所在。若肇因於競爭對手降價等外在因素，則本公司可據此研擬對策。若業績不好是由於該代理商將經營重心擺在別公司產品，而未盡心盡力推銷本公司產品，則可督促代理商加強推銷本公司產品。

八、年終暗獎是最有效方法

(一) 如何支援代理商

1. 廣告與促銷：廣告依賴度大的產品必須做適量的廣告。在促銷方面，生產廠家應編列預算，支援代理商在零售終端舉辦促銷活動，例如：派促銷員向消費者解說、推薦、現場試吃、抽獎等。

2. 必須把公司的最新政策及時傳達給代理商。

3. 有的代理商由於擁有專賣店或專櫃，配置自己的營業員，因此需要生產廠家提供營業員培訓，內容包括產品專業知識和推銷技巧。

4. 工業品的生產廠家應協助代理商培訓業務、技術服務人員。

5. 生產廠家應定期舉辦代理商經營研習會，提升代理商的經營水準。

(二) 如何激勵代理商

1. 付現獎勵：為鼓勵代理商採現金交易，針對現金交易的代理商發給 3% 的付現獎勵金。

2. 業績獎勵：亦即中國市場盛行的「年終返利」。凡代理商的年度業績達到合同約定的業績指標者，即發給獎勵金。

3. 補助金：為激勵代理商積極向零售店推銷本公司產品，可按代理商的業績提撥一定百分比作為「補助金」，供代理商向零售店發放促銷物、招待零售店聚餐等。

4. 出國旅遊：在規定期間達成業績指標的代理商，由公司招待出國旅遊。

5. 年終暗獎：農曆春節前，按每一代理商今年的表現核算獎勵金。核算方法及每一代理商的獎勵金額保密。「年終暗獎」是生產廠家掌握代理商的最有效方法，能夠提高代理商對公司的向心力，使代理商多賣公司產品，而不賣或少賣競爭對手產品；可防止重要的代理商被離職業務人員帶走。

九、如何防止被代理商倒帳

(一) 必須與代理商簽訂買賣合同，明訂付款方式，多一份法律上的保障。

(二) 代理商若代理主力「拳頭產品」（具有強勁市場競爭力，主要產品），則較不易倒閉。

(三) 筆者這幾年分析中國市場的倒帳案例，發現倒帳者幾乎全是外地人。因此，如果代理商是外地人，則要多加留意。

(四) 注意營業執照的法人代表與實際經營者是否同一人。照理說，私營企業的法人代表與實際經營者本應同一人，因此，如果這兩者非同一人，則顯示以前曾有倒閉或詐欺等不良記錄，所以不敢以真面目示人，而代之以「人頭」。

(五) 定期清查代理商的庫存，再對照其訂單，結果呈現「庫存多，訂單少」，則可歸納出：

　　1.若付款正常，則顯示財力沒問題。問題出在生意不好或將銷售重心擺在別公司產品，則應加強輔導，提升其業績或促使其將銷售重心轉移至本公司產品。

　　2.若付款有拖延現象，則顯示生意不好、財力有問題，應終止交易，以免吃倒帳。

(六) 前帳未清，不得繼續出貨。

(七) 代理商轉投資房地產、股票，最終失敗者占大多數。因此，發現代理商轉投資者，應縮小交易量，加緊收款。

(八) 注意代理商倒閉前的徵兆。結款突然變得不順時，老闆行蹤不定、經常找不到人、難得現身時，外表顯得萎靡不振。

十、增加服務或向服務轉型

(一) 代理商的不利發展趨勢

　　近幾年來，在快速消費品市場，家樂福、易初蓮花、大潤發等大賣場，以及聯華、華聯、農工商等連鎖超市，正逐漸侵蝕代理商的批發管道市場。凡是配合此一變化趨勢而調整銷售管道的生產廠家，就能締造營業佳績。反之，仍然依賴傳統代理商的批發管道的生產廠家，其營業額便大幅下滑。例如：可口可樂近幾年來大幅改造銷售管道，逐漸擺脫代理商的批發模式，加快腳步設立銷售分公

司，配置自己的業務人員，加強鋪進大賣場和連鎖超市，從而保持不錯的業績。反之，仍然依賴傳統批發管道的健力寶、旭日升卻敗下陣來。

此外，近幾年來，中國的家電市場，以北京國美、南京蘇寧爲首的家電連鎖大賣場迅速崛起，不斷在全國各大城市開設家電大賣場。其經營型態是以「常規機＋促銷機＋專供機」的產品組合策略，採「薄利多銷」來締造自身與家電廠家的雙贏。這種家電連鎖大賣場被業界稱爲「超級終端」。

家電行業的「超級終端」也逐漸侵蝕原代理商的批發市場。代理商被超級終端逼得從一級大城市逐漸向二、三級中小城市轉移。新科空調就是加強與國美、蘇寧合作，從而大幅提高業績。

(二) 代理商的轉型

爲提高營業額，增加利潤，提高競爭力，代理商正設法增加服務項目或向服務轉型：

1. 增加服務項目

(1) 快速消費品的代理商增加物流服務。

(2) 工業品代理商可增加下列服務項目：提供安裝、操作等技術服務；提供配套產品服務；提供售後維修服務。

2. 向服務轉型

例如：全球 IT 行業在硬體銷售已進入微利的不利情況下，IT 代理商應向服務轉型，成爲增值代理商，提供 IT 諮詢、應用軟體、系統集成、應用培訓等。

（註：本節資料來源：臺商張老師王介良，爲王介良國際有限公司負責人。）

自我評量

1. 請問中國行銷通路採用直營制的優缺點如何？

2. 請問中國行銷通路採用代理商制的優缺點如何？

3. 請問中國行銷通路採用代理商的種類有哪四種？

4. 請問在中國如何尋找代理商？

5. 請問在中國如何激勵代理商？

Part 3

討論篇：通路業者實戰個案

Chapter 10

某臺商代理貝薇雅內衣拓展中國市場行銷企劃案（實務）

學習重點

1. 貝薇雅內衣概述
2. 市場競爭策略與廣宣規劃
3. 經銷商體系業務拓展規劃
4. 新品發表會暨招商大會

第 1 節　貝薇雅內衣概述分析

一、背景概述

(一) 定位在時尚流行款式的女性內衣市場，紛紛以代言人和品牌形象塑造方式來獲取知名度和市場占有率。

(二) 其他國內本土及國際內衣品牌在各大百貨公司（獨立通路）皆進駐、開立旗艦店吸引客群、以國外形象行銷商品，更成功成為粉領上班族喜愛購買選擇。

(三) 身為眾多國內的國際內衣品牌之一的 BELVIA，初期 90% 業務皆為一般電商通路銷售，唯一廣告刊登則定期在時尚生活雜誌上，由於本身無法直接面對消費者，專屬獨立狀況不明，實體銷售方式也缺乏，故其期待透過經營上海首間櫃點（實體展售店）的改變和品牌有計畫的經營推廣（媒體暨公關廣告活動規劃），能使 BELVIA 躋身成為粉領上班族首選的新機能內衣首款。

二、品牌分析

品牌訴求（Brand Appealing）	功能（Feature）
・Sweet ・Sexy ・Cool ・Colorful ・Young ・Amorous ・Fashion	・設計感強 ・多樣設計風格，展現不同性感魅力
品牌定位（Brand Position）	風格（What's the BELVIA Style？）
・展現英國女性精緻的時尚生活態度 ・女性機能內衣的時尚設計品牌 ・手工訂製鞋的先驅者 ・新性感時尚潮流的首選 ・巨星最愛的流行品味（需用公關與媒體操作手法創造）	・獨立自主的都會女性 ・外放聰穎，敢秀出性感魅力 ・品味時尚 ・有自我風格的生活態度 ・青春陽光熱情的歡愉氣氛

三、SWOT分析

優勢（Strength）	弱勢（Weakness）
• 為塑造國際背景的流行設計品牌 • 擁有自己的研發技術和內衣製作廠 • 產品極富機能設計感 • 產品製作精良，成為更暢銷國際機能內衣精品市場 • 2013 年第一專櫃屬實體通路店，開幕成為全新零距離接近消費者品牌，可塑性高	• 在市場知名度低 • 一般消費者進入零售店較無品牌期待，全憑心中既定印象 • 實體通路沒有，可能造成未來品牌塑造及代理商審視之阻礙
機會點（Opportunity）	威脅點（Threat）
• 電商（電視購物）銷售已久，特定消費顧客和經營經驗多 • 創造與大部分地區追求時尚和重視外在之風潮同步 • 國內女性有逐漸重視內衣機能感的趨勢，擁有消費力，對國際品牌愛好者日漸增加	• 國內與國際女性內衣品牌眾多，市場競爭激烈 • 國內女性消費者對內衣品牌忠誠度極低 • 各品牌競爭對手紛紛塑造國外精品光環，需要創新突圍

第 2 節　市場競爭策略與廣宣規劃

一、品牌思考：品牌對應市場戰略的展開

面對此類產品的市場競爭性，本品牌有如圖 10-1 所示之品牌策略對策：

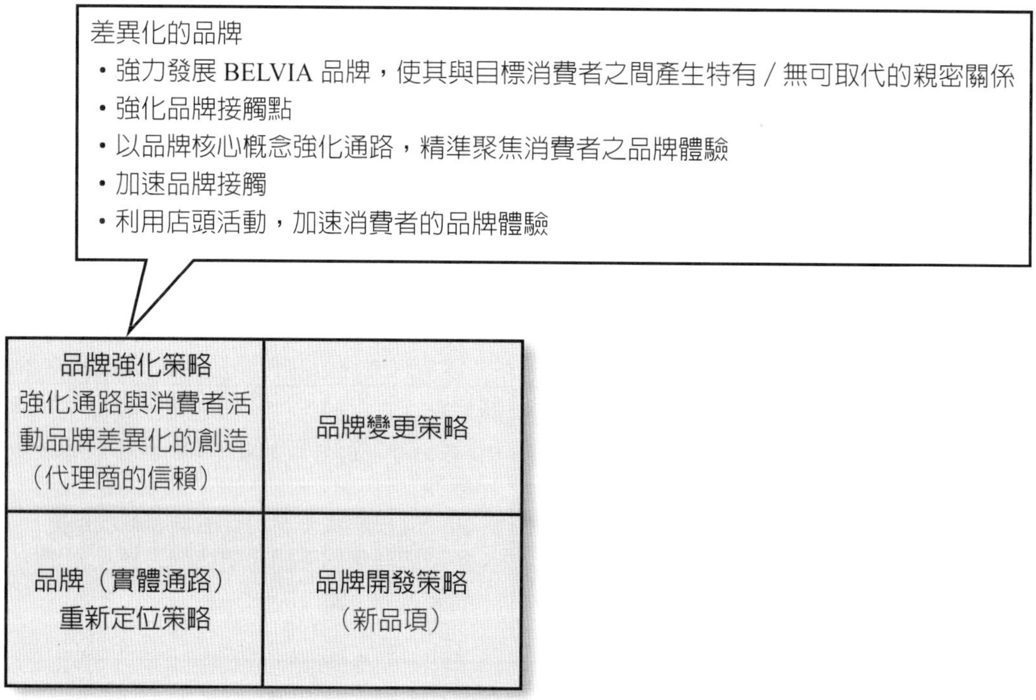

差異化的品牌
- 強力發展 BELVIA 品牌，使其與目標消費者之間產生特有／無可取代的親密關係
- 強化品牌接觸點
- 以品牌核心概念強化通路，精準聚焦消費者之品牌體驗
- 加速品牌接觸
- 利用店頭活動，加速消費者的品牌體驗

品牌強化策略 強化通路與消費者活動品牌差異化的創造 （代理商的信賴）	品牌變更策略
品牌（實體通路） 重新定位策略	品牌開發策略 （新品項）

圖 10-1　BELVIA 品牌策略圖

二、任務

(一) 產品任務

1. 爭取 2019 年 1 月成立專屬店面，建立實體通路與電商銷售商品分流。

2. 設置專屬店頭形象店面（專櫃），與其他不知名品牌建立強烈區隔識別。

3. 2019 年 4 月，舉辦全系列產品發布與代理商採購會。

(二) 公關任務

1. 奠定 BELVIA 流行時尚女性機能內衣指標形象，打造「購買 BELVIA = 品味時尚之展現」的印象。

2. 透過媒體關注擴大新聞曝光，建立 BELVIA 在市場上的知名度與指名度，拉抬消費者購買欲望，進而達成各地代理商詢問度及話題性。

(三) 品牌任務

1. 重新詮釋品牌概念與品牌個性，在所有品牌接觸點貫徹一致品牌形象。

2. 建議安排名人，或挑選具潛力的 model 代言，打造時尚女性機能內衣品牌形象。

三、溝通訊息（Communication Message）

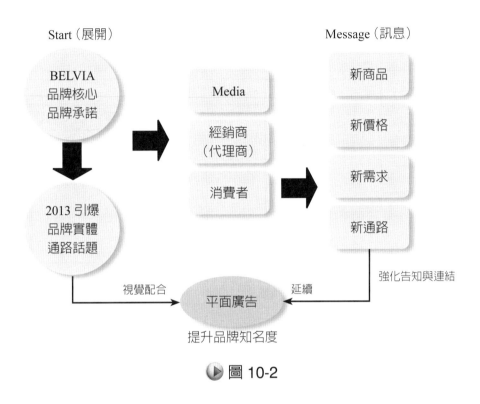

▶ 圖 10-2

四、公關策略

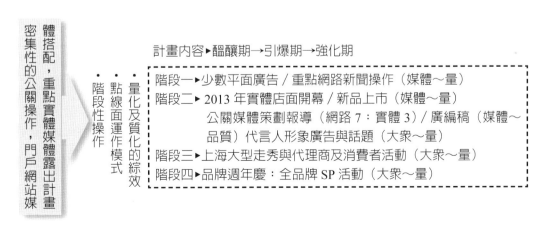

▶ 圖 10-3

五、○○年商品開發規劃

2 月前，規劃完成十種常態商品樣式與新樣式開發主題，如下圖春、夏、秋、冬四季新品上市規劃：

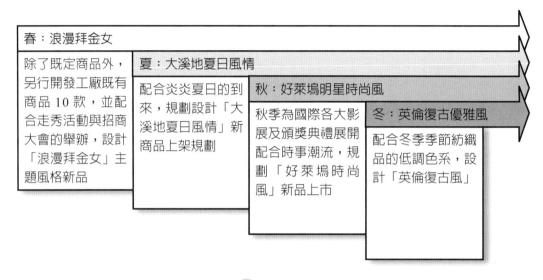

春：浪漫拜金女

除了既定商品外，另行開發工廠既有商品 10 款，並配合走秀活動與招商大會的舉辦，設計「浪漫拜金女」主題風格新品

夏：大溪地夏日風情

配合炎炎夏日的到來，規劃設計「大溪地夏日風情」新商品上架規劃

秋：好萊塢明星時尚風

秋季為國際各大影展及頒獎典禮展開配合時事潮流，規劃「好萊塢時尚風」新品上市

冬：英倫復古優雅風

配合冬季季節紡織品的低調色系，設計「英倫復古風」

▶ 圖 10-4

六、○○年度廣宣時間排程表

	①月	②月	③月	④月	⑤月	⑥月
公關媒體行銷	• 品牌定位定案 • 議題設定 • 實體店面進行 • 圖紙設計 • 代言人擬定	• 春節期間至 2/25 • 代言人棚拍（拍攝／設計／製稿） • 平面廣告規劃 • 實體店施工	• 春夏新品到位 • 代言人與實體店面消息操作醞釀 • 代言人網路視頻廣告播出 • 代理商邀約展開	• 品牌走秀與代理商活動召開 • 代言人實體廣告	• TBC：實體店面開幕慶 • 代理商參訪	• 年中 SP 活動
企劃文宣		• 邀請卡 • 展示設計	• DM/POP • BELVIA • 明星時尚「新款機能內衣」	• DM/POP • BELVIA • 明星時尚「新款機能內衣」	• DM/POP	• DM/POP
業務執行	• 經銷商制度確認		• 專屬店面的進駐			• 重點實體店面年中慶
商品規劃	• 春夏商品企劃 • 搭配棚拍商品規劃		• 明星最愛美人內衣款 • Bling Bling • 浪漫拜金女（暫定）	• 明星最愛美人內衣款 • 大溪地夏日清涼風（暫定） • 秋季規劃商品	• 明星最愛美人內衣款 • 好萊塢時尚明星風（暫定） • 秋季規劃商品	• 明星最愛美人內衣款 • 英倫復古優雅風（暫定） • 冬季規劃商品

圖 10-5

第3節　經銷商體系業務拓展規劃

一、經銷體系規劃

（人民幣）

	1.年進貨量	2.保證金	3.進貨返還保證金	4.經銷價格
(1) 大區域經銷華東、華南、華北、華中四大區域	300 萬	30 萬	180 萬	40 元／件
(2) 省代經銷	100 萬	10 萬	60 萬	45 元／件
(3) 市代經銷	50 萬	5 萬	30 萬	50 元／件
(4) 其他小區域分銷交由所在區域經銷商供貨並訂定銷售規範				

二、經銷商輔導辦法

(一) 規劃所有輔銷品，包括宣傳 DM、雜誌廣告、展架、產品包裝代，產品 VCR 等。

(二) 定期派講師至全國各個經銷點為巡點授課，針對產品資訊、產品銷售技巧定期做教育訓練。

(三) 因應中國各地區域性的不同，隨時提供適合的產品訊息給經銷商，並提供合理比例的退換貨服務，做到因地制宜，因事制宜的全方位服務。

(四) 建立免費的客服與投訴管道，讓客戶的疑慮與抱怨，可以做到即時的處理，建立品牌無形的價值。

(五) 規劃每月、每季、每年的獎金制度，讓業績做得好的經銷商能額外享受返利回饋，以增加來年合作的力度。

*經鎖商輔導辦法合併經銷商暨代理規範，於 1 月中，專案另呈。

三、實體通路營業目標

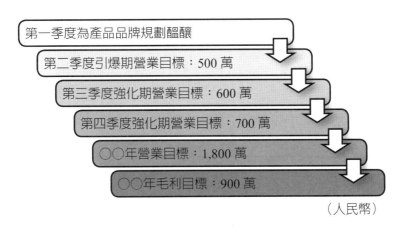

第一季度為產品品牌規劃醞釀

第二季度引爆期營業目標：500 萬

第三季度強化期營業目標：600 萬

第四季度強化期營業目標：700 萬

○○年營業目標：1,800 萬

○○年毛利目標：900 萬

（人民幣）

▶ 圖 10-6

第 4 節　新品發表會暨招商大會

一、BELVIA春夏新品發表暨招商大會

(一) 時間：2019 年 4 月第一週

(二) 活動目的：透過舉辦新品秀，讓媒體用筆觸及目標，讓代理商更貼近 BELVIA 設計專業及時尚品味。

(三) 藉由代言人發表燃燒話題，更促進未來各區域代理授權及採購量的契機。

(四) 活動宗旨：建議以春夏新品發表，吸引目標代理商，並且讓代言人首度露面。

(五) 活動目標

　　1.消費者 VIP、領導、經銷商（區域代理商）。

　　2.媒體：主流門戶媒體、平面、電視媒體。

(六) 招商方式

　　1.媒體招商、公關公司。

　　2.人脈資源、展場名單。

代言人廣告

新品發布
代言人發表

廣宣編稿
策劃報導

平面廣告

二、發表會參考

三、春夏新品曝光媒體排程

在新品、代言人及實體店曝光前，以波段式網路媒體報導的出現，來逐漸加深消費者對 BELVIA 的品牌形象。

(一) 平面廣告

1. 時間：3～4 月（約活動前）。
2. 內容：著重 BELVIA 形象，建議以春夏形象稿，刊登於策略規劃雜誌廣告。

(二) 新品發表

邀請媒體出席，加上代言人首度見面，將可促使 BELVIA 大幅度曝光。

(三) 代言人網路廣告

1. 建議時間：3 月中。
2. 以網路廣告、網路新聞及微博操作為主，迅速燃起 BELVIA 熱潮。

(四) 代言人平面廣告

1. 建議時間：4～7 月（活動日後）。

2. 以平面及報紙雜誌為主，增加代言人與 BELVIA 的連結曝光。

四、媒體合作

(一) 建議曝光時間：新品上市時。

(二) 目的：透過曝光時效性較高的媒體，讓消費者在新品上市同時，引燃話題。

1. 週刊：專題廣編
   - 建議媒體，時尚生活雜誌。
   - BELVIA 時尚女性機能內衣一週搭配術。
   - 搭配棚拍側寫花絮，增加消費者認同與代言人曝光。

2. 報紙：策劃報導，搭配其他品牌女性內衣曝光
   - 建議媒體：地鐵報（採購王／靚女王／流行尖端）。
   - 魅女 25 款，繽紛春夏。
   - 今夏最 in 的機能內衣風潮來襲。

3. 網站：話題操作與新聞搭配
   - 建議媒體：國內入口網站＋微博行銷。
   - 國際 BELVIA 內衣華人女星低調穿著。
   - BELVIA 首家專賣店正式落滬。

五、預算支出

（人民幣）

項目	內容	預算	備註
新聞操作	主流門戶網站每個月1 篇 1,200 字新聞刊登（含 3～4 張配圖）	20,000／月（240,000／年）	按公關公司規劃可做增減
代言人與宣傳照拍攝	代言人費用與拍攝製作	700,000／年	含一年產品代言、出席三次活動產品配合拍攝（平面和 VCR 兩支）、拍攝製作費用等

項目	內容	預算	備註
春夏新品發布會與招商大會	場地出借、硬體布置、模特、媒體、來賓招待等（含走秀所需道具等）	600,000／次	含產品走秀與招商大會
媒體投放	代言人平面及網路廣告投放	200,000／季 （800,000／年）	約略估計
實體店面開設	店鋪租金、裝潢、人事管銷等	80,000 月 （960,000／年）	含每月租金、人事管銷、裝潢攤提等實際開銷專案另呈
公關委外操作	包括活動舉辦、招商名單、媒體公關操作露出等	50,000／月 （600,000／年）	未議價，可分季結算委外工作細項專案另呈
經銷商輔導辦法	含輔銷品、講師授課費用、差旅等	400,000／年	—
合　　計		4,300,000／年	—

自我評量

1. 本章為某臺商在中國市場行銷內衣的完整企劃撰寫個案，請問一份完整的行銷企劃個案，應該包括哪些重要大綱項目？

Chapter 11

國內零售通路業者實務個案討論

案例 1

COSTCO（好市多）：全球第二大零售公司經營成功祕訣

(一) 大型批發量販賣場的創始者

美國好市多全球大賣場計有 766 家店，全球收費員總數超過 9,000 萬名會員，是全球第二大零售業公司，僅次於美國的 Walmart（沃爾瑪）。

好市多於 1997 年，即來臺灣 20 多年，首家店開在高雄，目前全臺有 14 家店，都是大型賣場。目前會員總數，全臺為 220 萬名，年營收達 700 億新臺幣，與家樂福非常接近，可說是臺灣知名的量販店大賣場。

(二) 好市多的商品策略

根據好市多的官網顯示，好市多的優良商品策略，有以下四點[1]：

1. 選擇市上受歡迎的品牌商品。

2. 持續引進特色進口新商品，以增加商品的變化性。

3. 以較大數量的包裝銷售，降低成本並相對增加價值。

4. 商品價格隨時反映廠商降價或進口關稅調降。

(三) 毛利率不能超過 12%，為會員制創造價值

好市多美國總部有規定，各國好市多的銷售毛利率不能超過 12%，而以更低價售價，反映給消費者。一般零售業，例如：臺灣已上市的統一超商及全家的損益表毛利率一般都在 30%～35% 之高，但全球的好市多，毛利率只限定在 12%；這種低毛利率反映的結果，就是它的售價會因而更低，而回饋給消費者。

那麼，好市多要賺什麼呢？好市多主要獲利來源，就是賺會員費收入；例如：臺灣有 220 萬會員，每位會員的年費約在 1,350 元，則 220 萬會員乘上 1,350 元，全年會員滯收入，就高達 28 億之多，這是純淨利收入的。能靠會員費收入的，全球僅有好市多一家而已，足見它是相當有特色及值得會員付出年費。好市多的訴求，則是如何為消費者創造出收年費的價值。亦即，好市多能讓顧客用最好、最低的價格，買到最好的優良商品以及別的賣場買不到的進口商品。

好市多的臺灣會員卡，每年續卡率都高達 90% 之高，這又確保了每年

---

[1] 此段資料來源，取材自臺灣好市多官網。（www.costco.com）

28 億的淨利潤來源。

(四) 好市多業後成功的採購團隊

臺灣好市多經營成功的背後，即是有一群高達 100 多人的採購團隊，他們是從全球 10 多萬品項中，挑選出 4,000 種優良品項而上架販賣的。臺灣好市多採購團隊的成功，有幾點原因：

1. 這 100 多人都是非常具有多年商品採購專業經驗的。

2. 他們從臺灣本地及全球各地會搜尋適合臺灣的好產品。

3. 他們任何產品若要上架銷售，都是要經過內部審議委員會多數通過，才可以上架的。因此，有嚴謹的機制。

4. 他們站在第一線，以他們的專業性及敏感度為顧客先篩選過，選出好的才上架。

(五) 以高薪留住好人才

臺灣好市多每家店約顧用 400 人，全臺 14 家店約雇用 5,000 多人，其中有八成第一線現場人員是採用時薪制，好市多給他們的薪水相當不錯，以每週工作 40 小時計，每月的薪水可達到 4 萬元之高，比外面同業的 3 萬元薪水，要高出 1 萬之多。另外，臺灣好市多也用電腦自動加薪，每滿 1 年就自動加薪若干元，都是標準化、自動化的，不會像人工計算，有時會疏忽漏掉。

臺灣好市多認為，給員工最好的待遇，就是直接留住人才的最好方法。這是好市多在人資作法上的獨特點。

(六) 企業文化鮮明

臺灣好市多，遵從美國總部的理念，它有四大企業文化，就是：1. 守法；2. 照顧會員；3. 照顧員工；4. 尊重供應商。

(七) 販賣美式商場的特色

臺灣好市多的最大特色，就是它跟臺灣的全聯、家樂福大賣場都不太一樣，好市多是販賣美式文化、美式商場的感覺，而全聯及家樂福則是本土化感覺。

好市多全賣場僅約 4,000 品項，家樂福則為 4 萬品項，但好市多有許多品項都是從美國進口來臺灣的，美式商品的感受很濃厚，這是它最大特色。

(八) 關鍵成功因素

臺灣好市多經營 20 多年來，已成為國內成功的大賣場之一，歸納其關鍵成功因素，有下列七點：

1. 商品優質，且進口商品多，有美式賣場感受

   臺灣好市多的商品，大多經過採購團隊嚴格的審核及要求，因此，大多是品質保證的優良商品，而且進口商品，有美式賣場感受，與國內其他賣場有明顯不同及差異化特色，吸引不少消費者長期惠顧。

2. 平價、低價，有物超所值感

   臺灣好市多毛利率只有 12%，因此，相對售價就定得低，因此，到好市多購物就有平價、低價的物超所值感受，而這就是每年付 1,350 元的代價回收。

3. 善待員工，好人才留得住

   臺灣好市多，以實際的高薪回饋給第一線員工，並有其他福利等，如此善待員工，終於留得住好人才，而好人才也為好市多做更大的貢獻。

4. 大賣場布置佳，有尋寶快樂購物感覺

   由於是美式倉儲大賣場的布置，因此視野寬闊，進到裡面，有種尋寶快樂購物的感覺，會演變成再次習慣性的購物行為。

5. 保證退貨的服務

   好市多也推出只要商品有問題，就一律退貨的服務，也帶來好口碑。

6. 會員制成功

   臺灣好市多，成功拓展出 220 萬名繳交年費的會員，1 年有 28 億元淨收入，成為好市多最大利潤的來源，因此，它可以用低價回饋給會員，創造會員心目中卡的價值所在。因此，好市多就不斷努力在定價、商品及服務上，創造出更多更好的附加價值出來，回饋給顧客，形成良性循環。

7. 賣場兼有用餐地方

   每個好市多賣場，除了有賣商品之外，也都有美式速食的用餐區，方便顧客肚子餓了，有可以吃美食的地方，這也是良好服務的一環，設想周到。

(九) 核心理念與價值

根據好市多臺灣區的 2019 年秋季版會員生活雜誌，提到好市多的三大核心理念與價值，如下[2]：

---

[2] 此段資料來源，取材自臺灣好市多會員生活雜誌，2019 年秋季版，頁 21。

1. 對的商品
   - 每一個品項都是我們的明星商品。
   - 我們所販售的商品與服務，都是為了使會員的生活更豐富、愉快，更重要的是，我們推出能讓會員感到滿足的品項。能夠進入好市多賣場等待上架的商品，皆經過一番嚴格篩選，才能夠登上賣場的舞臺，因此每一項商品都是我們的明星商品。

2. 對的品質
   - 貫徹到底的品質控管。
   - 我們的採購團隊會到商品的製造場所確認品質，也會從勞工、原物料、勞動環境、衛生狀態等多方考慮、調查，如果未能達到好市多品質控管的標準，無論是市面上再熱門的商品，在對方徹底改善之前，我們都不願上架銷售，如此嚴格的標準，也代表我們對會員的責任。

3. 對的價格
   - 盡可能的低價格。
   - 在設定銷售價格時，我們首先考慮的絕不是如何獲利的計算方法，確保了對的商品與對的品質之後，我們才會開始評估進貨成本，包括：生產者的堅持與講究、商品的運輸成本、在市場上的品質優勢。與其他競爭廠商的價格比較，以及所有相關人員的付出來做出評價，藉此設立最適當的價格。

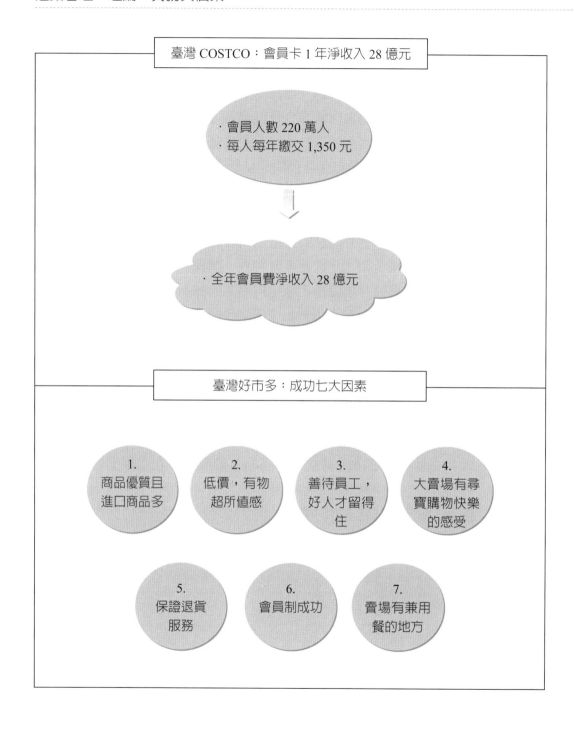

臺灣 COSTCO：會員卡 1 年淨收入 28 億元

· 會員人數 220 萬人
· 每人每年繳交 1,350 元

· 全年會員費淨收入 28 億元

臺灣好市多：成功七大因素

1.
商品優質且
進口商品多

2.
低價，有物
超所值感

3.
善待員工，
好人才留得
住

4.
大賣場有尋
寶購物快樂
的感受

5.
保證退貨
服務

6.
會員制成功

7.
賣場有兼用
餐的地方

自我評量

1. 請討論好市多的商品策略爲何？

2. 請討論好市多爲何毛利率不能超過12%？

3. 請討論好市多的會員卡有多少人？年收費多少？消費者爲何願付年費？

4. 請討論好市多的採購團隊狀況如何？

5. 請討論好市多如何留住好人才？

6. 請討論好市多的成功關鍵因素如何？

7. 請討論好市多三項核心理念與價值爲何？

8. 總結來說，從此個案中，您學到了什麼？

案例 2

全聯：國內第一大超市成功的經營祕訣

(一) 堅持低價、便宜、微利、省錢、便利

全聯福利中心是國內第一大超市及第二大零售公司，其營收額僅次於統一超商（7-ELEVEn）。該公司林敏雄董事長所堅持的最重要經營理念，即是：堅持利潤只賺 2%，售價比別家便宜 10%～20%。完全以照顧消費者為最高方針，其品質也不打折扣，此理念甚得眾多產品供應商的支持。

(二) 臺灣第一大超市通路

全聯的前身即是軍公教福利中心，後來經營不善，轉給全聯接手營運；到 2019 年底為止，全聯超市總店數已突破 1,000 店，年營收額也突破 1,100 億元，超越家樂福量販店的 700 億元，僅次於統一超商的 1,200 億元營收。

全聯在短短 20 多年之間，即超越 1,000 家店，已成為重大的進入門檻，其他競爭對手想要進入做超市經營，已經沒有可能性了，因為進入門檻太高，必須花費好幾百億元才能進入，而且不一定會成功，臺灣已經沒有超市的空間。

(三) 全聯快速成功的二大關鍵

全聯在短短 20 多年間能夠成為超市巨人，其成功二大關鍵為：

一是該公司發展方向正確。該公司相信規模力的重要性，因此投入大量人力及財力，加速進行門市店版圖的擴張，門市店家數多了，銷售量自然上升，供應商必然就都會來，解決產品力問題。

二是該公司團隊協力合作。不管是第一線展店人員或是後勤支援人員，全部都投入展店工作，大家一起團隊合作。

(四) 價格是紅色底線

全聯林敏雄董事長有一條不可挑戰的紅色底線，那就是價格必須低價，利潤只要 2% 就好，因此，售價不會太高。這也須要供應商拉低供貨價格的配合才行。因此，全聯都是採取寄賣方式，但每月結帳，結帳付款採用現金匯款，而不是一般零售業採用3個月才到期的支票，終於獲得供應商的信賴。

另外，全聯商品部也有一支查價部隊，每天要查核零售同業的價格，確保全部價格一定是最低或平價。

(五) 快速展店的祕訣

全聯有一套快速展店祕訣，一是從中南部鄉鎮包圍都市。當時，中南部租金便宜，而且空間坪數大，可以成為超市，就從中南部起家。

二是透過併購快速成長。2004 年併購桃園地區的楊聯社，22 家超市，2010 年併購味全的松青超市 66 家。

(六) 投入生鮮門市

全聯在 2006 年時發現，只做乾貨的營收額不可能再成長，因為消費者不可能每天買衛生紙、買洗髮精；然後又參考日本成功的超市，都是要兼賣生鮮產品（即賣肉類、魚類、蔬菜、水果、冷凍）。

因此，在 2006 年收購日系善美的超市，引進生鮮人才；又在 2007 年收購臺北農產運銷公司，學習蔬果物流。2008 年正式進入生鮮門市店。目前，全聯在全臺已打造各三座的魚肉及蔬果物流中心。投入生鮮門市後，全聯的每日營收也都快速上升增加了。

(七) 與廠商生命共同體

全聯的成功之一，供貨廠商是重要的，供貨廠商能夠以低價、且優良品質的產品供應給全聯超市，使全聯的產品系列有好的口碑。此外，供貨商也常配合全聯經常性的促銷活動提供更低、更優惠的特價活動，也成功拉升全聯及供貨商的業績成果。此種均顯示全聯與廠商為生命共同體。

(八) 全聯行銷業

2006 年起，全聯才開始與奧美廣告公司合作，拍攝廣告片，即時開始出現「全聯先生」的廣告角色，並且喊出「便宜一樣有好貨」的經典廣告金句，一時引起熱議，「全聯」名字成為全國性知名品牌。

2015 年，全聯推出「經濟美學」，喊出節省、時尚的觀念，又打響全聯的品牌好感度。

此外，全聯也推出各項「主題行銷」，例如：咖啡大賞、衛生棉博覽會、健康美麗節等，提出各類產品的低價特惠活動。

2017 年，全聯推出「集點行銷」活動，以集點可以換購德國著名的廚具鍋子，也引起很大成功，拉升營收額。

此外，全聯在每年重大節慶，例如：週年慶、年中慶、中元節、媽媽節、爸爸節、中秋節、端午節等，也都有推出大型節慶促銷活動，都非常成功。

(九) 全聯人才學

林敏雄董事長對全聯的人力資源管理，有以下幾項原則：

1. 信任員工，充分授權。

2. 看人看優點，把人才放在對的位置上。

3. 大量雇用二度就業婦女。

4. 肯學習，有成長，就會有晉升機會。

5. 將成功歸功於全體努力員工的身上。

6. 學歷不是很重要，要肯投入、要肯用心、要隨公司一起成長最重要。

(十) 總結：成功關鍵因素

總結來說，全聯能夠快速成為國內第一大超市，歸納它的成功關鍵因素有以下十一點：

1. 快速展店的經營策略正確。

2. 同業的競爭壓力，當時不算太大，當時的頂好超市還不是太強大。

3. 擁有很用心、肯努力、有團結心的人才團隊與組織。

4. 供貨廠商全力的信賴與配合。

5. 低價政策，只賺 2% 的獲利政策，薄利多銷。

6. 定位明確、正確。

7. 能站在消費者立場去思考、去經營，以滿足顧客的生活需求。

8. 全臺 1,000 店，解決顧客的便利性需求，不像量販店及百貨公司需要開車去購物。通路密集在各大社區巷弄內。

9. 乾貨 + 生鮮的產品系列可以使顧客一站購足。

10. 全聯 20 多年千店經營，已經建立堅強的進入門檻，未來新進入者已很難有機會。

11. 行銷廣告宣傳出色、成功。

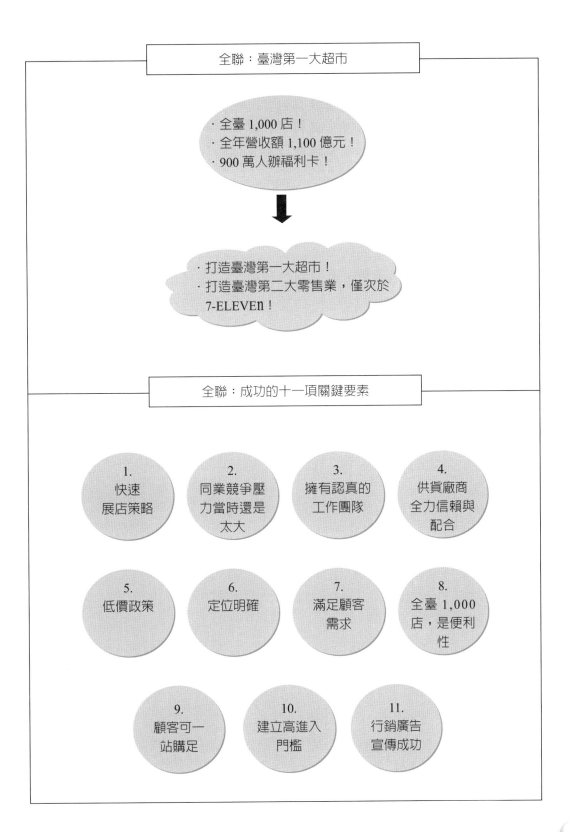

自我評量

1. 請討論全聯成功的十一項要訣為何？

2. 請討論全聯經營的根本原因為何？什麼是紅色底線？

3. 請討論全聯為何能贏得供應商的信賴？

4. 請討論全聯快速展店的祕訣？

5. 請討論全聯為何要投入生鮮門市？

6. 請討論全聯的行銷操作有哪些？

7. 請討論全聯的人才學為何？

8. 總結來說，從此個案中，您學到了什麼？

案例 3

統一超商：全臺最大零售龍頭的經營祕訣

(一) 卓越經營績效

2018 年度，統一超商的年營收額超越 1,200 億元，年度獲利 70 億元，獲利率為 6%，全臺總店數突破 5,300 店，遙遙領先第二名的全家 3,300 店。

(二) 統一超商的六大競爭優勢

統一超商之所以成為臺灣便利商店的龍頭地位及第一品牌，並且遙遙領先競爭對手，主要是它多年來創造了以下的六大競爭優勢：

1. 提供便利、快速、安心、滿足需求的全方位商品力。

2. 它建立了完善、合理、雙贏、互利互榮的最佳加盟制度。

3. 它具有實力堅強的展店組織團隊及人力，快速展店。

4. 它建立完整、強大的倉儲與物流體系；能夠及時配送全臺 5,300 多家店面的補貨需求。

5. 它有先進、快速的資訊科技與銷售數量情報系統。統一超商過去投資數十億在建立自動化、電腦化、資訊化的軟硬體系統。

6. 它引進多元化、便利性的各種服務機制。例如：繳交各種收費、ibon 的數位服務機器、ATM 提款機等，對顧客具有高度便利性。

(三) 統一超商六大核心能力

統一超商的穩健不敗經營，並且不斷向上成長，它有六項核心能力，使它立於不敗之地，這六項核心能力是：

1. 員工：訓練有素且服務良好的人才。

2. 商品：完整、齊全、多元、創新的各式各樣商品。

3. 店面：擁有 5,300 多家的門市店，具有標準化又有特色化、大店化的店面發展。

4. 物流與倉儲：在北、中、南擁有全臺及時物流配送能力。

5. 制度：具備門市店標準化、一致性經營的 SOP 制度及管理要求。

6. 企業文化：統一超商具有勤勞、務實、用心、誠懇與創新的優良企業文化，這是它發展之根。

(四) 統一超商的行銷策略

統一超商擅長於做行銷，其主要重點如下：

1. 電視廣告

   統一超商每年投入電視廣告約達 3 億元，主要為產品廣告及咖啡廣告；這些巨大的廣告投放，也累積出 7-ELEVEn 的品牌聲量及認同感。

2. 代言人

   統一超商最成功的代言人即是 CITY CAFE 的桂綸鎂；該代言人連續代言 10 多年之久，顯示具有正面效益。CITY CAFE 每年銷售 3 億杯，每杯 45 元，一年創造 135 億元營收，非常驚人。

3. 集點行銷

   統一超商最早期即率先引導出 Hello-Kitty 的集點行銷操作，非常成功，有效提升業績。

4. 主題行銷

   統一超商每年固定會推出「草莓季」、「母親節蛋糕」、「過年年菜」、「中秋月餅」、「端午粽子」等各式各樣的主題行銷活動，帶動不少業績的成長。

5. 促銷

   統一超商貨架上，經常看到買二件八折算、買二送一、第二杯半價等各式促銷活動，有效拉抬業績成長。

(五) 八項關鍵成功因素

　　總結，歸納來說，統一超商 30 多年來的成功及成長，主要根源於下列七項因素：

1. 不斷創新，持續推出新產品、新服務、新店型。
2. 通路據點密布全臺，帶給消費者高度便利性。
3. 堅持產品的品質及安全保障，從無食安問題。
4. 物流體系完美的搭配。
5. 數千位加盟主全力的奉獻及投入。
6. 7-ELEVEn 品牌的信賴性及黏著度極高。
7. 行銷廣宣的成功。
8. 定期促銷，吸引買氣。

本個案重要關鍵字

1. 穩居臺灣零售龍頭領導地位
2. 全臺店數突破5,300店
3. 真誠、創新、共享的企業文化
4. 創新生活型態與便利安心的商品
5. 強大展店能力
6. 完善的物流體系
7. CSR（企業社會責任）
8. 集點行銷；主題行銷
9. 不斷創新

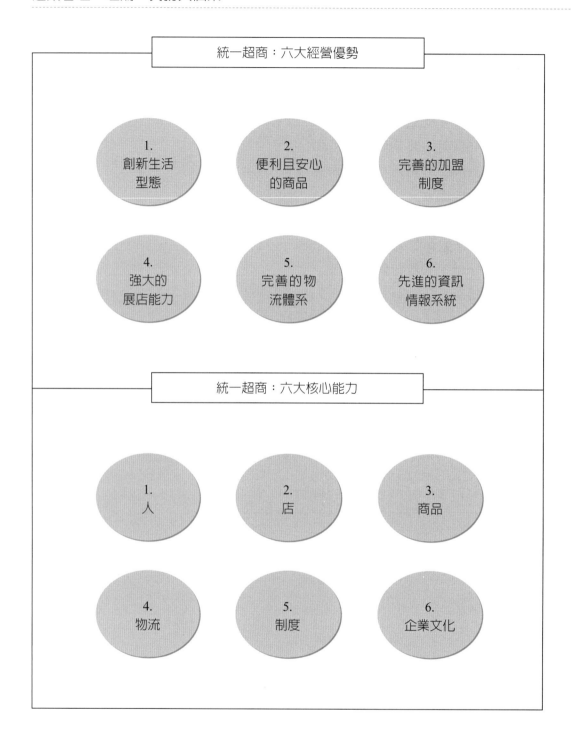

自我評量

1. 請討論統一超商卓越的經營績效如何？
2. 請討論統一超商的六大經營優勢如何？
3. 請討論統一超商的行銷操作爲何？
4. 請討論統一超商的八項關鍵成功因素爲何？
5. 請討論統一超商的六大核心能力如何？
6. 總結來說，從此案例中，您學到了什麼？

案例 4

寶雅：稱霸國內美妝零售王國

寶雅（POYA）是近年來，如黑馬般快速崛起的生活雜貨與美妝連鎖店，自 1985 年成立以來，全臺已有 206 家門市店，也是唯一有上市櫃的美妝連鎖店，它是從中南部起家的。

(一) 卓越的經營績效

寶雅公司在 2006 年時，年營收額 34 億元，到 2018 年，成長至 140 億元，幾乎成長四倍之多。毛利率高達 43% 之高，營業利益率達 14.8%，淨利率達 12%，2018 年的年淨利額達 17 億元，EPS 每股盈餘更高達 17.5 元，可以說居同業之冠。市場上市股價達 180 元之高。現有員工數為 415 工人。

(二) 市占率高達 82%

寶雅與其同業的店數，比較如下：

1. 寶雅：206 店。

2. 美華泰：26 店。

3. 佳瑪：11 店。

4. 四季：8 店。

寶雅店數的市占率高達 82%，位居同業之冠。

(三) 全臺北、中、南分店數

寶雅目前全臺有 206 家分店，其中，北區有 74 家店、中區有 60 家店、南區有 72 家店；各地區店數分配相當平均，不過，中南部分店的坪數空間比北部稍大，這主因是北部 400 坪以上的大店面不易找。

寶雅評估每 4 萬人口可以開出一家店，臺灣 2,300 萬人口，約可容納 570 家店，以 70% 估算，全臺可開出 400 家店，以目前同業已開出 249 店計算，未來成長的空間還有 151 家店，因此，尚未達到市場飽和，未來展望仍看好。

(四) 寶雅的競爭優勢

寶雅的競爭優勢，主要有二項：

一是規模最大，業界第一。

寶雅有 206 店，遙遙領先第二名的美華泰（僅 26 店），位居龍頭地位。

二是明確的市場區隔。

寶雅有 6 萬個品項，遠比屈臣氏、康是美藥妝店的 1.5 萬個品項要多出

四倍之多，可說擁有多元、豐富、齊全、新奇的商品力，有力的做出自己的市場區隔，跟屈臣氏是有區別的。

寶雅的主要商品銷售占比，根據 2019 年最新的年度銷售狀況，各品類的銷售額占比，大致如下：

1. 保養品（16%）。
2. 彩妝品（16%）。
3. 家庭百貨（16%）。
4. 飾品＋紡織品（15%）。
5. 洗沐品（11%）。
6. 食品（11%）。
7. 醫美（5%）。
8. 五金（5%）。
9. 生活雜貨（3%）。
10. 其他（3%）。

從上述來看，雖然以彩妝保養合計占 32% 居最多；但在其他家庭百貨、飾品、紡織品、洗沐、食品也有一些占比，因此，寶雅可以說是一個非常多元化、多樣化的女性大賣場及女性商店。

(五) 寶雅的未來發展

寶雅的未來發展有四大項，如下：

1. 持續店鋪與產品升級
   (1) 提升店鋪流行感。
   (2) 塑造顧客記憶點。
   (3) 優化商品組合。
2. 持續快速展店
   持續展店，擴大規模效益，2025 年目標總店數為 400 店。
3. 建立物流體系
   包括高雄物流中心及桃園物流中心，各支援 200 家店數，目前均已完成啟用。
4. 發展門市店新品牌：寶家。

(六) 寶雅的關鍵成功因素

總體來看，寶雅的關鍵成功因素，有：

1. 從南到北的拓展策略正確

   寶雅剛開始起步是從臺灣南部出發，而且都是走 400 坪大店型態，那時候的競爭也比較少，此一策略奠定了寶雅初期的成功。

2. 品項多元、豐富、新奇，可選擇性高

   寶雅品項高達 6 萬個，每一品類非常多元、豐富、新奇，可滿足消費者的各種需求，大多的產品都可買得到，形成寶雅一大特色，也是它成功的基礎。

3. 店面坪數大，空間寬闊明亮

   寶雅中南部大多為 400 坪以上的大店，店內明亮清潔，井然有序，讓人有購物舒適感。

4. 差異化策略成功

   寶雅雖為美妝雜貨店，但其產品內容與屈臣氏及康是美二大業者，並不相同，可以說是走出自己的風格及特色，或是差異化策略成功，成為該業態的第一大業者。

5. 專注女性客群成功

   寶雅 80% 客群都是在 19～59 歲的女性客群，具有女性商店的鮮明定位形象，很能吸引顧客。

6. 高毛利率、高獲利率

   寶雅在財務績效方面，擁有 43% 高毛利率及 14% 的高獲利率，此亦顯示出它的進貨成本及管銷費用都管控得很好，才會有高毛利率及高獲利率的雙重結果。

本個案重要關鍵字

1. 高毛利率、高獲利率
2. 市占率高達82%
3. 明確的市場區隔及定位
4. 女性商店
5. 多元化、多樣化、新奇化的6萬個品項數目
6. 持續店鋪及產品升級
7. 優化商品組合
8. 提升店鋪流行感
9. 持續快速展店,擴大規模
10. 建立物流體系
11. 差異化策略成功

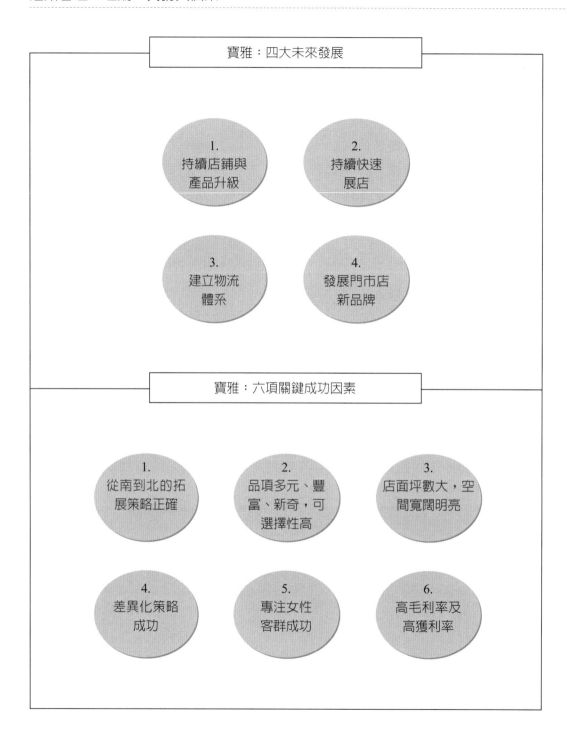

寶雅：四大未來發展

1.
持續店鋪與
產品升級

2.
持續快速
展店

3.
建立物流
體系

4.
發展門市店
新品牌

寶雅：六項關鍵成功因素

1.
從南到北的拓
展策略正確

2.
品項多元、豐
富、新奇，可
選擇性高

3.
店面坪數大，空
間寬闊明亮

4.
差異化策略
成功

5.
專注女性
客群成功

6.
高毛利率及
高獲利率

自我評量

1. 請討論寶雅北、中、南區的分店數爲多少？未來還有多少成長空間？
2. 請討論寶雅卓越的經營績效爲何？
3. 請討論寶雅的市占率多少？競爭優勢又爲何？
4. 請討論寶雅的主要品類銷售占比爲多少？
5. 請討論寶雅的未來發展爲何？
6. 請討論寶雅的關鍵成功因素爲何？
7. 總結來說，從此個案中，您學到了什麼？

案例 5

家樂福：臺灣最大量販店的成功祕笈

(一) 公司簡介

家樂福原是法國及全歐洲的第一大量販店，成立於 1963 年，已有 50 多年歷史。30 年前，家樂福進入臺灣市場，與國內最大食品飲料統一企業集團合資合作，成立臺灣家樂福公司。目前，臺灣家樂福已有大店及中小型店計 120 多家，年營收額達 700 億元，已居國內第一大量販店。領先國內的 COSTCO（好市多）、大潤發及愛買等。

(二) 提供三種不同店型的零售賣場

根據家樂福官網顯示[3]，家樂福在臺灣，長期以來都是提供 1,000 坪以上的大型量販店型態，目前全臺已有 65 家這種大型店。但近幾年來，為因應顧客交通便利性需求，因此，家樂福也開展 200 坪以內的中型店，目前，此店型全臺也有 65 家。此型態店，稱為「Market 便利購」，是以超市型態呈現，將賣場搬到顧客的住家附近，提供多樣的選擇，讓會員顧客輕鬆便利購買平日所需，讓生活更方便。

另外，因應網購迅速發展，家樂福也開發第三種型態店，即虛擬網購通路；網購通路不用出門，即可在家輕鬆以電腦或手機，方便下單，及宅配到家的方式。目前，家樂福實體店有 500 多萬會員，而網購也有 70 多萬會員。

(三) 家樂福三大服務承諾

家樂福本著會員顧客至上的信念，對會員有三大承諾，如下[4]：

1. 退貨，沒問題

會員於家樂福購買之商品，享有退貨服務；非會員退貨，則須帶發票，並且於購物日 30 天內辦理退貨。

2. 退您價差

只要會員發現有與家樂福販售的相同商品，其售價更便宜，公司一定退您差價金額。

---

[3] 此段資料來源，取材自家樂福官網，並經大幅改寫而成。（www.carrefour.com.tw）

[4] 此段資料來源，取材自《動腦雜誌》，並經大幅改寫而成。（www.brain.com.tw）

3. 免費運送

如果有買不到的店內商品，公司一定幫您免費運送。

(四) 加速發展自有品牌，好品質感覺得到

家樂福於 1997 年，即開始逐步發展自有品牌的商品經營政策，這是參考法國家樂福及 TESCO 二大量販店的經營模式，它們的自有品牌占全年營收占比較，均超過 40% 之高，與臺灣差異很大。

家樂福發展自有品牌目的有三：一是提供顧客更低價的產品，二是提高公司的毛利率，三是展現差異化的特色賣場。

家樂福發展自有品牌迄今，其占比已達 10%，未來努力空間仍很大。家樂福發展自有品牌強調三大關鍵要點：

一是確保食安問題不發生。因此有各種的檢驗過程、要求及認證。

二是要求一定的品質水準，不能差於全國性製造商品牌的水準，要確保一定的、適中的品質，以使顧客滿足及有口碑。

三是要求一定要低價、親民價，至少要比以前製造商品牌價格低 10%～20% 才行。

家樂福自有品牌取名為「家樂福超值」名稱，品項已經超過 1,000 項之多，包括各種食品、飲料、衛生紙、紙用品、家庭清潔用品、蛋、米、泡麵等均有。

20 多年過去了，家樂福自有品牌已受到消費者的接受及肯定，未來成長空間仍很大。

(五) 好康卡（會員卡）

家樂福也提供給會員辦卡，稱為「好康卡」，即為一種紅利集點卡，第次約有千分之三的紅利累積回饋，目前辦卡人數已超過 500 萬卡，好康卡的使用率已高達 90% 之高，顯示會員顧客對紅利集點優惠的重視。

(六) 家樂福的四項經營策略

1. 一站購足，滿足需求

進到家樂福大賣場，一眼望去，陳列著各式各樣的商品系列，並有吊牌指示，令人一目瞭然；由於家樂福大賣場大都有 1,000 坪以上，是全聯超市 200 坪規模的五倍之大，因此，其品項高達 5 萬多項，可以使顧客一站購足，滿足來客各種生活上所需求。這種一站購足（one-stop-shopping）也是大型量販店的最大特色。亦即，各種品牌、各種款

式、各種商品，大都能在這裡找得到。

2. 從世界進口多元商品

家樂福也開設有進口商品區，引進各國好吃的食品。另外，也經常舉辦紅酒週、日本節、韓國節、歐洲節、美國節等，引進該外國最具特色的產品來銷售，廣受好評。家樂福認為只要消費者買不到的商品，就是它們必須努力及代勞的時候。

3. 嚴選生鮮商品

家樂福不僅乾貨品項很多，在生鮮商品的肉類、魚類、蔬果類品項，也很豐富陳列，並且特別重視產銷履歷、有機標章等，讓顧客能安心選購。30 多年來，都沒發生過食安問題，顯示家樂福的嚴謹制度與管控要求。

4. 貫徹 only yes 的服務要求

家樂福對賣場的各項服務都不斷努力精進，在各種設施或人力上的服務，都力求做到顧客最滿意。亦即 only yes，沒有說不的權利。

(七) 未來五種觀點與看法[5]

1. 優化消費者購物體驗

家樂福認為零售賣場的布置、陳列及服務，一定要不斷精進且優化消費者在賣場內享受購物的美好體驗才行。

2. 競爭是動態的

家樂福認為零售同業或跨業的競爭不是靜態不變的，反而是動態且激烈變化的，因此必須時時保持警惕心及做好洞察與應變計畫，才能保持領先。

3. 全新角度去檢視

家樂福認為未來將是極具挑戰及變化的，因此必須採取全新角度去檢視大環境及競爭的變化，不能因循舊的角度及舊觀念。

4. 轉型沒有終點

家樂福過去幾年來，在賣場型態大幅改革轉型，未來仍將持續變化，此種變革是沒有終點的。唯有變，才能生存於未來。

---

[5] 此段資料來源，取材自《動腦雜誌》，並經大幅改寫而成。（www.brain.com.tw）

5. 未來，是消費者的世界

家樂福認為未來擁有通路雖然很重要，但更重要的是擁有消費者，沒有消費者，一切都是空的，未來將是消費者的世界。

(八) 關鍵成功因素

總結來說，臺灣家樂福的成功，主要關鍵因素有下列六點：

1. 具有一站購足

能滿足消費者購買生活所須的需求性。

2. 低價

家樂福與全聯超市近似，都是在比誰能低價商品的競爭力。

3. 競爭對手不多

嚴格來說，量販店須要大的坪數才能經營，也要有足夠財力支持才行，目前家樂福面對大潤發及愛買的競爭性不高。

4. 三種店面型態，具多元化

目前家樂福有大型店、中小店及網購三種型態，具有線上及線下整合兼具的好處，對消費者很方便。

5. 目標客層為全客層

家樂福的目標客層有家庭主婦、有上班族、有男性、有女性、也有小孩，目標客層為全客層，非常寬廣，有利業績提升及鞏固。

6. 定位正確

家樂福大賣場的定位在 1,000 坪以上空間、大型、品項 4 萬項以上，是一站購足的定位角色很明確及正確。

7. 品質控管嚴謹

家樂福賣的多是與吃有關的，因此特別重視食品安全及品質控管的嚴謹度。

8. 發展自有品牌

家樂福 20 多年來，不斷精選改善自有品牌的品質及形象，已獲得大幅改善，未來成長空間還很大。

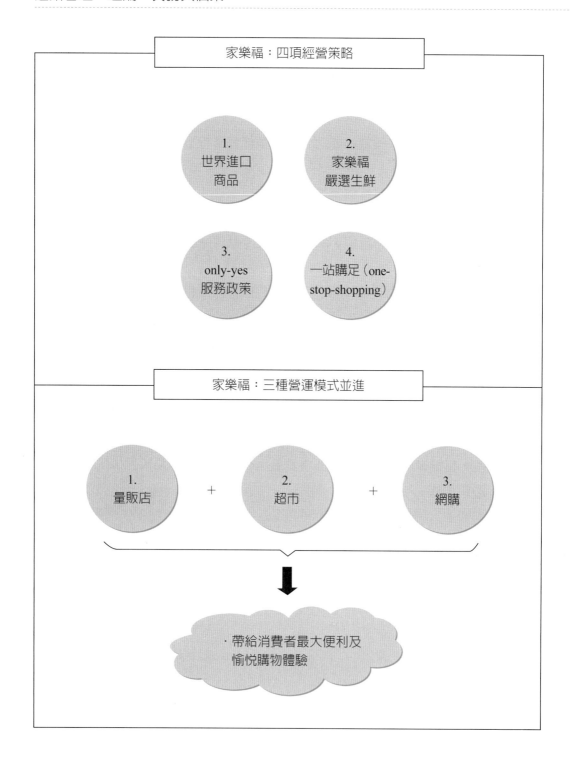

家樂福：四項經營策略

1.
世界進口
商品

2.
家樂福
嚴選生鮮

3.
only-yes
服務政策

4.
一站購足（one-
stop-shopping）

家樂福：三種營運模式並進

1.
量販店

＋

2.
超市

＋

3.
網購

・帶給消費者最大便利及
愉悅購物體驗

自我評量

1. 請討論家樂福的三大承諾爲何？

2. 請討論家樂福提供哪三種不同店型？爲什麼？

3. 請討論家樂福的自有品牌發展如何？

4. 請討論家樂福的好康卡如何？

5. 請討論家樂福的四項經營策略爲何？

6. 請討論家樂福對未來經營的五種觀點爲何？

7. 請討論家樂福的成功關鍵因素爲何？

8. 總結來說，從此個案中，您學到了什麼？

案例 6

美廉社：庶民雜貨店的黑馬崛起

(一) 穩坐臺灣第二大超市地位

美廉社是三商家購旗下的中小型超市，類似全聯超市的縮小版。成立於 2006 年，迄今僅 10 多年，目前已有 670 店，僅次於全聯福利中心的 1,000 店，不過，全聯超市屬於較大型超市，而美廉社則為較小型超市。國內另一家超市則為頂好超市，有 220 家店。

(二) 定位

美廉社的定位是「現代柑仔店」，它是品質適中，但價格便宜，具有高 CP 值的中小型超市；坪數大約在 23～70 坪之間；此種「現代柑仔店」即定位在大型超市與便利商店之間，尋求一個適當的滿足點與平衡點。

(三) 主要客源

美廉社的立地位地，大部分在社區的巷弄裡或中型馬路邊的小型街邊店；它的主要消費客層是金字塔底層的庶民大眾，主要以家庭主婦為目標消費群，也可以說主搶主婦客源。

(四) 主要生存空間

美廉社是一個縮小版的全聯超市，它主要的生存空間，仍是在於它普及設店的「便利性」；一般家庭主婦在社區內走路 3～5 分鐘即可到店買東西，便利性是美廉社最大的生存利基點。

(五) 精簡省成本

美廉社每家店都是中小型店，裡面空間不大，產品品項也不能放置太多。美廉社強調以精簡省成本為營運訴求，省成本表現在二方面；一是人力省，每家店的服務人員大都只有二人，比起全聯超市的十人，少掉不少人；二是省租金，即每家店坪數只有 25～70 坪，比起全聯平均 200 坪，也省掉不少房租費用。美廉社把省下的費用回饋給消費者，即平價供應商品給顧客。

(六) 專賣便宜、長銷、差異化商品策略

作者曾親自到美廉社去看過，它所販賣的產品及品項，大致在全聯超市都買得到。它主要是專賣一些較便宜、知名品牌、長銷的商品為主力，以鞏固它每天的基本業績。另外，美廉社也有一些自有品牌及進口品牌，作為與別家超市差異化不一樣的特色產品，但其占比目前僅 5% 而已。

自我評量

1. 請討論美廉社的市場地位及定位為何？
2. 請討論美廉社的主要客源及生存空間為何？
3. 請討論美廉社如何精簡成本？
4. 請討論美廉社的商品販賣策略為何？
5. 總結來說，從此個案中，您學到了什麼？

案例 7

屈臣氏：在臺成功經營的關鍵因素

屈臣氏美妝連鎖店係香港公司，也是亞洲第一大美妝連鎖店；1987 年正式來臺設立公司並開始展店，目前全臺總店數已超過 500 家店，是全臺第一大，領先第二名的康是美連鎖店。

(一) 屈臣氏的行銷策略

屈臣氏有靈活的行銷呈現，行銷活動的成功，帶動了業績銷售上升，屈臣氏的行銷策略主要有五大項：

1. 高頻率促銷成功

屈臣氏幾乎每個月、每雙週就會推出各式各樣的促銷活動，主要有：多一元，加一件；買一送一；滿千送百、全面八折等吸引人的優惠活動。這些優惠活動主要得力於供貨商的高度配合。

2. 強大電視廣告播放

屈臣氏每年至少提撥 6,000 萬元的電視廣告播放，以保證屈臣氏這個品牌的印象度、好感度、忠誠度，都能保持在高的水準。

3. 代言人

屈臣氏也經常找知名藝人，搭配電視廣告的播放，過去曾找過曾之喬、羅志祥等人做代言人，代言效果良好。

4. 網路廣告

屈臣氏也在 FB、YouTube 等播放影音廣告及橫幅廣告，以顧及年輕上班族群的目擊。

5. 寵 i 卡

屈臣氏發行的紅利集點卡，目前已累積到 520 萬會員人數，寵 i 卡也經常利用點數加倍送的作法，以吸引顧客回購率提升。

(二) 屈臣氏的成功關鍵因素

總結來說，屈臣氏的成功關鍵因素，主要有下列七項：

1. 品項齊全且多元

屈臣氏門市店的總品項達 1 萬個，可說品類、品項齊全且多元、多樣，消費者的彩妝、保養品需求，可在門市店裡得到一站滿足。

2. 商品優質

屈臣氏店內陳列的商品，大都是有品質保證的知名品牌，這些中大型品牌都比較能確保商品的優質感。出問題的機率也較低。當然，屈臣氏內部商品採購部門也有一套審核控管的機制。

3. 每月新品不斷

屈臣氏門市店內，除了經常賣得不錯的品項外，也會淘汰掉賣很差的品項，將空間讓出來給新品陳列，可說每月、每季都有新品不斷上市，帶給消費者新奇感及需求滿足。

4. 價格合理（平價）

屈臣氏的價格並不強調是非常的低價，但已接近是平價價格；因為屈臣氏有 500 多家連鎖店，具有規模經濟效益，因此可以較低價採購商品，以親民的平價上市陳列。

5. 經常有促銷檔期

屈臣氏的特色之一，即是每月經常會推出各式各樣的優惠折扣或買一送一、滿千送百等檔期活動，有效帶動買氣，拉升業績。

6. 店數多且普及

屈臣氏有 500 多家門市店，是美妝連鎖業者中的第一名，店多且普及，也帶給消費者購物的方便性。

7. 品牌形象良好，且具高知名度

屈臣氏具有相當高的知名度，企業形象及品牌形象也都不錯，有助它長期永續經營及顧客會員回購率提升。

本個案重要關鍵字

1. 健康、美態、快樂三大理念

2. 高頻率促銷活動

3. 強大電視廣告播放

4. 展開數位改革

5. 不是O2O，而是O＋O

6. 召募數位科學家

7. 品項多元、齊全、優質

8. 在消費者需要的時候，我們就可以很快速的滿足他們

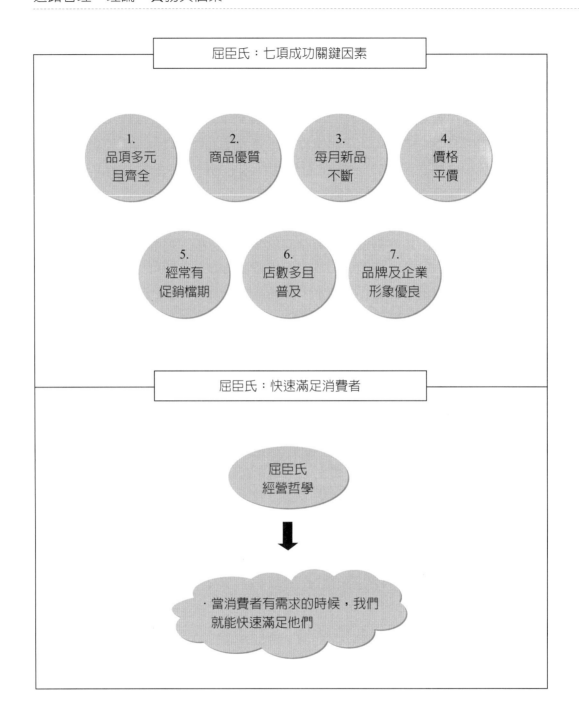

自我評量

1. 請討論屈臣氏的行銷策略為何？
2. 請討論屈臣氏的關鍵成功因素為何？
3. 總結來說，從此個案中，您學到了什麼？

案例 8

全國電子：營收逆勢崛起

(一) 公司概況

　　全國電子成立於 1975 年，迄今已有 40 多年，它秉持「本土經營，服務第一」的創業精神，為顧客提供最好的產品及服務。全國電子年營收計 180 億元，獲利率 4%，獲利額為 7 億元。全國電子主要銷售大家電、小家電、資訊電腦、手機、冷氣機等。

(二) 廣告策略

　　全國電子的廣告策略，主要訴求是「足感心」，它希望與顧客每一次的互動中都能創造出顧客「足感心」的一種感受與感動，並且滿足顧客的需求與想要的。

(三) 營收逆勢崛起的原因

　　全國電子 2019 年連續 5 個月營收額超越過去的老大哥燦坤公司，其根本的原因，就是近 2 年來，全國電子開啟了新店型，這個新店型就稱為 Digital City（數位城市），也是展現全國電子的重大策略轉型。

　　迄 2019 年 9 月，全國電子的新店型「Digital City」已經開拓了 10 家，不要小看這 10 家，它的營收額已占全體的 10% 之高；而其餘的 90%，則由傳統的 312 店所創造。

　　全國電子傳統店型與新店型的最大不同點，有三點：

1. 坪數大小

　　傳統店僅有 50～60 坪，店內有些擁擠，而新店型門市有二、三百坪之大，是傳統店的四～五倍空間，空間較大、較新。使人感覺寬敞舒服。

2. 裝潢

　　傳統店都已經二、三十年了，顯得有些老舊及古板，但新店型則是現代化、明亮化、新裝潢化，顯得很新穎，顧客願意逛久一些。

3. 產品不同

　　傳統店以大、小家電為主力，顧客群多為中年人；但新店型除了大、小家電之外，新增加了很多的資訊、電腦及通訊 3C 商品，年輕顧客群也增多了，使得店內有年輕化感受，增加不少活力感覺，而不會有老化的感覺。

新店型也主打體驗服務，很多 3C 產品都須要親身體驗，這對年輕人也是一種吸引力。

至於新店型的租金成本會不會太高，全國電子的實際數字顯示，大型店的營收規模及來客數，是傳統小型店的三倍之多，但房租租金只多出 10 萬元，算下來仍划得來；因此，全國電子現在大力改為大店／新店型，撤掉傳統小店，預計 5 年內，新店型將達到 50 店之多。如此，將使全國電子的店面感受，整個翻轉過來，而這 50 店將集中於六都。未來，這些新店型，將集銷售、服務、體驗、廣宣四者於一身，達到更多的綜效。

(四) 加強產品保證、保固

全國近來，更加重視大家電的保證；例如：冷氣 8 年免費延長保固，冰箱、洗衣機 5 年免費延長保固。此外，全國電子在夏天也推出冷氣獲享總統級的精緻安裝訴求，還有 7 日內買貴退差價等服務。

(五) 行銷策略

全國電子的行銷策略，主要有三大方式：

1. 電視廣告

   主要訴求為「足感心」廣告片，每年投入約 2,000 萬廣告預算，希望力保全國電子品牌的優良感人好印象。

2. 0 利率免息分期付款

   主要為大家電經常有銀行配合免利分期付款的優惠。

3. 各種節慶促銷活動

   例如：破盤價優惠活動、週年慶活動、開學祭活動、年中慶活動、爸爸節活動、母親節活動、中秋節活動等折扣優惠活動。

(六) 關鍵成功因素

總結來說，全國電子成功的因素，主要有五項，如下：

1. 不斷改革創新。例如：Digital City 大店型的開展。

2. 廣告成功。例如：足感心深入人心，容易記。

3. 店數多。全臺 322 店，遍布各縣市。

4. 產品有保固服務。

5. 經常性促銷優惠活動檔期。可有效吸引集客，提升業績。

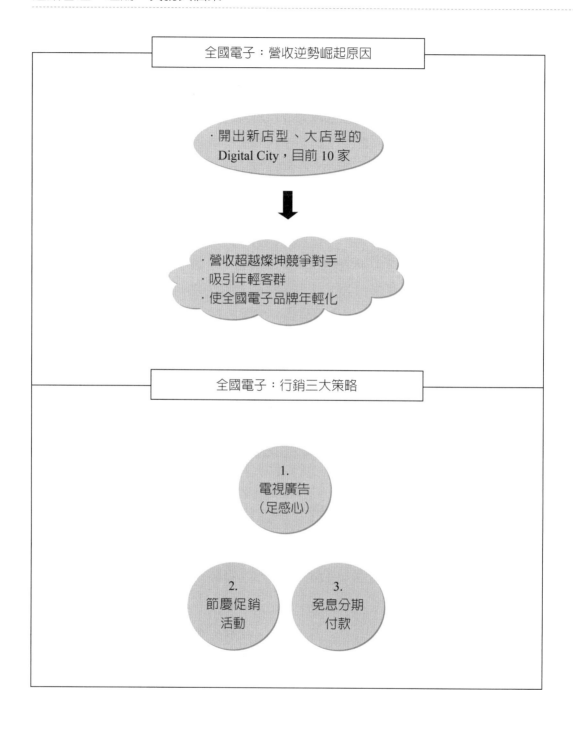

自我評量

1. 請討論全國電子2019年連續5個月營收超越競爭對手燦坤的原因爲何？

2. 請討論全國電子廣告策略的訴求主軸爲何？

3. 請討論全國電子的行銷策略爲何？

4. 請討論全國電子的五項成功因素爲何？

5. 總結來説，從此個案中，您學到了什麼？

案例 9

富邦媒體科技（momo）：
電視購物與網路購物成功的零售整合者

(一) momo 購物網業績快速成長的關鍵成功因素

富邦媒體科技（momo）自 2004 年開始營運，在 2004～2008 年的網路購物業務，主要依附在電視購物之下，然自 2008 年起，開始積極擴充網購的 SKU（Stock Keeping Unit，品類數），因此 2008 年可稱為 momo 的網路元年。momo 在各項業務雖屬後發品牌，然在業務團隊的努力下，總能迎頭趕上。

momo 的網購業績快速成長的主要因素為：

1. 電視購物通路的幫助

   網路購物要做很容易，然要做好，不容易。購物網站要開站很容易，然要吸引消費者則不容易，因而存在進入障礙，富邦的電視購物通路為 momo 購物網，產生很大電視品牌的宣傳作用及效果。

2. 富邦集團優良形象所帶來的品牌幫助

   虛擬購物需要消費者的信任，富邦 momo 的品牌為網購業績帶來很大的支持，且當初 momo 經過 survey（調查）被認為是消費者很容易記得的品牌。

3. 努力的團隊

   momo 從做中學，並經過大量招募及大量淘汰後，產生適任與具競爭力的團隊。

4. 核心理念

   企業是有壽命的，企業要存活 50 年很難，要存活需有理念，公司的理念為對社會有貢獻並能產生附加價值。公司的核心理念為「物美價廉」，透過大量及精準採購，降低成本及創造附加價值回饋給消費者。

5. 基礎建設

   將倉儲、網路、物流、IT 資訊等基礎建設建置好，以便能提供給消費者美好而愉快的購物經驗。

(二) 未來如何趕上 PChome

momo B2C 購物網的月營收僅小輸 PChome，為國內第二大的 B2C 網購業者。然富邦 momo 的競爭對手為整個零售市場及自己，主因網購占臺灣零

售業市場尚小，後續仍具相當程度的開發成長商機。網購可開發以供銷售的商品品項仍多，momo 購物網將持續開發新業務，以便支持業績的成長。

(三) 電購與網購如何發揮綜效

電視購物相較網購所銷售的品項較少，因而所銷售商品皆是經過精挑細選。電視購物積極爭取物美價廉的商品，若是有電視購物銷售較佳的商品，可移轉至網購通路銷售。網購則可觀察消費者的瀏覽狀況及購物情形等來找出消費者的傾向及趨勢，再反饋給電視購物方面。在找出熱銷商品後，透過與供貨商的談判，藉由提高數量來壓低成本，並銷售給電視購物等其他通路。富邦 momo 旗下的電視購物、網購、型錄等三個 channels（通路），皆是由此方式產生好的循環。momo 的型錄為每三週發行 80～90 萬份，可創造1.8 億元的月營收，momo 透過三個通路的整合及大數據（big data）的工具找出潛在客戶後寄出型錄，可提升其營運綜效。

(四) momo 如何留住優秀電商人才

momo 有幾個企業文化上的特質：

1. 公司核心價值能感動人

力求能提供消費者物美價廉的商品及愉快的消費體驗。公司對於員工的任何創新與變化，抱持開放的態度，企業為開放的平臺，因此不斷有新的元素加進來。企業對於員工的創意不設限，可自由發揮使其成長、學習，讓年輕人能發揮其想像空間。

2. 賞罰分明，晉升管道很明確

momo 雖不是靠高報酬吸引人才，然待遇在業界仍屬中上水準，加上好的工作環境，可吸引優秀人才。對於能幫公司創造利潤的員工亦可獲得相對等的待遇，例如：momo 有很多業務、商開等人員在加計獎金後的每月待遇，比總經理每月的薪水還高。相對地，對於不適任的人員亦會自然淘汰。

(五) 自建物流中心

momo 的物流由公司自行管理，目前有五個倉，即將邁進第六個倉。隨著跨境交易愈來愈頻繁，關稅壁壘愈來愈小後，未來競爭將來自於海外（例如：淘寶、京東、Amazon 等業者），競爭將是國際化、全球化。Amazon 等業者已能做到訂貨 10 分鐘後 ready for shipping（準備出貨），速度代表核心競爭力。momo 要給消費者愉快的購物經驗，其中最重要的即是包含物流速

度。物流速度對於 EC（電子商務）很重要，24 小時到貨已是各家能做到的標準。momo 目前是 12 小時到貨，未來若是能做到 4 小時到貨，則可望切入 ready food（生鮮與熟食服務）市場。

(六) 行動購物快速成長

　　momo 的行動購物占比最新數據為 36%，就行動購物的營收金額來看，在臺灣應是最高，目前每個月已做到 4 億元的行動購物業績，未來仍會持續成長。行動購物 APP 一開始委外設計，但因速度無法跟上 momo 的步伐，因而之後由 momo 自己的 IT 部門來設計負責。在行銷操作上，有雜誌評價 momo 是網路行銷最靈活的公司，momo 的網路行銷操作多元化，在 LINE 粉絲群有 800 萬，另尚有透過 FB 等各式工具行銷。momo 因具備電視購物通路，因而行銷費用與國外電商相比，相對較低，占比不到營收的 2%。網購市場屬完全競爭產業，要有競爭優勢及創意才能勝出。

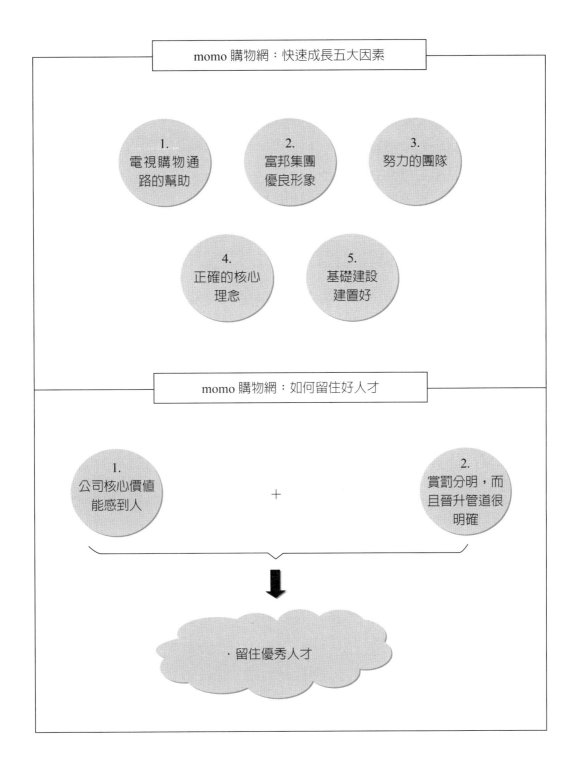

自我評量

1. 請討論momo購物網業績快速成長的五大因素為何？
2. 請討論momo如何將電購與網購發揮綜效？
3. 請討論momo如何留住優秀人才？
4. 請討論momo為何要自建倉儲？
5. 請討論momo行動購物為何能快速成長？
6. 總結來說，從此個案中，您學到了什麼？

Part4

訓練篇：通路企劃案大綱撰寫

Chapter 12

通路策略企劃案大綱撰寫

學習重點

如何撰寫通路營運企劃書，包括：咖啡連鎖店、便利商店、超市、內衣連鎖店、百貨公司、量販店、網路購物、電視購路、型錄購物、生活連鎖店、藥妝連鎖店、餐飲連鎖店等。

引言

1. 本篇計有 20 個有關「通路策略」企劃案及四個有關「通路促銷」企劃案大綱撰寫的訓練案例。

2. 本篇的目的在訓練大學部的年輕同學們，一旦您在幾年後投入工作職場，一定會面臨如何寫報告、如何寫好一個長官及老闆都滿意的報告，以及如何為公司帶來行銷通路經營上及通路促銷活動上具有戰略性效益與功能的絕佳創意報告。

3. 報告人人會寫，但如何寫得完整周全、邏輯有序、不漏東漏西、能言之有理，以及能為公司創造價值出來，則此種報告就不是一件簡單之事。因此，本篇的訓練就顯得重要。

4. 本篇內容，每一個案例如果把大綱內容遮住，只給一個企劃案名，請問您：是否會寫得如此完整周全與邏輯有序？如果不會，則顯示我們的實務經驗不足，知識與常識不足，思維力與觀察力不足！總之，這顯示我們總體內涵與能力的不足，希望趁此機會，我們大家一起培養出如何寫好任何一種報告的「立即能力」與「即戰力」的功力。

5. 請各位年輕同學加油，您們一定可以做到！可以學習成長！企劃這一種能力，在未來工作職場上是很重要的！

案例 1

某咖啡連鎖店「大舉展店」營運企劃報告案

一、展店總目標

　　5 年內，總店數據達 350 家，營收額也要倍數成長。

二、經營大環境變化分析

　　(一) 加盟咖啡連鎖的競爭變化。

　　(二) 便利商店及其他業種販售咖啡的競爭變化。

　　(三) 店面及店租未來競爭變化的分析。

　　(四) 市占率趨勢變化的影響因素分析。

　　(五) 消費者消費行為趨勢的變化分析。

　　(六) 集團總部的發展及發展性之要求。

(七) 小結：展開更靈活的展店策略，以面對大環境的改變，啓動「350大展店計畫」。

三、展店策略與計畫大略說明

(一) 店面坪數（店型）的多元化展店策略（三種店型）計畫

1. 目前的百坪中型店。

2. 小型店（辦公大樓內的小型咖啡吧）。

3. 大型店（500～1,000 坪，附設停車場，提供全方位服務的景觀餐廳）。

(二) 加快風景區展店計畫，目前已有 12 家，配合集團強大配送能力，將可解決偏遠風景區配送問題。

(三) 未來 5 年店數目標進展

1. 2020 年：190 家。　　4. 2023 年：320 家。

2. 2021 年：240 家。　　5. 2024 年：350 家。

3. 2022 年：280 家。

(四) 營數額目標

1. 2019 年達 32 億元。

2. 2020 年達 65 億元。

(五) 未來人力分配計畫

1. 至少100 位店長及20 位區經理的人力需求，並有助內部人力晉升。

2. 目前員工 2,000 人，5 年後達 4,000 人。

(六) 350 展店全省各地區分配店數及占比

1. 北部：○○店，占○○％。

2. 中部：○○店，占○○％。

3. 南部：○○店，占○○％。

4. 東部：○○店，占○○％。

(七) 展店所需裝潢資金預估：○○○○○萬元

(八) 展店專賣小組組織架構分工職掌及人員配置說明

(九) 展店進程表及重點工作事項說明

(十) 展店的店面租金洽談政策及原則，彈性對策說明

(十一) 小結

四、為求獲利成長，本公司嘗試走向多角化經營

    (一) 販賣與本品牌形象連結的商品，例如：音樂 CD、書籍等

    (二) 外帶飲食商品及季節節慶產品

五、350 大展店計畫，須請公司各部門協力事項說明

六、350 大層店計畫，須請次流通集團相關公司協力事項說明

七、350 大層店計畫，預估 5 年期的各年度損益表概估及工作底稿說明

八、結語：350 大展店計畫的戰略性意義說明

九、恭請裁示

案例 2

某大內衣廠商拓展內衣「專賣連鎖店」業務企劃案

一、目前本公司○○內衣概念拓展順利情況檢討

    (一) 目前全國 130 家分店，締造 10 億元業績檢討分析

        1. 北、中、南區營業與損益檢討。

        2. 店內特色與氣氛檢討。

        3. 店內產品檢討。

        4. 店內人力狀況檢討。

        5. 50 萬貴賓卡卡友檢討。

二、未來一年○○內衣概念店「成長」營運計畫

    (一) 店數目標：擴大至 200 家店

    (二) 產品計畫：從內衣延伸擴大到泳裝、洋裝、休閒裝、縫紉機、包包、高跟鞋等更多元化與多品牌發展

    (三) 貴賓卡卡友突破 100 萬人目標計畫與卡友經營計畫

    (四) 人力資源配合計畫

    (五) 促銷活動配合計畫

    (六) 明年度○○營收額獲利目標

    (七) 明年度○○營收額占全公司營收額之比率升高到○○ % 目標

三、結論

    目前本公司營收額市占率占全部 100 億元內衣市場約 20%，預計 3 年內，提升到 30% 之目標要求。

案例 3

某大「網路購物」年度營運策略企劃案

一、本購物網站的行銷策略方向

(一) 商品策略方向

1. 專題企劃

(1) 主題包裝　(2) 品牌包裝　(3) 族群包裝

2. 拓展新客層

(1) 白領上班族群

・旅遊產品　・理財產品

(2) 學生族群

・CD 產品　・票券產品

(3) 虛擬服務

・線上遊戲　・算命　　・線上教學

(二) 通路策略方向

1. 搜尋器。

2. 流量結盟，增加曝光率。

3. 開拓新客層

(1) 員工網購（上班族）　(2) 學校網購（學生）

(三) 媒體廣宣策略方向

1. 提高知名度：活動舉辦。

2. 提高知名度：無店鋪網路銷售通路第一品牌。

二、本購物網站的行動方案

(一) 讓更多人看到：年度廣宣預算○○○○萬元

(二) 提高知名度

電視 CF、演唱會活動、校園合作、話題行銷。

(三) 培養會員網購習慣

結合證券商，送電腦。

(四) 儘速讓型錄及電視購物 100 萬會員，習慣用網路

利用 3% 購物金、折價金。

三、各館業績預估目標（今年度）

(一) 家居生活館：$ ○○○萬元　　(六) 服飾配件館：$ ○○○萬元

(二) 珠寶精品館：$ ○○○萬元　　(七) 通訊家電館：$ ○○○萬元

(三) 電腦資訊館：$ ○○○萬元　　(八) 家具家飾館：$ ○○○萬元

(四) 休閒旅遊館：$ ○○○萬元　　(九) 美容保養館：$ ○○○萬元

(五) 美食天地館：$ ○○○萬元　　合計：$ ○○○○○萬元

四、今年度各項營運指標

(一) 客單價（元）目標　　　　　(六) 每日流量（內部）目標

(二) 年客戶人次數目標　　　　　(七) 回應率（外部）％目標

(三) 日平均客戶人次目標　　　　(八) 日流量（外部）目標

(四) 內部會員客戶比率目標　　　(九) 日流量（內部）目標

(五) 回應率（內部會員）％目標

五、本部門組織與人才招聘計畫

(一) 組織部門

　1. 網路商品處。　　　　　4. 網站研發處。

　2. 網路行銷處。　　　　　5. 網路行政處。

　3. 網頁設計。

(二) 組織人力

　1. 目前人力：○○○人。

　2. 今年編制：○○○人。

　3. 需補入力：○○○人。

六、今年度廣宣計畫說明

(一) 各月別活動名稱、預算費用及營收目標等詳列（1～12 月）

(二) 主要行銷費用項目

　1. 電視 CF 費用。　　　　　7. 購物費用。

　2. 行動電話簡訊費用。　　　8. 記者公關費用。

　3. 記者會費用。　　　　　9. 平面廣告費用。

　4. 戶外活動費用。　　　　10. 其他費用。

　5. 贈品費用。　　　　　11. 合計金額。

　6. 抽獎費用。

┌─ 案例4 ─

國內第三大內衣品牌拓展「直營店通路」之營運企劃案

一、本公司目前全臺 130 多家「○○」內衣專賣店通路狀況檢討

(一) 北、中、南、東四地區店數、占比，及營收比較

(二) 目前有獲利與虧損店數的比較分析

(三) 各分店組織人力的檢討

(四) 各分店店地合適性的檢討

(五) 歷年來專賣店數、營收額及損益狀況的變化

二、複合式概念店的檢討與改進計畫

(一) 外觀設計檢討與改進計畫

(二) 內裝設計檢討與改進計畫

(三) 產品線系列檢討與改進計畫

     1. 內衣褲。   5. 褲襪。   9. 配件。

     2. 服飾。   6. 寢具。   10. 健康食品。

     3. 縫紉機。   7. 美容保養品。

     4. 泳裝。   8. 童裝。

三、未來店數拓展目標

(一) 今年底：150 家

(二) 明年底：250 家

四、營收額目標

(一) 今年：○○億元

(二) 明年：○○億元（成長 20%）

五、四種不同品牌定位與系列檢討

(一) 奧黛莉 Audrey：定位都會女性流行品牌

(二) 芭芭拉 Barbara：定位法國進口精品內衣

(三) Easy body：定位哈日風的少女流行內衣

(四) Sincerity：定位走平價路線的大眾化內衣

六、會員卡經營規劃

(一) 目前聯名卡：與○○銀行推出 Beauty-card 聯名卡

(二)「ES」貴賓卡：發行 1 年，已達 66 萬人，會員辦卡率高，平均有三

成卡友，每月會固定在店消費一～二次。

七、事件活動

(一) 本年度贊助偶像歌手王力宏的個人演唱會，使「○○」品牌成功貼近年輕女性消費族群。

(二) 本年度電視及平面廣告主角，已確定由三個「看起來就像隔壁鄰家的女性擔任」。

八、結語與討論

企劃結束。

案例 5

某外商高級電動牙刷鋪貨在「一般零售通路」之策略分析企劃案

一、目前本公司高級電動牙刷鋪貨狀況以及競爭對手狀況

(一) 鋪貨據點類型及店數

1. 百貨公司專櫃：○○個。

2. 牙醫附設藥房：○○○個。

3. 大醫院藥房：○○○個。

(二) 競爭對手的通路狀況分析

二、目前鋪貨通路的反省檢討與改善計畫

(一) 目前有限通路對業務拓展的不利點分析

(二) 改善計畫建議：全面擴張鋪貨通路

1. 3C 賣場：例如燦坤 3C、泰一電氣、全國電子等。

2. 藥妝店：例如康是美、屈臣氏等。

3. 量販大賣場：家樂福、大潤發、遠東愛買等。

4. 一般超市：例如全聯、頂好等。

三、擴大零售全通路之後之效益分析

(一) 今年度營收額目標的調整

(二) 今年度獲利額目標的調整

四、因應通路擴大之業務組織的變革與調整說明

五、預計執行時程表與全面完成之時程目標

六、因應本通路變化。對本公司相關幕僚部門配合作業改變之注意要點說明

七、結論與討論

案例 6

某大藥妝連鎖店未來三年「突破 400 家門市店」營運企劃案

一、過去創立七年營運總檢討

    (一) 第七年，正式轉虧為盈

    (二) 第八年，店數量正式突破 100 店

    (三) 第七年，營收額約 17 億元，獲利 1,000 萬元；第八年，營收額成長至 24 億元，獲利至少 2,000 萬元以上

    (四) 店數仍集中在大臺北區，占 80%；中南部據點較競爭對手屈臣氏少

    (五) 店面設計檢討

    (六) 產品開發面檢討

    (七) 現場服務面檢討

    (八) 藥劑師專櫃成立市場調查結果分析

    (九) 物流配送面檢討

    (十) POS 系統與情報分析檢討

    (十一) 組織架構與人力素質檢討

    (十二) 廣宣與公益活動檢討

    (十三) 品牌形象檢討

二、本公司與首要競爭對手屈臣氏競爭分析優劣勢比較

    (一) 營收與獲利績效比較

    (二) 成立年間比較

    (三) 店數總量及地區別結構

    (四) 商品競爭力比較

    (五) 地區競爭力比較

    (六) 服務競爭力比較

    (七) 價位競爭力比較

    (八) 店面設計及店面坪數比較

    (九) 現場服務比較

    (十) 品牌形象與定位比較

    (十一) 人力素質比較

    (十二) 物流配送效率比較

    (十三) 小結

三、本公司未來三年發展策略目標與計畫重點

    (一) 店數擴充策略

三年內總店數，預計加速突破 400 店。

 (二) 地區策略

  加速拓展中南部店面。

 (三) 店面改裝設計策略

  1. 去除「藥妝便利店」舊形象，今年起，正式導入「All New ○○○」（全新的○○○）效率計畫。

  2. 店內裝潢改成新形象店、新概念店流行設計、提高消費者視覺享受。預估每店耗費 350 萬元。

  3. 加強及充實服務機制。

 (四) 提升客單價目標：8%～10%

 (五) 總挑戰目標

  超越屈臣氏，躍為國內藥妝連鎖店的「第一品牌」。

 (六) 三年後損益目標

  1. 營收額：○○○○○萬元。

  2. 獲利額：○○○○○萬元。

  3. EPS：每股至少 2 元以上。

 (七) 未來三年上市目標確定

  希望成為母公司繼 7-ELEVEn 之後的金雞母。

四、結語與指示

案例 7

某皮鞋連鎖店檢討「直營通路縮減」分析報告案

一、本公司今年前八月通路營收業績衰退 26% 之分析檢討

 (一) 整體通路及三個品牌通路業績較去年同期比較分析

 (二) 獲利通路，以及虧損通路之損益分析

 (三) 目前三個品牌通路據點數及分布地區分析

 (四) 小結

二、通路縮減因應對策建議

 (一) 目前通路店面：合計 306 店門市店

 (二) 今年底將刪減調整到：280 店

(三) 預計關閉或轉讓不合效益的 30 個門市店

(四) 執行小組組織負責單位及人員

(五) 預計關閉完成的時程表

(六) 相關單位應配合事項

三、通路據點精簡後之效益分析

(一) 對全公司整體獲利改善，將達每年 $ ○○○○萬元

(二) 平均獲利店，將達○○○○ %，不獲利店減至○○ %

(三) 對廣宣費用投入的節省：$ ○○○○萬元

(四) 對門市店人員的節省：$ ○○○○萬元

四、未來品牌通路的發展政策

(一) 持續提升店效，保守店量擴增

(二) 調整及改善三個品牌通路經營與行銷的明顯區隔化策略及執行方案

(三) 加強門市店長及人員教育訓練及銷售技能素質

(四) 成立三個不同品牌通路負責單位及主管，朝向 BU（利潤中心體制，Business Unit）組織及考核體制改革

(五) 加強整合行銷傳播計畫，提升品牌知名度、喜愛度、促購度、忠誠度及指名度

五、結論與討論

六、恭請裁示

── 案例 8 ──

某便利商店連續店今年度第一波「全店行銷」總檢討報告案

一、今年第一波「全店行銷」執行狀況報告

(一) 對全省業績的成長狀況及各分區業績的成長狀況說明

(二) 執行過程（二個月時間）的概述

(三) 對執行過程中，所產生缺失的分析說明

    1. 總公司相關部門的缺失。

    2. 加盟店部門的缺失。

二、今年第一波「全店行銷」所帶來的各項正面效益分析

(一) 對總業績、各分區業績、各店業績之效益說明

(二) 對客層擴張之效益說明

(三) 對商圈經營之效益說明

(四) 對競爭之效益說明

(五) 對公司總部經驗累積之效益說明

(六) 對今年加盟店數擴張成長目標達成之效益說明

(七) 對本公司品牌形象強化提升之效益說明

(八) 小結

三、今年下半年第二波「全店行銷」待改善之部分

(一) 肖像玩偶的評估選擇

(二) 話題創造與創意

(三) 故事與行銷活動的關聯規劃加強

(四) 廣宣預算與媒體公關的再強化

(五) 加盟店主的配合度再強化

(六) 與更廣泛商品供應商推出更多促銷價格配合案的再強化

(七) 小結

四、今年下半年第二波「全店行銷」的基本策略、方向及選擇之初步說明

五、結語與討論

六、恭呈裁示

案例 9

某連鎖藥妝店今年「力拚兩位數成長」營運計畫書

一、近三年營收業績與獲利成長的概況說明

(一) 營收成長概況；(二) 獲利成長概況

二、去年整體經濟環境，消費環境與競爭環境深入分析

(一) 經濟環境；(二) 消費環境；(三) 競爭環境

三、本公司面對今年的 SWOT 條件分析

(一) 本公司的相對性強項與弱項

(二) 本公司面對外部環境下的新商機與潛在威脅

四、朝二位數成長的各種經營與行銷對策說明

(一) 持續展店策略與計畫說明

1. 去年全臺總店數已達 300 店，今年將突破 350 店。
2. 展店計畫數量目標
   北、中、南、東四大區塊負責展店數量目標為：○○店、○○店、○○店、○○店。
3. 展店組織與人力加強計畫。
(二) 增強主題行銷與促銷活動之舉辦
  研訂年度 12 個月、每月都有大型行銷活動舉辦，如附加計畫。
(三) 增加廣宣預算投入計畫：今年全年度廣告宣傳預算將較去年○○○萬元，增加 100%，全面加強投入，配合各項行銷活動，拉抬業績
(四) 加強服務的專業性與顧客滿意度計畫，加強人員培訓作業
(五) 持續形塑藥妝第一品牌的形象操作計畫
(六) 大幅改革產品組合與產品結構，全面提升商品力
(七) 強力要求供貨廠商配合每月的促銷活動之降價，特惠價、抽獎、贈品，紅利積點等活動
(八) 專題打造○○○會員卡活卡率之行銷活動，強化會員經營效能

五、配合成長要求的本公司組織結構組織單位及人力編制調整改革計畫說明

六、朝向各店 BU 責任利潤中心組織制度與獎勵制度辦法說明

七、今年度業績及損益表（每月別）預估說明

案例 10

某大連鎖便利商店自營品牌「現煮咖啡」年度檢討報告

一、業績檢討報告
  (一) 銷售量與銷售額與去年比較，成長○○ %
  (二) 銷售量與銷售額與今年原訂預算比較成長○○ %
  (三) 今年各月份別實際銷售量及銷售額
  (四) 今年各縣市別實際銷售量及銷售額
  (五) 今年購買群消費輪廓（profile）分析
二、今年業績成長的原因分析
  (一) 外部的成長原因分析
  (二) 內部的成長原因分析

三、今年現煮咖啡裝機店數成長分析

    (一) 今年各月別實際裝機店數及累積店數

    (二) 各年各縣市實際裝機店數及累積店數

四、今年裝機投入成本分析

    (一) 平均每臺成本

    (二) 累積總投入成本

    (三) 平均折舊攤提

五、○○ Cafe 行銷企劃活動檢討分析

    (一) 代言人活動成本效益分析

    (二) 咖啡贈品全店行銷活動檢討分析

    (三) 其他重要行銷廣宣活動效益檢討

六、○○ Cafe 對毛利率、毛利額、獲利率及獲利額之年度貢獻分析

七、現煮咖啡競爭對手分析

    全家、萊爾富及 OK 便利商店的實際裝機店數及銷售狀況列表分析

八、明年度○○ Cafe 營運目標

    (一) 新裝機店數目標：1,000 店

    (二) 總累積裝機店數目標 5,000 店

    (三) 營收業績目標：120 億元

    (四) 毛利率目標：60%

    (五) 毛利額目標；72 億元

    (六) 行銷預算：○○億元

    (七) 淨利額目標：○○億元

九、明年度○○ Cafe 行銷策略與計畫

    (一) 代言人策略與計畫

    (二) 全店行銷策略與計畫

    (三) 廣告宣傳計畫

    (四) 公關活動計畫

十、結語與裁示

案例 11

某大型百貨公司年度「經費績效檢討」報告案

一、去年度經營績效總檢討

(一) 營收業績達成 627 億元，較前年增加 3%，但扣除併入○○百貨業績，衰退 1%

(二) 獲利績效：去年達成○○億元，較前年減少 5%

(三) EPS 績效：去年達成 4 元，較前年減少 5%

二、去年度全省各分館經營績效總檢討

北區分館、中區分館及南區分館之各分館營收與損益績效列表分析及說明。

三、去年度營收業績成長趨緩原因檢討

(一) 外部經營環境影響大

1. 景氣低迷、消費不振。

2. 同業開店競爭加深。

3. 異業（日用品店、網路購物、電視購物及暢貨中心）競爭加深。

(二) 內部因素影響分析

四、去年度消費環境的變化趨勢分析

(一) 每月舉辦促銷活動是提升業績必要手段

(二) 與名牌精品業者協商，降價也是必要手段

(三) 忠誠顧客的消費，已成為支撐業績八成的重要來源，各行各業都在爭取及鞏固忠誠客的消費

五、今年度面封的經營挑戰

(一) 強力競爭對手○○百貨公司在臺北信義區新開店，此將對本公司的信義店業績造成分食不利狀況

(二) 低價網路購物日漸崛起，對本公司化妝保養品及居家用品的銷售產生不利影響

(三) 異業不利的影響也加劇，例如：無印良品店、國外各種品牌服飾連鎖店愈開愈多

(四) 全球經濟景氣依然低迷：失業率高、消費者保守，國內經濟成長率可能持續下滑

六、今年度本公司的因應對策

    (一) 高雄左營店將開幕，可挹注新營收來源

    (二) 針對更多的忠誠客戶，設計各種促銷活動案

    (三) 調整採購流程，統一由總公司採購，以降低成本

    (四) 加強內控體質之調整，展開降低成本專案

    (五) 要求國外各名牌精品供應商，採取打折促銷活動，以提升總體業績提升

    (六) 減少電視廣告費用，多利用報紙媒體公關報導，以降低廣宣費用

    (七) 堅持服務品質，保持第一品牌百貨公司連鎖店之領導地位

    (八) 導入顧客關係管理（CRM）系統，區分各不同重要的顧客層，展開差異化行銷對策

    (九) 整合集團資源的合作運用效益，推展專業活動

七、今年度本公司的營運目標

    (一) 營收業績：挑戰 658 億元

    (二) 營收成長率：較去年持續成長 5%

    (三) 獲利額：挑戰○○億元，成長率○○ %

    (四) EPS：挑戰 4.2 元，成長率 0.5%

八、結語與裁示

案例 12

某資訊 3C 連鎖店年度「財務績效」未達成檢討報告案

一、損益表分析報告

    (一) 今年營收額、營業成本、毛利、營業費用、淨利及 EPS 現狀檢討分析

    (二) 今年度與去年同期衰退比較分析

    (三) 今年與預算達成率衰退比較分析

二、營收業績分析

    (一) 各縣市營收業績與去年同期及原訂預算衰退比較分析

    (二) 北、中、南、東四大區營收業績與去年同期及原訂預算衰退比較分析

(三) 各類產品營收業績與去年同期及原訂預算衰退比較分析

(四) 各月別營收業績與去年同期及原訂預算衰退比較分析

三、營業成本檢討分析

(一) 今年度營業成本與去年同期及原訂預算比較分析

(二) 各產品類別營業成本與去年同期及原訂預算比較分析

四、營業毛利檢討分析

(一) 今年度營業毛利與去年同期及原訂預算比較分析

(二) 各產品類別營業毛利與去年同期及原訂預算比較分析

五、營業淨利檢討分析

(一) 今年度營業淨利與去年同期及原訂預算衰退比較分析

(二) 各產品類別營業淨利與去年同期及原訂預算衰退比較分析

六、EPS 檢討分析

今年度 EPS 比去年同期及原訂預算比較分析。

七、獲利衰退原因歸納分析

(一) 外部環境景氣瞬間直線下滑及消費緊縮衝擊

(二) 營收衰退，達成率只有 90%

(三) 促銷活動舉辦頻繁，產品售價下跌，使毛利率下滑，影響獲利率下降及獲利額衰退 18%

八、從財務績效衰退，看明年度的營運對策建議

(一) 暫緩展店速度，除非在好地點開店，其他一律暫緩，減少資本支出

(二) 全面要求全國 200 多家直營店之店租下降 10%；以降低龐大的租金支出

(三) 精簡不必要的人力成本，包括內務人力及總公司幕僚人員成本，目標降 10%

(四) 適度減少沒有效益的廣告宣傳費，改為直接賣場促銷活動

(五) 減少總部幕僚管銷費用，目標降 10%

(六) 要求與上游供貨廠商談判，降低進貨成本至少 3%～6%，以提高毛利率

(七) 加強各店的督導，要求對經營效益行銷活動及人力服務品質提升，以提升店效

(八) 針對虧損的店面，展開門市店人力整頓工作，用人的問題從根本著

手，若仍無起效，將評估關掉持續虧損的門市店

(九) 即使業績衰退，但仍應比競爭對手的衰退幅度爲小，以確保市占率及通路品牌排名第一

九、本公司與競爭對手的今年業績比較分析

(一) ○○電子（本公司）、燦坤及順發 3C 前三大通路品牌的業績比較分析

(二) 前三大通路品牌業績衰退概況分析說明

十、結語與裁示

案例 13

某大型便利商店連鎖公司
「未來五年營收業績挑戰 1,200 億」營運企劃案

一、過去十年來營收業績成長分析

(一) 店數成長與業績成長分析

(二) 營收額與獲利額成長分析

(三) 總公司員工數及加盟店員工數成長分析

(四) 便利商店市場規模總體成長分析

(五) 四大競爭對手成長分析

二、本流通集團事業發展架構規劃

(一) 本流通集團未來五年總營收目標

(二) 本流通集團各主力公司未來五年營收目標

(三) 本流通集團未來五年總策略發展目標與願景

(四) 本流通集團未來資源整合重點方向原則與計畫

三、本公司扮演本流通事業集團之角色分析

(一) 本公司是本流通事業集團之核心公司

(二) 本公司之角色、功能與目的說明

四、本公司未來五年營收額挑戰 1,200 億元之營運企劃重點

(一) 未來五年店數成長總目標

1. 北部店數目標。

2. 中部店數目標。

    3. 南部店數目標。

    4. 東部店數目標。

(二) 店面營收業績提升計畫

    1. 新產品／新服務導入計畫。

    2. 主題行銷活動計畫配合。

    3. 廣告活動計畫配合。

    4. 服務禮儀計畫配合。

    5. 開發好地點之店面計畫配合。

    6. 獎金制度調整修正配合。

(三) 展店加速計畫

    1. 展店人力加速擴充計畫。

    2. 展店宣傳加速擴大計畫。

    3. 既有店面效益評估與調整計畫。

(四) 日本創新產品與服務情報加強蒐集、分析與引進計畫

    1. 日本第一大 7-ELEVEn。

    2. 日本第二大 LAWSON。

    3. 日本第三大 FamilyMart。

(五) 未來五年每一年度的店數目標與營收目標訂定

(六) 全公司人員達成每一年度營收目標之獎金辦法

五、成立跨部門專案推動委員會組織架構、小組分工與負責主管

(一) 五年 1,200 億營收目標推動委員會組織架構

(二) 各小組組長及職掌任務

(三) 每月定期開會一次

(四) 每季向集團董事長彙報一次

六、赴中國正式投資開店計畫與目前進度狀況及相關存在問題點報告

七、結論

案例 14

某大型便利商店公司「新年度公司營運企劃書」綱要

一、去年度績效報告

　　(一) 店數績效分析

　　　　1. 去年度擴店績效成長分析。

　　　　2. 去年度整體業界及各家擴店成長比較分析。

　　　　3. 去年度總店數、地區別、平均店數別之營收及獲利分析。

　　(二) 去年度新品上市績效分析

　　　　1. 自有品牌（新品）上市績效分析。

　　　　2. 採購新品上市績效分析。

　　　　3. 新品上市之營收與獲利占全部產品營收與獲利之比例分析。

　　(三) 去年度全部商品績效分析

　　　　1. 各大類商品、各小類商品銷售額及銷售量占比分析與排名分析。

　　　　2. 全部商品項目銷售額及銷售量占比分析與排名分析。

　　　　3. 各大類、各小類、各商品項目之獲利貢獻分析。

　　(四) 去年度主題行銷活動檢討分析

　　　　各主題行銷活動投入成本與效益帶動分析檢討。

　　(五) 去年度廣告媒體宣傳投入成本與效益分析檢討

　　(六) 去年度採購分析檢討

　　　　1. 去年度採購成本率下降分析。

　　　　2. 去年度採購效益改善分析。

　　(七) 去年度公益活動、公共事務投入成本與效益分析檢討

　　(八) 去年度資訊連網建置檢討

　　　　1. 內部資訊網路。

　　　　2. 與外部供應商連結資訊網路。

　　　　3. 與各店資訊網路連結。

　　(九) 去年度跨部門重大專案推動成效分析檢討

二、今年度經營企劃報告

　　(一) 全省及各地區擴店業務目標、時程及成本預算

　　(二) 新品上市預計目標數及占比

(三) 各類商品數結構比調整、營收比調整及獲利比調整之目標

(四) 今年預計主題行銷活動之項目、預算、時程與效益預估

(五) 今年度廣告媒體宣傳預算、分配、時程與效益預估

(六) 今年度採購成本下降目標、時效與效益

(七) 今年度公益活動與公共事務活動預算項目、時效與效益預估

(八) 今年度資訊網路建置計畫項目、預算、時程及效益

(九) 今年度跨部門重大專案推動預計項目，預算、時程及效益

(十) 今年度各月、各季、全年損益預算及 EPS 預估

(十一) 今年度市場占有率目標

三、今年度總體發展策略方針、重要政策及重大目標之說明

四、結語

案例 15

某大型汽車銷售通路公司「新年度公司營運企劃書」綱要

一、去年度營業績效總檢討

  (一) 通路（經銷商）業績檢討

    1.北區經銷商總檢討。

    2.中區經銷商總檢討。

    3.南區經銷商總檢討。

  (二) 廣告績效檢討

    1.廣告預算支出與成效檢討。

    2.促銷預算支出與成效檢討。

  (三) 車款別績效檢討

    1.新款車業績檢討。

    2.舊款車業績檢討。

  (四) 總公司業務部門業績檢討

    1.業務一處業務檢討。

    2.業務二處業務檢討。

  (五) 各主力車廠業績比較分析檢討

二、今年度營業目標與營業計畫

  (一) 今年度營業目標預算

    1.總營收目標預算。

    2.總銷售車輛數目標預算。

    3.各區經銷商銷售目標預算。

    4.總公司業務部門銷售目標預算。

    5.各車款別銷售目標預算。

  (二) 今年度行銷推廣費用預算

    1.廣告媒體費用預算。

    2.市場調查與研究費用預算。

    3.促銷活動費用預算。

    4.公關公益活動費用預算。

    5.業務獎金費用預算。

    6.通路獎勵費用預算。

三、今年度通路（經銷商）布建規劃與管理

  (一) 通路教育訓練規劃

  (二) 通路資訊系統建置規劃

  (三) 通路販促活動支援規劃

  (四) 通路顧客滿意支援計畫

  (五) 通路維修零件支援規劃

  (六) 通路業績目標達成支援規劃

  (七) 通路調整與布建規劃

  (八) 通路組織架構及人力分布圖表

四、結語

  (一) 今年度營運發展的重要策略與重點計畫

  (二) 今年度預算目標達成的全體動員

案例 16

某藥妝連鎖店開發面膜「自有品牌產品企劃」報告

一、面膜市場商機分析

  (一) 國內面膜市場規模達 30 億元，占整體保養品市場及 120 億元的 1/4 強

  (二) 國內屈臣氏今年度面膜銷售量達 1,200 萬片，康是美達 750 萬片，合計近 2,000 萬片

  (三) 在藥妝店購買保養品的顧客，平均每五人就有一人會購買面膜

  (四) 在藥妝店購買面膜產品與乳霜產品在總銷售排行榜均名列第一位

二、面膜產品對本連鎖店的貢獻分析

  (一) 今年度預計可創造○○○億元營收額；占總營收比例為○○ %，占保養品類營收比例為○○ %

  (二) 今年度面膜產品平均毛利率為○○ %，預計可創造○○○千萬元毛利額

  (三) 今年度購買面膜總顧客人次數達○○百萬人次，扣除重複購買的同一顧客人數，合計總購買顧客人數達○○百萬人

三、本連鎖店銷售面膜供應商與品牌概況分析

  (一) 國內供應商及供應品牌營運概況分析

  (二) 國外供應商及供應品牌營運概況分析

四、本公司明年度預計開發自有品牌面膜產品計畫註明

  (一) 預計委外代工工廠對策概況說明

    1. 工廠研發能力。

    2. 工廠製造能力。

    3. 工廠品質能力。

    4. 工廠信譽能力。

    5. 工廠配合關係。

  (二) 預計推出面膜類型：美白面膜

  (三) 款式：預計推出 10 款全新概念面膜

  (四) 訴求：強調「複方」及「功效 all in one」

  (五) 上市時程：明年春季（4 月）

(六) 促銷活動 logo：「面膜大賞：夏日淨白新主張」

(七) 預計訂購量：採每月下單一次，明年 4～12 月預計訂購數量表

(八) 代工製造成本估算

    1. 各項成本及總成本估算。

    2. 單片成本估算。

(九) 單片售價暫訂目標定價

(十) 單片毛利率及毛利額預估

(十一) 明年度（4～12 月）預計銷售量及銷售額列示

(十二) 年度（4～12 月）預計面膜損益（盈虧）概況列示

(十三) 自有品牌面膜開發、上市行銷專案小組組織表及人員分工配置表列示

五、本公司開發自有品牌面膜產品的未來三年中期計畫方針與主軸策略說明

六、結語與裁示

案例 17

某大型藥妝連鎖店「自有品牌」與「獨家品牌」操作企劃案

一、今年度最重要的經營重心

(一) 擴大自有品牌操作政策

(二) 擴大引進獨家品牌操作政策

二、擴大「自有品牌」操作策略與計畫

(一) 目前自有品牌占營收額比例：約 5%

(二) 自有品牌現況檢討：

    1. 自有品牌各項產品與品項營收額及占比分析。

    2. 自有品牌消費者端的使用評價分析說明。

    3. 自有品牌各項產品毛利率分析及貢獻分析。

    4. 自有品牌委外代工現況分析。

(三) 主力競爭對手（○○○）自有品牌推展狀況，以及與本公司的競爭比較分析

(四) 未來自有品牌的成長空間分析

(五) 未來自有品牌擴張的產品組合方向說明

(六) 三年內自有品牌占營收額比例的挑戰目標：從 5% 提升至 10%

(七) 未來自有品牌尋求成長的行銷操作手法說明

　　1. 產品策略。

　　2. 品牌命名策略。

　　3. 產品宣傳策略。

　　4. 與會員卡結合策略。

　　5. 促銷活動舉辦策略。

　　6. 店頭門市布置策略。

　　7. 定價策略。

　　8. 公關媒體報導策略。

　　9. 代工成本控制策略。

　　10. 包裝策略。

　　11. 品質策略。

　　12. OEM 供應商代工策略。

三、未來自有品牌成長下的組織與人力擴編計畫

(一) 商品開發部：增編○○名人員

(二) 行銷企劃部：增編○○名人員

四、擴大「獨家品牌」操作策略與計畫

(一) 目前獨家引進國外品牌：品牌數超過 30 個；營收額占比 8%

(二) 未來獨家品牌成長的操作計畫：

　　1. 商品開發計畫說明。

　　2. 商品銷售計畫說明。

　　3. 商品行銷企劃操作說明。

　　4. 未來獨家品牌占營收額比例的挑戰目標：從 8% 提升到 15%。

五、擴大自有品牌與獨家品牌經營所帶來的具體效益分析

(一) 提升毛利率及純益率

(二) 吸引尋找低價與平價產品的新客層

(三) 迎合 M 型化社會及全球經濟不景氣下之最佳對策

(四) 保持總體營收額持續成長的要求

(五) 建立自已的產品產銷供應鏈，深化並製造代工廠良好關係

(六) 建立自身連鎖店的產品特色與差異化

(七) 建立國外產品代理商的角色實力

(八) 鍛練商品開發部組織的潛能

(九) 穩固公司更長遠的永續經營

六、結語與裁示

案例 18

某藥妝連鎖公司「門市改裝」企劃案

一、門市改裝需求與背景分析

(一) 主力競爭對手（康是美）近年全面門市改裝的競爭壓力之分析

(二) 本公司連鎖店部分店面已漸趨老化，難以吸引年輕族群之分析

二、今年度門市改裝計畫內容

(一) 今年度預計改裝好門市店總家數，分布地區及詳細店址

(二) 預計改裝的重點部位：外頭店招及店內部的改裝及裝潢說明

(三) 預計改裝（120 家）的時程表列示

(四) 預計改變的總預算列示：總投資預計約○○○億元；以及今年度 12 個月份內各月份的改裝預算表

(五) 改裝工程的專案小組組織表及分工職掌（計有：採購組、監工組、店頭組、財會組及企劃組）

(六) 改裝前與改裝後的電腦動畫圖示參考圖

三、門市改裝的影響評估與效益評估

(一) ○○○億元折舊攤提對每月損益表折舊費用增加的影響評估

(二) 財務資金準備來源說明

(三) 門市改裝後的正面效益評估

    1. 對本公司整體企業形象的助益。

    2. 對門市店營業戰力、業績維繫與提升的助益。

四、結語與裁示

案例 19

某大便利商店連鎖店未來三年「中期經營願景」計畫案

一、中期經營目標設定

當前受全球經濟不景氣影響之際，正是 24 小時便利商店擴大經營規模之佳機，未來三年之本公司中期經營目標主軸為：

(一) 逆勢加碼投資 40 億元

(二) 新開店數 500 家，總店數達 2,800 家

(三) 年營收額挑戰 500 億元

二、經營大環境深度分析與評估

(一) 當前總體財經環境與消費環境分析

(二) 本產業環境與市場環境趨勢分析

(三) 競爭對手現況與未來趨勢分析

(四) 國外（日本為主）相同產業及領導品牌現況及未來趨勢分析

(五) 國內跨業競爭變化趨勢分析

(六) 總結：國內發展環境的有利與不利因素綜合分析

三、對未來經營觀點與經營信念的基調：利用不景氣時機，更是逆勢成長與培養競爭實力的最佳良機

四、加速展店的基軸策略與計畫說明

(一) 不景氣時期，更多好店面釋出（求租求售），是大環境的有利時機點

(二) 未來三年展店目標：淨增加店數 500 家

(三) 預計投資額：40 億元

(四) 展店地區比例

1. 新竹以北的店，占約 65%。

2. 新竹以南的店，占約 35%。

3. 仍以人口集中度較高及消費力較好的北部地區為主力展店地區。

(五) 店型改變

1. 依據各商圈特性，進行不同的銷售與商品規劃。

2. 便利店未來走向，將朝「競爭型賣場為爭戰導向」。

(六) 展店組織與人力擴編計畫表

(七) 各年度、各縣市具體展店目標數據列表控管考核

(八) 展店作法

1. 各地區展店招商說明會舉辦計畫說明。

2. 全國性電視媒體與報紙媒體廣告宣傳計畫說明。

3. 其他相關作法說明。

(九) 展店加盟金、授權金及利潤回饋比例調整改變，以增強展店誘因說明

(十) 對展店業務部門達成計畫目標之獎金鼓勵辦法內容說明

五、預計三年後，國內四大便利商店連鎖店之總店數及市占率排名列表預估

六、預估三年後，連 2,800 家總店數時之年度損益表估益表估算

(一) 年營收額達○○○億元

(二) 年獲利達○○億元

(三) 年 EPS 達○○元

七、結語與裁示

案例 20

某大型連鎖便利商店明年度「策略規劃」企劃報告案

一、去年度整體營運績效分析說明

(一) 損益表：營收、營業成本、營業毛利、營業費用及營業淨利分析說明

(二) 淨成長加盟店數：新開店數、關門店數及淨增店數分析說明

(三) 自有品牌產品成長分析及對獲利貢獻分析說明

(四) 整體市占率分析說明

(五) 各項獲獎列表分析說明

1. 政府行政單位頒獎。

2. 各種市調評比排名。

(六) 北、中、南三區對營運績效的貢獻占比分析說明

(七) 全店行銷活動績效分析說明

二、去年度營收業績微幅負成長 0.14% 及淨增加店數 100 家的原因分析說明

(一) 營收業績：1,021 億，較前年負成長 0.14% 之原因

(二) 淨增加店數：100 家，與原訂目標 200 家之差異分析說明

三、去年度與同業業績與績效比較分析

	統一超商	全家	萊爾富	OK
營收額				
營收額成長率				
淨增加店數				
店數成長率				
營業獲利				
獲利成長率				
市占率				

四、今年度本公司（便利商店）面臨的外部問題

(一) 全球及國內經濟不景氣帶來的消費緊縮與買氣停滯問題

(二) 政府新版菸害防制法正式施行，對菸品銷售不利的問題

(三) 同業及異業的分食，搶奪日益競爭激烈

五、今年度本公司面臨的有利環境

(一) 經濟不景氣使閒置店面激增，租店更為容易

(二) 黃金店面及一般店面租金變低，使加盟主營運成本同步降低

(三) 本公司力推的自有品牌產品已日漸成長，對毛利率提升及獲利貢獻占比提升均有助益

六、今年度本公司策略規劃的重點說明

(一) 通路策略：固定店面易租，啟動百店通路拓展計畫，預計今年仍將淨增加 100 店為目標

(二) 自有品牌產品策略：持續深耕自有品牌策略，包括：○○ cafe、思樂冰、關東煮、鮮食、茶飲料及○○小將等六大類重點產品的創新

(三) 行銷活動資源集中在強打自有品牌，以提高營收占比及提高毛利率，拉高對獲利的貢獻

(四) 定價策略：請供應商配合各項行銷促銷活動，以降低價格，以利吸引買氣

七、今年度本公司營運目標揭示

    (一) 總門市店數：5,300 家→ 5,400 家

    (二) 總營收額：成長 3%，達 1,050 億元

    (三) 總獲利額：成長 5%，達○○○億元

    (四) EPS：保持在每股獲利○○元水準

    (五) 店市占率：從 51%→ 54%

    (六) 自有品牌產品銷售占比：從○○ %→提升○○ %

    (七) 平均毛利率：提高 2%（32%→ 34%）

八、結語與裁示

自我評量

1. 本章為20個有關通路企劃案撰寫的實務案例，請由每位同學負責一個案例，並加以解說撰寫內容，以及您從這些內容中，學到了哪些重要的撰寫觀念？

Chapter 13

通路促銷企劃案大綱撰寫

學習重點

通路促銷企劃案內容如何撰寫，包括：
量販店、百貨公司、3C 連鎖店、購物中心、藥妝店、型
錄公司等。

┌─ 案例 1 ──────────────────────────

某量販連鎖店推出「中元節促銷」活動案

一、優惠卡友滿額送

7/20～8/9 刷○○○信用卡，單筆消費滿 1,500 元，送 100 元折價券；單筆滿 3,000 元，送 200 元折價券，以此類推。折價券折抵（20XX/8/10～8/31），單筆滿 1,000 元始可使用本券乙張，單筆滿 2,000 元兩張，以此類推（使用注意事項，請見折價券背面或網站說明）。

二、滿 1 萬送宅配服務

凡雜貨類商品消費滿 10,000 元，免費宅配送到家（生鮮、冷凍、冷藏商品除外），宅配範圍及相關注意事項，請參閱店內公告。

三、分期 0% 利率

(一) 刷○○○信用卡，全館單筆消費滿 1,500 元以上，享分期 0% 利率（千足純金商品除外）

(二) 刷聯邦銀行、新光銀行、玉山銀行、國泰世華銀行信用卡購買特定商品，單消費滿 5,000 元，可享分期 0 利率

四、一大車免費送

7/20～7/23、7/28～7/30、8/3～8/8，延長營業時間為 23:00～01:00am，每店每 30 分鐘選出一位幸運者，購物車內所有產品免費帶回家（大宗採購不適用）。

五、加 1 元超值購

7/20～7/23、7/29～7/30、8/4～8/8，延長營業時間為 00:00～06:00am，單筆消費滿 2,000 元，可購兩項，以此類推（大宗採購不適用）

(一) 至少可獲贈新臺幣 1,000 元回饋金

不限金額，3～4 筆授權末 1 碼皆為 8 之簽單，保證每人至少可獲贈新臺幣 1,000 元回饋金。

活動期間：20XX/7/1～7/31、20XX/8/1～8/31、20XX/9/1～9/30 共三個月（以消費日為準，且須於次月 1 號前請款之交易為限）。

(二) 連續 2 個月，天天幫您買單

20XX/7/1～8/31，不限金額刷卡，天天抽一名刷卡金回饋幸運兒，中獎者當天刷卡金由○○銀行幫您買單（每日最高回饋上限新臺幣

10 萬元整）

(三) 宜蘭國際童玩藝術節，購票獨享九折優惠

20XX/7/1～8/30 ○○銀行卡友獨享宜蘭童玩節刷卡購票九折優惠

案例 2

某百貨公司「七夕情人節促銷」活動案

方案一：相約在七夕抽抽樂

　　活動期間 7/21(五)～7/31(一)

　　兌換地點：9F 贈品處

　　抽獎時間：8/1(二)

　　公開抽獎：凡活動期間，於 4F 珠寶區（不含 MIKIMOTO 與 EMPORIO ARMANI）當日購物消費累積滿 10,000 元，即可至 9F 贈品處兌換抽獎券乙張，滿 20,000 元即可兌換兩張（以此類推），有機會抽中 just diamond Hello kitty 心心相印 18K 金鑽石手鍊、點睛品 Love sign 項鍊、D&D 心情墜、真愛密碼、男女對墜等各項豐富大獎，邀請您與我們一同共度美好七夕。

方案二：心心相印滿額贈

　　活動期間：7/21(五)～7/31(一)

　　兌換地點：13F 贈品處

　　活動期間內，凡於全館當日消費滿 3,000 元，即可憑發票至 13F 贈品處兌換「LOVE 玫瑰泡澡片禮盒」一盒，每天限量 300 份，送完為止。

方案三：濃情貼心～巧克力大放送

　　活動期間：7/21(五)～7/31(一)

　　兌換地點：5F 紳士休閒館

　　凡於 5F 紳士休閒館「襯衫區」、「領帶區」、「皮件配飾區」單櫃消費滿 3,500 元，即可獲贈 Mary's 櫻桃巧克力兌換券一張（數量有限，送完為止）。

案例 3

某大 3C 家電連鎖店推出「千萬購物紅利金」促銷企劃案

一、本案目的

二、本案主軸精神

　　購買本店商品，即免費立即贈送購物紅利金點數，1 點可抵 1 元。

三、本案活動辦法

　　(一) ○○會員於全省○○門市購買本檔 DM 限定商品，即可享有超值紅利金之累積

　　(二) 超值紅利金以 DM 公布為準，不需再以消費金額換算

　　(三) 本次消費恕不得立即抵用紅利

　　(四) 本次消費所得紅利限會員本人，於○○年 11 月 21～11 月 24 日持會員招待會卡兌換，逾期失效

四、本案注意事項

　　(一) 本專案限信用卡或現金付款，以○○提貨券或分期付款，恕不累積

　　(二) 配達商品須待尾款結清，方得累積超值紅利

　　(三) 非貼有告示牌之商品紅利計算方式不變（每消費 120 元累計紅利 1 點）

　　(四) 保留修訂本活動辦法之權利

　　(五) 兌換規則：

　　　　1. 限購物抵用，不可換現金，不可拆開分次抵用，限一次交易使用完畢。

　　　　2. 可作為配達訂金，不可當尾款支付。

　　　　3. 抵用商品當月可換貨，退貨視同放棄，不得加回或折現。

　　　　4. 不適用情形：外營專櫃商品、維修費、○○提貨券。

　　(六) 查詢紅利點數：可至○○網站（www.tkec.com.tw）會員專區查詢

五、本案促銷活動期間

　　○○月○○日至○○月○○日，計七天時間。

六、購物紅利金的產品明細規劃如下：

　　(一) 普騰 20 型彩視：會員最低價 $4,590，送紅利金 800 點

　　(二) Nokia 3610 手機：會員最低價 $2,990，送紅利金 300 點

(三) 三星 S308 手機，會員最低價 $13,400，送紅利金 1,200 點

(四) TECO 洗衣機：會員最低價 $9,900，送紅利金 1,200 點

(五) EPSON 彩色雷射印表機，會員最低價 $30,900，送紅利金 1,000 點

(六) SONY 數位相機：會員最低價 $12,680，送紅利金 200 點

(七) ……(二十)（省略不列示）

七、本案預計效益分析

八、本案相關部門配合事項說明

九、結語

案例 4

某購物中心週年慶促銷活動內容方案

一、本促銷活動目的

二、週年慶促銷活動主軸

(一) 雙重喜

　1. 雙喜雙重非常禮一重喜歡樂滿額送、非常好禮都送您

　　活動期間於當日全館消費滿 5,000 元以上，即可憑發票兌換週年慶豐富好禮。

　　※備註：發票恕不接受隔日累計：紙張禮券、電子禮券，商品券及○○ 3C 消費發票，恕不列入計算

　2. 雙喜雙重非常禮二重喜

　　(1) 當日於全館消費滿 2,000 元，即有機會抽中 MATIZ COLA CAR 乙部。

　　(2) 刷卡抽 MATIZ。

　　(3) 刷 9,900 送 9,900

　　　（本購物中心保留本活動最終解釋及修正主權利，優惠辦法依現場告知為準）。

(二) 卡友一元圓夢不是夢

　　活動地點：10 樓象限平臺

　　活動日期：10 月 13 日～10 月 20 日（週六、週日除外）

　1. 每日上午 10:30 開始開放排隊，上午 11:30 前抵達活動現場之卡友

均可領取抽獎券 1 張（每日限額 1 張，正附卡合併計算）。

2. 每日中午 12 時，將由當天抽獎箱中抽出 1 名卡友，將可以 1 元價格購買全套圓夢商品。

3. 每日中午 12 時以後投入抽獎箱之抽獎券，與每日 12 時前未中獎之抽獎券一併累積，將於 10 月 28 日下午 3 時抽出 1 名卡友可獲得 SUZUKI 機車乙部。

(三) 新登場週年慶獨家優惠

活動地點：6 樓龐德街、Mira 2F 星辰、ARMANI EXCHANGE/2n、HUNTING WORLD（鞋殿）

獨家全面單筆消費滿 2,000 送 200

※ 禮券、商品券及○○ 3C 消費金額與三聯式及手開式發票，恕不列入計算，恕不得與其他滿千送百活動合併參加

(四) 花旗卡友獨家禮遇，刷卡現賺—滿 5,000 送 500

活動日期：20XX/10/13～10/20

上述活動期間內，持花旗銀行信用卡於當日消費，滿 5,000（註 1）元贈 500 元週年慶商品券；滿 10,000 元贈 1,000 元週年慶商品券，以此類推，刷愈多賺愈多。

※ 請出示花旗卡憑發票與簽單至 11 樓贈品處兌換（註 2），限當日刷同一卡號消費金額方可累計。

上述活動期間內，花旗卡友專享：

1. 等同 VIP 購物折扣惠（正品 9 折，折扣品再享 95 折優惠）。（註 3）

2. 免費停車 1 小時。

3. 持花旗銀行信用卡單筆消費滿 499 元，送 BOBSON 牛仔票夾乙個。

備註：1. 黃金珠寶、特定家電、○○ 3C、主題餐廳及部分專櫃之消費恕不列入累計，各店櫃配合狀況依現場標示為憑。

2. 黃金珠寶、特定家電、○○ 3C、屈臣氏、佳麗寶、SK-II、資生堂、nice beauty、黛安芬系列、華歌爾系列、B3 美食街、各樓層咖啡廳及部分專櫃，恕不接受週年慶商品券，各店櫃配合狀況依現場標示為準。

3. 限以花旗銀行信用卡刷卡消費，方可享有此 VIP 折扣優惠。

(五) 全館流行服飾 7 折起。內睡衣 8 折起，化妝品 9 折起及滿額送

活動日期：10 月 13 日～10 月 20 日

刷○○卡 / ○○之友卡，滿 5,000 送 500

三、相關週邊服務配合措施計畫

(一) 首創「五星級專人泊車服務」

服務地點：1 樓廣場

即日提供您「超五星級代客泊車」頂級榮耀服務

提供您獨立專屬貴賓單位、全天候監視系統及專人巡禮等貼心服務，讓您消費尊榮又安心！○○百貨以客為尊，用最誠摯的笑容歡迎您

(二) 外籍旅客購物退稅服務

即日起，外籍旅客購物，當日消費滿新臺幣 3,000 元以上，可於「聯合服務中心」填寫「退稅明細申請表」，辦理退稅事宜

辦理地點：注意事項：4F 聯合服務中心

1. 退稅時請出示護照及相關發票。

2. 適用品項依中華民國稅賦規定辦理。

(三) 週年慶特別營業時間：週日～週四 10：30～22：30；週五、週六、例假日前 10：30～23：00、B3 地心引力美食街 10：00～02：00

四、本次週年慶活動預計達成業績目標：$ ○○○○○萬元

五、本次週年慶投入廣宣費用：$ ○○○○○萬元

六、結語

自我評量

1. 本章為4個通路促銷企劃案撰寫，請找四位同學分別就每個個案內容加以說明，並表達在此，您學到了什麼？

參考書目

中文部分

1. 林茂仁（2007），《主打自有品牌，統一超全家仙拚仙》，經濟日報商業流通版，2007 年 9 月 20 日。

2. 龔俊榮（2007），《挑戰大賣場，紙廠打奇兵戰》，工商時報產業版，2007 年 9 月 20 日。

3. 馮復華（2007），《全家公仔好神，一夏賺 10 億》，聯合報 A6 版，2007 年 9 月 26 日。

4. 陳彥淳（2007），《大型通路競推自有品牌好補》，工商時報，2007 年 9 月 23 日。

5. 何佩儒（2007），《宅男宅女掀消費革命》，經濟日報 A5 版，2007 年 9 月 24 日。

6. 宋健生（2007），《Jasons 搶攻中部生鮮超市》，經濟日報商業流通版，2007 年 9 月 25 日。

7. 林茂生（2007），《統一超揮軍強攻文化產業》，經濟日報商業流通版，2007 年 9 月 25 日。

8. 遠見雜誌（2007），《麥當勞李明元把速食變舒食》，經濟日報企管副刊，2007 年 9 月 20 日。

9. 林茂生（2007），《統一超自創茶飲超商首例》，經濟日報商業流通版，2007 年 9 月 3 日。

10. 宋健生（2007），《達芙妮女鞋突圍踏進量販通路》，經濟日報商業流通版，2007 年 8 月 29 日。

11. 陳怡君（2007），《新光三越設哈洛德專櫃》，經濟日報 All 版，2007 年 8 月 8 日。

12. 陳怡君（2007），《百貨業月餅預約中秋》，經濟日報，2007 年 8 月 27 日。

13. 李至和（2007），《IKEA 為現有店面添加瑞典味》，經濟日報，2007 年 8 月 29 日。

14. 陳彥淳（2007），《吃下福客多，全家先納 180 處據點》，經濟日報，2007 年 8 月 28 日。

15. 林茂仁（2007），《超商大戰，萊爾富 OK 出奇招》，經濟日報商業流通版，2007 年 8 月 27 日。

16. 劉益昌（2007），《奇哥追求顧客消費第一選擇》，工商時報經營報，2007 年 8

月 27 日。

17. 張嘉伶（2007），《SOGO 新館加持，遠百獲利翻倍》，蘋果日報財經版，2007 年 8 月 25 日。

18. 蕭麗君（2007），《伊勢丹合併三越：日本百貨業新天王產生》，工商時報，2007 年 8 月 23 日。

19. 朱家瑩（2007），《網路 + 實體門市，雄獅業績有成長），經濟日報，2007 年 8 月 25 日。

20. 張義富（2007），《3C 通路三強獲利王》，經濟日報，2007 年 8 月 25 日。

21. 王家英（2007），《萊爾富化弱為強，逆境中烘培新商機》，經濟日報企管副刊，2007 年 8 月 22 日。

22. 李麗滿（2007），《台灣無印良品總經理柔性管理從訪店開始》，工商時報經營報，2007 年 8 月 5 日。

23. 丁瑞華（2007），《低價競爭不再是沃爾瑪的核心價值》，工商時報經營報，2007 年 8 月 24 日。

24. 黃啓菱（2007），《開架保養品吹平價奢華風》，經濟日報商業流通版，2007 年 8 月 21 日。

25. 王家英（2007），《超商與現烤麵包》，經濟日報企管副刊，2007 年 8 月 21 日。

26. 張書瑋（2007），《TESCO 的極致顧客管理》，經濟日報副刊，2007 年 8 月 20 日。

27. 張書瑋（2007），《顧客忠誠卡，小兵立大功》，經濟日報副刊，2007 年 8 月 20 日。

28. 鄭秋霜（2007），《神明 + 創意設計出商機》，經濟日報文化創意版，2007 年 8 月 20 日。

29. 林茂仁（2007），《統一超 icash 將突破 500 萬張》，經濟日報商業流通版，2007 年 8 月 20 日。

30. 陳彥淳（Z007），《尋商機，食品大廠跨入麵包業》，工商時報 A4 版，2007 年 8 月 20 日。

31. 劉朱松（2007），《代理全酒高粱酒，味丹再下一城》，工商時報。2007 年 8 月 20 日。

32. 陳若齡（2007），《平價品牌強化流行感，NET 轉型成功》，經濟日報，2007 年 8 月 17 日。

33. 袁青（2007），《MANGO 時裝秀，粉領族當貴婦》，經濟日報，2007 年 8 月 17 日。

34. 黃啓菱（2007），《資生堂擁抱藥妝通路》，經濟日報，2007 年 8 月 16 日。

35. 龔俊榮（2007），《永豐餘單挑大潤發》，工商時報 A6 版，2007 年 8 月 16 日。

36. 陳彥淳（2007），《定價拉鋸，通路商、供貨商大鬥法》，工商時報 A6 版，2007 年 8 月 16 日。

37. 陳信榮（2007），《車商衝買氣擴大降價》，工商時報 A10 版，2007 年 8 月 14 日。

38. 廖玉玲（2007），《星巴克遍地開店，全球衝刺 4 萬家》，經濟日報國際焦點版，2007 年 10 月 7 日。

39. 何英煒（2007），《電子商務一哥換興奇當》，工商時報，2007 年 4 月 17 日。

40. 張嘉伶（2007），《平價美妝店去年逆勢成長》，蘋果日報財經版，2007 年 1 月 16 日。

41. 林茂仁（2007），《五大超商今年展店近年新低》，經濟日報 A11 版，2007 年 3 月 29 日。

42. 潘進丁、王家英（2007），《流通趨勢揭示新生活》，經濟日報企管副刊，2006 年 11 月 21 日。

43. 劉益昌（2007），《發展線上購物，強化供應鏈協同屈臣氏追求新成長動力》，工商時報經營報，2006 年 12 月 11 日。

44. 林聰毅（2007），《好市多挑動您的購物欲望》，經濟日報企管副刊，2007 年 2 月 14 日。

45. 蔡明田、莊立民（2007），《品牌 + 通路：阿瘦皮鞋構築 101 願景》，經濟日報，2007 年 7 月 16 日。

46. 陳柏誠（2007），《凱斯引進 7-ELEVEN 營運模式，期望提振百視達業務》，工商時報，2007 年 8 月 3 日。

47. 丁威（2007），《佐丹奴、HANG TEN 掀網購炫風》，蘋果日報，2007 年 8 月 6 日。

48. 王家英（2007），《虛實整合的綿密服務網》，經濟日報企管副刊，2007 年 1 月 5 日。

49. 王妍文（2007），《咖啡配麵包，新型複合店興起》，蘋果日報財經版，2006 年 12 月 9 日。

50. 林育新（2007），《整合與創新：連鎖零售業突圍不二法門》，經濟日報企管副刊，2007 年 5 月 10 日。

51. 鄭秋霜（2007），《店頭行銷最後 4.3 秒抓住他的心》，經濟日報企管副刊，2007 年 6 月 19 日。

52. 陳怡君（2007），《遠東集團炒熱集點卡，跨足網購》，經濟日報，2007 年 8 月 10 日。

53. 李麗滿（2007），《發行百貨卡，鎖住忠誠客》，工商時報，2007 年 7 月 8 日。

54. 劉益昌（2007），《零售服務業發卡養客大作戰》，工商時報，2007 年 6 月 10 日。

55. 李麗滿（2007），《百貨業者搶攻網路購物商機》，工商時報，2007 年 7 月 8 日。

56. 邱莉玲（2007），《為通路帶來人潮與利潤的春燕》，工商時報經營報，2007 年 9 月 28 日。

57. 孫彬訓（2007），《銀行自有品牌保險大車拚》，工商時報金融保險版，2007 年 9 月 28 日。

58. 蕭富峰（2007），《你可以再靠近一點看 P&G》，天下出版社，頁 127-131。

59. 李鐏龍（2007），《辛尼格以 4 大策略讓好市多穩居會員制倉儲量販業龍頭》，工商時報經營報，2007 年 9 月 14 日。

60. 劉益昌（2007），《以真誠實在取勝，義美架構多元現代新通路》，工商時報，2007 年 9 月 17 日。

61. 黃靖萱（2007），《和泰汽車獨霸市場，全靠未雨綢繆》，天下雜誌，2007 年 8 月 29 日，頁 92-95。

62. 陳彥淳（2007），《併購臺北農產超市：全聯社營收規模直逼大潤發》，工商時報 A6 版，2007 年 9 月 29 日。

63. 張嘉伶（2007），《百貨周年慶本季力拚季營以增 30%》，蘋果日報財經版，2007 年 9 月 29 日。

64. 吳慧玲（2007），《速食麵喊漲，每包貴 2～3 元），蘋果日報財經版，2007 年 10 月 1 日。

英文部分

1. Donald V. Fites, "Making Your Dealers Your Partners," Harvard Business Review, March-April 1996, pp.84-95.

2. Steven Burke, "Clear Policies Help Ease Channel Conflict," CRN, 8 April 2002, p.20.

3. James A. Narus and James C. Anderson, "Rethinking Distribution," Havard Business Review, July-August 1996, pp.112-120.

4. James Narus and James Anderson, "Rethinking Distribution: Adaptive Channels," Harvard Business Review, July-August 1996, p.114.

5. Christopher Power, "Flops," Business Week, 16 August 1993, p.79.

   Lambeth Hochwald, "Tuning in to the Right Channel," Sales and Marketing Management, March 2000, pp.66-74.

6. Julie Chang, "Grab Your Partner," Sales and Marketing Management, July 2002, p.59.

7. "Forces of Change in tile Distribution Channel," Lehman Health Care Distribution and Technology Hot Topics Conference Call, December 12, 2002, www.1ehman.com.

8. Dale Buss, "Crossing the Channel," Sales & Marketing Management, October 2002, pp.42-48.

9. Reviewing other perspective on measuring channel performance is advisable Chapter 10 of Louis W. Stern, Ade I. El-ansary, and Ann Coughlan, Marketing Channels (Prentice Hall, 1996).

10. Joseph Conlin, "The Art of the Dealer Meeting," Sales & Marketing Management, February 1997, pp.77-81.

11. Jon Schreibfeder, "Reduce Inventory with Collaborative forecasting," Progressive Distributor, March/April 2001, pp.5 ff.

12. Louis W. Stern, Adel I. E1-ansary, and Anne T. Coughlan, Marketing Channels, 5th ed., (Upper Saddle River, NJ: Prentice Hall, 1996), p.1.

13. Kenneth Rolnicki, Managing Channels of Distribution (Chicago: Amacom, 1998), p.15.

14. Linda Gorchels, Edward Marien, Chuck West (2004), "*The Manager guide to distribution channels*", The McGraw-Hill companies, Inc..

15. Bowersox, D. J., M. B. Cooper, D. M. Lambert, and D. A. Taylor (1980), Management in Marketing Channels, N. Y.: McGraw-Hill, pp.192-196.

16. Bucklin, L. P. (1996), A Theory of Distribution Channel Structure, Berkeley, CA: IBER Special Publications, p.107.

17. E1-ansary, Adel I. (1979), "Perspectives on Channel System Performance", in Robert F. Lush and Paul H. Zinser, Contemporary Issues in Marketing Channels, Norman: The University of Oklahoma Printing Servies, p.51.

18. Jain, Subhash C. (1990), Marketing Planning & Strategy, 6th ed,. Cincinnati, Ohio: South-Western College Publishing, p.443.

19. Kotler, Philip (2000), Marketings Management, The eillenniun ed., Prentice-Hall, Upper Saddle River, N.J.

20. Hahn, Mini and Dae R. Chang (1992), "An Extended Framework for Adjusting Channel

Startegies in Industrial Markets", Joural of Bussiness & Industrial Marketing, vol. 7, No. 2, Spring 1992, pp.31-43.

21. Lambert, Douglas M. (1978), The Distribution Channel Decision, N. Y.: National association of accountant; and Hamilton, Ontario; The Society of Management Accounts of Canada.

22. Michman, Ronald D. (1983), "Marketing Channels: A Strategic Planning Approach", Managerial Planning, 11-12, 1983, pp.38-42.

23. Rosenbloom, Bert (1973), "Conflict and Channel Efficiency: Some Conceptral Models for the Decision Maker", Journal of Marketing, July 1973, pp.26-30.

24. Roscnbloom, Bert (1999), Marketing Channels: A Management View, 6th ed. The Dryden Press, New York, pp.143-146.

25. Rosenbloom, Bert (1978), "Motivating Independent Channel Member", Industrial Marketing Management, Vol. 7, 1978, pp.275-281.

26. Russell, Abratt and Leyland F. Pitt (1989), "Selection and Motivation of Industrial Distributors: A Comparative Analysis", European Journal of Marketing, Vol. 23-2, 1989, pp.144-153.

27. Stern, L. W., A. I. E1-ansary, and Anne T. Coughlan (1996), Marketing Channels, 5th ed. Upper Saddle River, N. J: Prentice-Hall.

28. Stern, L. W. and Frederick D. Sturivant (1987), "Customer-driven Distribution Systems" Harvard Business Review, July-August 1987, pp.34-41.

網址

1. http://www.actmedia.com.tw（立點效應煤體公司）

2. http://www.carrefour.com.tw（家樂福）

3. http://www.pxmart.com.tw（全聯福利中心）

4. http://www.rt-mart.com.tw（大潤發）

5. http://www.skm.com.tw（新光三越百貨）

6. http://www.watsons.com.tw（屈臣氏）

特別感謝以下企業對本書的撰寫所提供之協助

SOGO（遠東 SOGO 百貨股份有限公司）

TOYOTA（和泰汽車股份有限公司）

vivaTV（美好家庭購物）

頂好超市（惠康有限公司）

燦坤三 C（燦坤實業股份有限公司）

誠品書店（誠品股份有限公司）

OK 便利店（來來超商股份有限公司）

國家圖書館出版品預行編目資料

通路管理：理論、實務與個案／戴國良
著.－－初版.－－臺北市：五南，2020.04
　　面；　公分
ISBN 978-957-763-894-6 (平裝)

1.行銷學　2.行銷通路

496　　　　　　　　　　　　10900184

1FPD

通路管理：理論、實務與個案

作　　　者 — 戴國良

發 行 人 — 楊榮川

總 經 理 — 楊士清

總 編 輯 — 楊秀麗

主　　　編 — 侯家嵐

責任編輯 — 李貞錚

文字校對 — 許宸瑞

封面設計 — 姚孝慈

出 版 者 — 五南圖書出版股份有限公司

地　　　址：106台北市大安區和平東路二段339號4樓

電　　　話：(02)2705-5066　　傳　　真：(02)2706-6100

網　　　址：http://www.wunan.com.tw

電子郵件：wunan@wunan.com.tw

劃撥帳號：01068953

戶　　　名：五南圖書出版股份有限公司

法律顧問　林勝安律師事務所　林勝安律師

出版日期　2020年 4 月初版一刷

定　　　價　新臺幣520元

經典永恆·名著常在

五十週年的獻禮 —— 經典名著文庫

五南，五十年了，半個世紀，人生旅程的一大半，走過來了。

思索著，邁向百年的未來歷程，能為知識界、文化學術界作些什麼？

在速食文化的生態下，有什麼值得讓人雋永品味的？

歷代經典·當今名著，經過時間的洗禮，千錘百鍊，流傳至今，光芒耀人；

不僅使我們能領悟前人的智慧，同時也增深加廣我們思考的深度與視野。

我們決心投入巨資，有計畫的系統梳選，成立「經典名著文庫」，

希望收入古今中外思想性的、充滿睿智與獨見的經典、名著。

這是一項理想性的、永續性的巨大出版工程。

不在意讀者的眾寡，只考慮它的學術價值，力求完整展現先哲思想的軌跡；

為知識界開啟一片智慧之窗，營造一座百花綻放的世界文明公園，

任君遨遊、取菁吸蜜、嘉惠學子！